五粮和美论

曾从钦　李后强　主编

化学工业出版社

·北京·

内容简介

这是一部和美文化多维思想与五粮和美实践理念的创新专著，从讲述“五”字背后的文化基因——它是五行相生的宇宙观，是五味调和的生活美学，到“三生万物，五生和美”的生命哲学；从宇宙自然的和谐共生，到人类对社会和谐、内心平和的追求，直至美学、哲学与科学层面对“和美”理念的深层解读；全书聚焦于宇宙自然、人类社会、和美探源、学理支撑、地理基因、酿造技艺、微观世界、文化传承、多元实践、公益事业及全球传播，多维度展现了“和美”理念从理论到实践的完整脉络。

图书在版编目（CIP）数据

五粮和美论 / 曾从钦，李后强主编. -- 北京 ：化学工业出版社，2025. 11. -- ISBN 978-7-122-49329-3

Ⅰ. TS971.22

中国国家版本馆CIP数据核字第202510E2E1号

责任编辑：江　娟　　　　装帧设计：读城文化　杨　超
责任校对：李露洁
总体设计：读诚智库（成都）项目管理咨询有限公司

出版发行：化学工业出版社
（北京市东城区青年湖南街13号　邮政编码100011）
印　　装：中煤（北京）印务有限公司
710mm×1000mm　1/16　印张23¾　字数426千字
2025年12月北京第1版第1次印刷

购书咨询：010-64518888　　　　售后服务：010-64518899
网　　址：http://www.cip.com.cn
凡购买本书，如有缺损质量问题，本社销售中心负责调换。

定　　价：168.00元

编委会

主　　编　　曾从钦　李后强

统　　筹　　华　涛　肖　浩　韩　毅

编　　委　　（按姓氏拼音首字母顺序排序）

白　郎　蔡师杰　陈　丽　陈　杨　陈　曦

和映龙　李海龙　潘　晔　沈映辉　孙　放

王　理　王小晖　赵坤利　张崇红

策划统筹　　五粮液股份公司

五粮液文化研究院

四川省生活美学研究会

读城智库（成都）项目管理咨询有限公司

序言

中国人向来有“尚五”的传统，从“五星出东方利中国”，到五谷丰登、五福临门、五子登科、九五之尊，“五”字寄托了中国古人对世界的哲理思考与美好祝祷。

“和也者，天下之达道也。”中华文明五千年，“和”文化始终是民族的精神内核。“和”，是中国传统文化中最具标志性的符号之一，中华民族既崇尚“和”，更追求“和美”。作为中华文明和中华文化的重要内核，“和美”不仅充分体现了中华民族在处理人与自然、人与人、人与社会关系时的深邃思考与通达智慧，也深深影响着中国酿酒史、中国酒文化。

五粮液拥有活态传承“双国宝 · 双遗产”，一是五粮液拥有从元代1276年起连续不间断发酵生产700余年的元明古窖池群，这些古窖池群于2013年入选全国重点文物保护单位，其中的古窖泥作为唯一“活文物”被国家博物馆永久珍藏；二是五粮液老作坊被国家工业和信息化部核定为“国家工业遗产”，“1366”传统酿造技艺已赓续传承二十八代，在2008年入选“国家级非物质文化遗产”。五粮液因“集五粮精华而成玉液”得名，是“五”文化精髓的传承者和践行者。

“和美”是中华文明最富生命力和感染力的表现形式，更是五粮液的根与魂，也是五粮液基业长青的文化基因。五粮液是世界上率先以五种粮食酿造的蒸馏酒，融合五味，恰到好处，是天地造化的文化升华与五谷和美的物化呈现，是“和美”二字最好的注脚。

我们可以说——“和美”是对美好生活的向往。古往今来，无论是“中庸和谐”的文化精神，还是“以和为贵，以和为美”的价值主张，或者是“和合共生，美美与共”的处世之道，都足以看出“和美”之于国人的重要性。

“和美”是时代的命题。当今世界，冲突与共生并存，差异与对话交织。和美，充分体现了中国人解决自我生存、社会发展、国家治理等问题的深邃思考和通达智慧。越开越大的开放之门，坚定了融入世界的信心，更憧憬着实现人类命运共同体的美好未来。

“和美”是世界的语言。五粮液凭借前瞻性的国际视野，出海战略持续迭代，从最开始的“产品输出者”转型为“生活方式倡导者”，品牌表达更加时尚多元，消费体验更加年轻鲜活，正逐步构建起具有全球传播力的“和美生态”，推动白酒品牌从“输出产品”向“共建价值”的深层转型。

“和美”是企业的文化血脉。企业百年屹立、基业长青的能量源泉来自“和美”。五粮液与全国企业一道，共同推动企业之间的文化交流互鉴，持续厚植企业文化底蕴，为建设社会主义文化强国和现代化国家贡献更多和美力量。

未来，随着“和美全球行”的持续推进，五粮液势必将在全球更多元的文化语境中激发出新的品牌生命力，也为中国白酒乃至中国品牌的全球化拓展，提供更多可借鉴、可复制的实战路径与出海范式。

五粮液集团（股份）公司党委书记、董事长

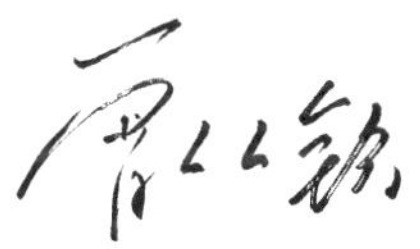

2025年8月

目 录

三生万物

五生和美

第一章 大自然向往和美

“三生万物，五生和美”，既是社会现象，也是科学规律。五粮液的“和美”来自宇宙本身宏大深刻的和美内涵和运动演进的协同原理，宇宙是最高的美，和美就是宇宙。大自然的主要特征是多样性、开放性、复杂性，但各种组元都能差异共存，呈现一种“美美与共，各美其美”的格局与景象。这种和美的根源在于宇宙间客观存在的原理——“最小作用量原理”，大自然的一切行为都遵循“能量与时间的乘积”趋向最小。五粮液自然不例外，它是宇宙演化的产物，受“最小作用量原理”支配。

乌杰教授在《系统美学》中指出：什么是和美？和美就是和谐，就是宇宙；宇宙是最高的美，也是最高的存在。和美与极值、奇点、黑洞、时空扭曲、奇怪吸引子、宇宙常数等紧密关联。五粮和美，来自大自然无与伦比的和谐与美丽。繁星满布的深邃夜空，变幻莫测的风雨雷电，飞翔的云雀，奔跑的猎豹，乃至肉眼难以观测的微观世界，人类从诞生起就对这些自然的奇观充满了无限的好奇，开展了不懈的追问和探索。大自然充满了和谐与美感，大至宇宙，小至基本粒子，而作为“万物的尺度”的人类，也是大自然和美的一部分。古往今来的哲学家、思想家不满足于五官感受到的大自然，进而追问：“造就这种大美的根源究竟是什么?”，无论是“无极而太极”，还是“三生万物，五生和美”，都体现了“普遍规律”决定了大自然的和美。五粮液的“和美”也是大自然和美的美妙体现，是由宇宙演化的基本规律——“最小作用量原理”决定的。最小作用量原理可以用一句话概括：大自然总是选择最省力、最经济的路径。就像你走路时会绕开坑洼选平路，光穿过不同介质时选时间最短的路线，甚至宇宙中天体的运动轨迹，都在遵循这一“偷懒”法则。这一原理是宇宙演化永不枯竭的动力源泉，是永远的第一推动力，是演化的原因与结果，美只是它的表征。

第一节
宇宙奇点探源：数理规律的凝炼诗篇

“四方上下曰宇，古往今来曰宙。”中国古人很早就认识到宇宙是一个包含了空间加上时间的四维结构。宇宙有没有起点和终点？宇宙是如何产生的？宇宙是无限还是有限的？诸如此类问题，一直困扰着历代的思想者。现在，“宇宙大爆炸”是大多数人所接受的宇宙起源理论，这一理论认为宇宙诞生之前是一个奇点，也称为引力奇点或者时空奇点。

一、奇点：宇宙的起点

宇宙从奇点开始，演化之路就是省能量省时间之路，也就是诞生和美之路，奇点是和美产生的逻辑起点。宇宙大爆炸理论是目前描述宇宙起源和演化的主流科学模型，认为宇宙在138亿年前从一个极端高温、高密度的状态开始膨胀，逐渐冷却并形成星系、恒星、行星等结构。那个初始状态就是奇点，体积无限小、密度无限大、曲率无限大。在奇点处，所有已知物理定律（广义相对论、量子力学等）均失效。奇点定理是由英国著名物理学家彭罗斯（Roger Penrose）和霍金(Stephen William Hawking)在20世纪60~70年代提出，该定理基于广义相对论，其核心结论是“在特定条件下（如宇宙中存在足够物质），时空必然存在奇点（如黑洞内部或大爆炸起点）。”

根据“大爆炸”模型，在宇宙诞生后的“普朗克时间”，由量子引力主导，时空结构尚未形成。之后为暴胀时期，宇宙呈指数级膨胀。再之后为核合成期，形成氢、氦等轻元素，丰度固定。38万年后，光子退耦，宇宙变得透明。10亿年后，第一代恒星、星系形成，引力坍缩导致结构形成。直至现在，宇宙仍处于膨胀状态。

图1-1为宇宙大爆炸示意图。

图1-1 宇宙大爆炸示意图

弗里德曼方程描述了宇宙膨胀的规律：

$$\left(\frac{\dot{a}}{a}\right)^2=\frac{8\pi G}{3}\rho-\frac{kc^2}{a^2}+\frac{\Lambda c^2}{3}$$

式中：$\dot{a}$，a点；a，尺度因子（描述膨胀）；ρ，物质/能量密度；k，空间曲率（k=0平坦，k>0闭合，k<0 开放）；Λ，宇宙常数（暗能量）；G，万有引力常数；c，光速。

奇点定理具有“和美”特征，是理论简洁性与认知复杂性的辩证统一。它既是科学理性的边疆，也是哲学与艺术的灵感源泉。正如霍金在《时间简史》中所表达的，奇点提醒我们，宇宙最深的奥秘往往藏身于方程的断裂处。这种断裂中的和谐，或许正是自然赋予人类最深邃的美学礼物。

二、最小作用量原理可描述宇宙和美本质

目前，包括大爆炸理论、弦论、圈量子引力、宇宙循环论等在内的很多理论物理框架，都不能完全解释宇宙起源与发展的所有现象与规律。因此，寻找“统一场”（或“大一统”）理论就成了当今宇宙物理学家和哲学家、思想家共同追求的目标。

系统科学及系统哲学领域专家乌杰指出：“自组织涌现与整体优化定律阐明了宇宙从奇点开始自组织演化生成涌现系统（优化、美化）的机制……也就是我们常说的物理学里的‘最小作用量原理’。”最小作用量原理包含着真善美，是真善美的统一。

“比如，天体大自然的演化、太阳地球的形成、动植物生命的起源、人类社会的进步等等，每一层次的演化生成的整体涌现，就是那个层次的最优，也是那个层次的最美。”

“优化意味着系统物质在演化过程中，追求既省时间又省能量（最小作用量原理）的路径，最终达到最优，也就是达到最美……从奇点开始演化之路，也就是诞生和美之路。省能量、省时间的机制，既是系统演化的动力，也是系统演化的目的……最后达到优化的极值，它呈现出最稳定、最和谐的状态。”

皮埃尔·德·费马（Pierre de Fermat）在1662年提出的“最短时间原理”（又称费马原理）仅适用于光学，认为光的传播路径使时间取极值，为最小作用量思想提供了具体范例。18世纪上半叶之后，皮埃尔·路易·莫佩尔蒂（Pierre-Louis

Moreau de Maupertuis）和莱昂哈德 · 欧拉（Leonhard Euler）提出“最小作用量原理”。

随着欧拉、拉格朗日（Joseph-Louis Lagrange）和哈密顿（William Rowan Hamilton）进一步优化该原理的数学表述，最小作用量原理成为了现如今世人所熟知的物理学核心原理之一：系统的真实演化路径是作用量取极值（通常是最小值）的路径，即$\delta S=0$。作用量S是拉格朗日量L（动能与势能之差）对时间的积分。

其中：$S=\int_{t_1}^{t_2}L\mathrm{d}t$，作用量泛函；$t_1t_2$，初始和终止时刻；$L$，拉格朗日量（动能$T$与势能$V$之差：$L=T-V$）；$\delta$，对路径的变分（路径的微小变化）。

最小作用量的完整表述为：

$$\delta S=\delta\int_{t_1}^{t_2}L\mathrm{d}t=0$$

这一原理适用于经典力学、电磁学、广义相对论，甚至量子力学，体现了自然规律的一种简约性。这种简约性并非目的论，而是数学上的优化，暗示自然规律可能存在更深层的统一性。从决定论视角看，经典力学中，最小作用量原理通过对作用量在整个路径上积分来描述系统运动，它只是一种基于数学运算的规律表述方式，不隐含目的性。最小作用量原理要求对整个路径进行考量，而非局部瞬时因果。这与广义相对论的时空几何观一致，暗示宇宙可能存在非局域关联，如量子纠缠的类似性。它是科学与形而上学的桥梁，是自然规律简约性的体现，也是人类用数学描述自然的典范，引发对因果性、统一性及自然本质的深刻思考。

最小作用量原理揭示了自然界运动规律背后隐藏的简洁性与和谐。从经典力学到量子场论，这一原理以优雅的数学形式统一了纷繁复杂的物理现象，展现出宇宙运行中令人惊叹的美学特质。最小作用量原理的表述极其简洁：$\delta S=0$。这一方程像一首凝练的诗，囊括了从行星轨道到光的传播路径等所有符合最小作用量原理的运动规律。自然总是选择“极值”或“驻定”的路径，仿佛遵循某种内在的优化设计。

什么是美？美就是和谐，美就是宇宙，宇宙就是最高的美。因为它符合最小作用量原理，而凡是符合最小作用量原理的物质系统与思想都是和谐的。宇宙正是物质存在中和谐与美的最高典范。

第二节
星系网络结构：缓慢而庄严的舞蹈

宇宙中的大星系和大尺度结构也充满着和谐与美。

宇宙中的结构呈现等级层次，星系是构成星系团和超星系团这些更大结构的基本单元。大尺度结构是宇宙中最上层结构，包括超星系团和纤维状结构。1989年发现的宇宙“巨墙”，长5亿光年，宽2亿光年，厚1500万光年。处于下一层次的则是星系团。星系团是由星系组成的自引力束缚体系，通常尺度在数百万秒差距或数百万光年，包含了数百到数千个星系。星系数量较少的星系集团称为星系群。银河系所在的星系群称为本星系群，成员星系大约为50个。再下一层次为一种典型的星系，即由恒星、恒星遗骸、星际气体、尘埃和暗物质等组成，并受到引力束缚的系统。星系的大小从只有几亿颗恒星的矮星系到拥有上兆颗恒星的巨大星系，都绕着其质心运行。

星系根据视觉上的形态分类为椭圆、漩涡或不规则等，漩涡和棒旋合起来也被称为螺旋星系。

漩涡星系如银河系（图1-2）、仙女座星系M31，具有明显的盘状结构，由中心核球、扁平盘面和旋臂组成。旋臂富含年轻恒星、气体和尘埃，呈现蓝色。核球主要由年老恒星组成，偏红色。

图1-2 银河系

椭圆星系呈椭圆形或球形，无旋臂结构。恒星分布均匀，缺乏星际气体和尘埃，以年老恒星为主。

不规则星系如大麦哲伦云等，无对称形状，通常由引力扰动或恒星形成活动导致。

大星系大多呈现扁平的盘状结构，这一特殊形态源于星系形成初期物质的角动量守恒。在引力作用下，物质向中心坍缩时，旋转产生的离心力使得物质分布在一个相对扁平的平面上，这种布局有利于恒星的诞生、行星系统的形成，各天体在这一平面内有序排列、相互作用，赋予星系一种规整且富有秩序的和美特征。

大星系的运动特征有整体运动和内部运动。根据哈勃定律，星系随宇宙膨胀相互远离，退行速度与距离成正比。其局部引力导致额外运动，仙女座星系正以约每秒110千米的速度向银河系靠近。旋涡星系内有较差自转，盘面恒星和气体绕中心旋转，内快外慢。椭圆星系则有随机运动，恒星运动方向杂乱，无整体旋转，速度分布由位力定理描述。大星系未来可能合并（如银河系未来和仙女座星系的碰撞），形成椭圆星系。星系间也有潮汐作用，邻近星系的引力可拉伸星系，形成潮汐尾（如“蝌蚪星系”）。其中心超大质量黑洞吸积物质或喷流。

大星系在宇宙秩序中形成了一种庄严的和美。

这些动态过程，虽看似剧烈，却遵循着宇宙的基本法则，并常被科学家和思想家赋予深刻的审美意义。例如，卡尔·爱德华·萨根（Carl Edward Sagan）曾如此描绘星系的壮丽与和谐：

> 星系是宇宙中的岛屿，数十亿颗恒星在引力之舞中旋转，像一场缓慢燃烧的火焰之轮。它们的美丽不仅在于光芒，更在于那深邃的秩序——亿万年的混沌中诞生的和谐。

他将星系比作“缓慢而庄严的舞蹈”，强调其宏大尺度下暗藏的物理方法之美。在描述星系碰撞时，他融合了毁灭与重生的概念，当星系相撞时，没有轰鸣，只有寂静的引力拉扯。恒星像温柔的幽灵般穿过彼此，而星际气体在压缩中点燃新的恒星——这是宇宙级的烟火，一场持续亿万年的大爆炸芭蕾。他通过科学事实传递出一种震撼的宇宙艺术观。

大星系的“和美”，是引力与暗物质谱写的协奏曲，是混沌与秩序共舞的纪念碑。从旋涡星系的巨大旋臂到暗物质的不可见之手，宇宙以超越人类直觉的方式展现其深层法则。正如爱因斯坦所言：“宇宙最不可理解之处，在于它竟然可以被理解。”这种理解本身，或许正是星系之美在人类心智中的回响——我们在仰望星空时，看到的不仅是光年之外的壮丽，更是自身对永恒和谐的渴望。

当然，大星系的和谐与美是宇宙整体美的一部分，它体现了一种高度的科学美、数学美、规律美。

此外，星系还体现了一种基本力量的和美，即通过四种基本力运转——引力、电磁力、强核力和弱核力，和谐地相互作用，使一切免于崩溃或分崩离析，这些力量的强度经过了精细的调整：如果引力稍强一些，恒星就会燃烧得太快；如果较弱，它们就根本不会形成。

星系所展现的和谐秩序，其根基深植于宇宙基本物理定律和常数那令人惊叹的精确协调之中。物理常数——例如光速（c）、万有引力常数（G）和精细结构常数（α）——支撑着宇宙的行为。它们的特定值允许稳定性和复杂性：精细结构常数决定了电子如何与光相互作用，一个小小的调整就能阻止原子的形成。

科学家常常对这种“微调”感到惊讶，物理学家弗里曼·戴森曾经说过：“我越是研究宇宙并研究其结构的细节，就越能发现证据表明，宇宙在某种意义上一定知道我们的到来。”

当然，人类知觉中最直观、最壮美的莫过于螺旋星系的旋臂，展现了宇宙中深层次的对称性与和谐性。这种美不仅源于视觉上的规律性，更反映了天体物理规律的统一性。

第三节
太阳系和谐美：动态平衡中的永恒感

太阳系是以太阳为中心，和受到其引力束缚而围绕着它运行的天体组成的系统。它大约形成于46亿年前，当时一个分子云的密集区域坍塌，形成了太阳和原行星盘。太阳系中心的太阳，作为一颗稳定的恒星，持续释放光与热，为周边行星提供能量源泉。行星们依据各自的质量、距离，在引力作用下，沿着近乎圆形的轨道绕太阳公转，各自占据适合自身的位置，从地球所在的“宜居带”，到水星的炽热，到海王星的寒冷，形成层次分明的有序体系。

一、太阳系的天体分布充满和谐

轨道环绕太阳的天体被分为三类：行星、矮行星和太阳系小天体。绕太阳运行的最大天体是八颗行星。从太阳开始，它们是四颗类地行星（水星、金星、地球和火星）；两颗气态巨行星（木星和土星）；以及两颗冰态巨行星（天王星和海王星）（图1-3）。所有类地行星都有固体表面。相对的，所有的巨行星都没有确定的表面，因为它们主要由气体和液体组成。太阳系中超过99.86%的质量在太阳中，其余近90%的质量在木星和土星中。

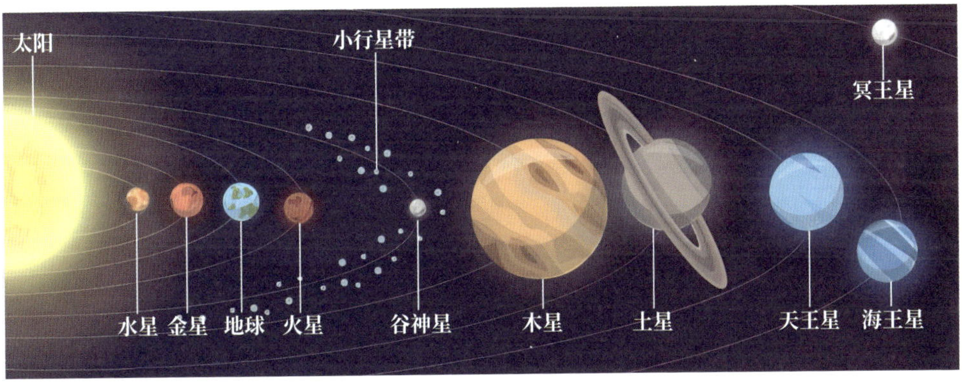

图1-3 太阳系

行星是环绕太阳且质量够大的天体。这类天体有足够的质量使本身的形状成为球体，同时有能力清空邻近轨道的小天体。

2006年8月24日，国际天文联合会将原先认定为大行星的冥王星从太阳系大行星家庭“除名”，并将它与谷神星、阋神星、妊神星和鸟神星组成新的分类：矮行星。矮行星与大行星的核心区别是，不需要将邻近轨道附近的小天体清除掉。

环绕太阳运转的其他天体都属于太阳系小天体。行星的卫星（如月球），由于不是环绕太阳而是环绕行星、矮行星或太阳系小天体运转，所以不属于太阳系小天体。

从区间来说，又可分为“内太阳系”，包括水星、金星、地球、火星和小行星带中的天体；其余的是“外太阳系”，包括木星、土星、天王星、海王星和柯伊伯带中的天体。自从柯伊伯带被发现以来，太阳系的最外层被认为是一个由海王星外天体组成的独特区域。

二、太阳系及其天体运行轨道的和美

太阳系的运行可分为两大部分。

一是太阳系内的天体（行星等）的运动。围绕太阳的行星轨道和其他大型天体都位于地球的轨道平面附近，该平面称为黄道。较小的冰冷天体（如彗星）经常以明显更大的倾斜角度绕该平面运行。太阳系中的大多数行星都有自己的次系统，由天然卫星环绕。所有最大的天然卫星都处于同步旋转状态，即其中一个面永久地朝向它们的母行星。四颗巨行星（木星、土星、天王星、海王星）都有由宇宙尘埃和小型颗粒组成的薄圆形行星环。

太阳系行星轨道半径比例（如金星与地球轨道周期比接近黄金分割数ϕ）、螺旋星系旋臂间距符合黄金分割率（图1-4）。黄金分割数表达为$\phi\approx1.618$，是最优比例的数学密码，广泛存在于包括太阳系在内的自然界中。例如，向日葵种子排列、松果鳞片排列、菠萝花纹均以斐波那契螺旋展开，最小化遮挡以获取最大光照。鹦鹉螺壳剖面呈黄金对数螺旋（壳体腔室按ϕ比例生长）形状。黄金分割是满足“比例中的比例”中最著名的一个数，这种递归特性使其具有数学上的完美对称。

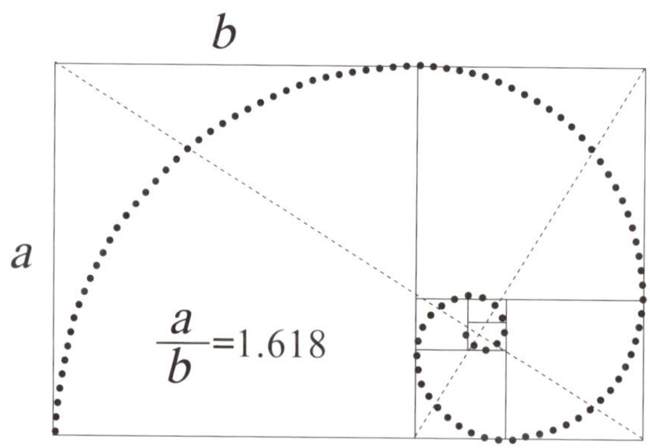

图1-4 斐波那契螺旋按照黄金分割比例展开

在非线性系统中，黄金比例常出现在分岔点附近，可能与系统稳定性相关（如树木通过分支角度避免共振断裂），符合动态系统的稳定性规律。

由于太阳系的形成，行星和大多数其他天体都以和太阳旋转方向一致的方向绕着太阳旋转。也就是说，从地球北极上方鸟瞰，为逆时针方向。

1609年，德国天文学家约翰尼斯·开普勒（Johannes Kepler）继承了他的老师第谷·布拉赫（Tycho Brahe）的遗志，通过老师与自己详细的观察数据，提出了行星运动的三大定律。开普勒第一定律指出，行星围绕太阳的轨道并非正圆，而是优雅的椭圆，太阳在椭圆的一个焦点上，这导致行星与太阳的距离在其一年中发生变化。一个行星离太阳最近的点称为它的“近日点”，而离太阳最远的地方称为它的“远日点”。这种“不完美的完美”暗示了引力与惯性的动态平衡。开普勒第二定律则揭示了同一颗行星在单位时间内扫过的面积相等这一事实，导致近日点速度快、远日点速度慢，形成一种节奏感。而开普勒第三定律则向我们展示了行星运动周期与轨道半长轴的关系：周期的平方与半长轴的立方成正比，无论是地球的1年公转周期还是火星的1.88年公转周期，都严格遵循这一奇妙的数学关系。开普勒三大定律不仅为之后的牛顿提出万有引力定律做出了坚实的铺垫，还向人们揭示了宇宙的奇妙——行星严格按照美妙的数学规律运转，向世人展现着宇宙的和美之处。

二是太阳系本身在银河系中的运行。太阳系位于银河系猎户座旋臂内侧（距银心约2.6万光年），围绕银河系中心公转，运行平面与银道面的夹角约为60°，呈波浪形穿越银盘。太阳系公转轨道速度约为230 km/s；轨道周期为2.2亿~2.5亿年，即一个“银河年”；轨道半径约2.6万光年，形状近似椭圆，但受银河系旋臂和暗物质分布影响略有波动。太阳系在银河中的运动，同样体现了数学与几何上的和谐，其运行轨道是开普勒定律的“银河升级版”，为近椭圆螺旋状（离心率$e \approx 0.06$）；当太阳系接近银心点时加速，速度约为250km/s），远离银心点时减速，速度约200km/s，满足角动量守恒定律。太阳系公转叠加银河系自转，实际轨迹为三维螺旋线形状，其投影与黄金分割率高度近似。

太阳系的运行确实展现出一种令人惊叹的数学和谐与几何美感，这种美源于天体力学规律与数学比例的精确结合。从古希腊的“天体音乐”到开普勒的行星运动定律，再到现代天体物理学的模型，人类一直在探索这种宇宙秩序背后的奥秘。

尽管太阳系是混沌系统（微小扰动可能引发长期变化），但它的稳定性持续了数十亿年。这种“混沌边缘的和谐”或许是最深层的宇宙美学——动态平衡中的永恒感。从毕达哥拉斯的“宇宙和谐数”到爱因斯坦的广义相对论，太阳系的运行规律不断启示人类：自然界的复杂性与简单性可以统一于数学语言。这种美不仅是视觉的（如行星的共面性、环状结构等），更是智性的——通过方程预测天体位置、通过模拟重现46亿年的演化史，本身就是一种超越文化的纯粹美感。

第四节
地球共生系统：万物与生命的“完美”协同

地球生物系统中的“和谐共生”与“相生相克”是生态系统动态平衡的核心机制。这种复杂关系既包含物种间的互惠依存，又涉及资源争夺的竞争博弈，共同塑造了生态系统的稳定性和适应性。这一机制本质上是熵减与熵增对抗的统一。合作提升系统效率，竞争筛选适应性策略，二者共同驱动生物圈的演化与稳态。正如生态学家尤金·奥德姆所言：“生态系统的稳定，源于无数对立力量的动态平衡。”

一、精密而和美的地球系统

当我们通过卫星遥感图片察看地球时，看到的形态各异的地形地貌却显得非常相似了，那些河流网络（支流分形分布）、山脉轮廓（小尺度凹凸复现大尺度起伏）、闪电路径（随机分形扩散）体现大自然、地球系统及其生态系统中的“自相似”与“分形”。

分形是具有自相似（整体与局部结构重复）和分形维度（如海岸线分形维度约为1.26）的几何形态，由迭代函数生成（如曼德博集合）。树木分支（每级枝干以相似角度分叉）、蕨类叶片（每片小叶复刻整体叶形）、罗马花椰菜（无限自相似螺旋）也符合分形迭代规律。大自然的分形原理是尺度不变性的嵌套美学，充满着一种“混沌”的和美。

地球系统的和谐与美，体现在其精妙的物理参数和生命支持条件的完美协同上。

（一）宜居带是宇宙中的黄金座位

地球位于太阳系的宜居带，距离太阳约1.5亿千米（图1-5）。这一区域温度适宜，使水能以液态存在——不远不近，恰到好处。若地球轨道偏移5%，便会陷入冰川或温室效应的极端状态。

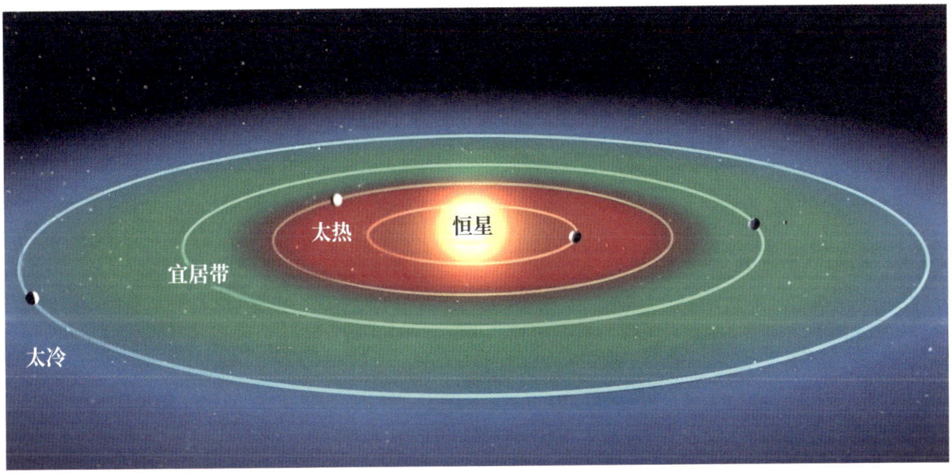

图1-5 地球位于太阳系的宜居带

（二）运行轨迹是稳定的舞蹈

公转时，地球以近乎完美的椭圆轨道绕太阳运行（偏心率仅0.0167），年复一年保持稳定，季节变化规律而温和。自转，24小时的自转周期形成昼夜节律，地轴23.5°的倾斜角造就四季更迭，为生物多样性提供舞台。

（三）地轴倾斜与磁场是生命的盾牌

地轴倾斜，稳定的倾角由月球引力维持，避免极端气候波动。磁场，液态外核运动产生的地磁场像无形护盾，偏转太阳风的高能粒子，保护大气层不被剥离。

（四）大气层是支持生物呼吸与地球温度调节的艺术家

成分平衡，78%氮气、21%氧气及微量二氧化碳，既支持呼吸又调控温室效应。臭氧层，吸收紫外线，为陆地生命铺就安全网。大气循环，风与洋流分布热量，形成雨林、沙漠等多样生态系统。

（五）岩石与水塑造动态的星球

地壳运动循环碳元素，稳定气候数亿年；火山活动孕育肥沃土壤。水循环，地球是太阳系唯一拥有液态水海洋的岩石行星，水分子在三态间舞蹈，滋养万物。

地球第三极青藏高原东缘与云贵高原北缘交会，形成了令人叹为观止的自然奇观，所有这些因素最后都集中在四川盆地（图1-6）。四川盆地是中国四大盆地

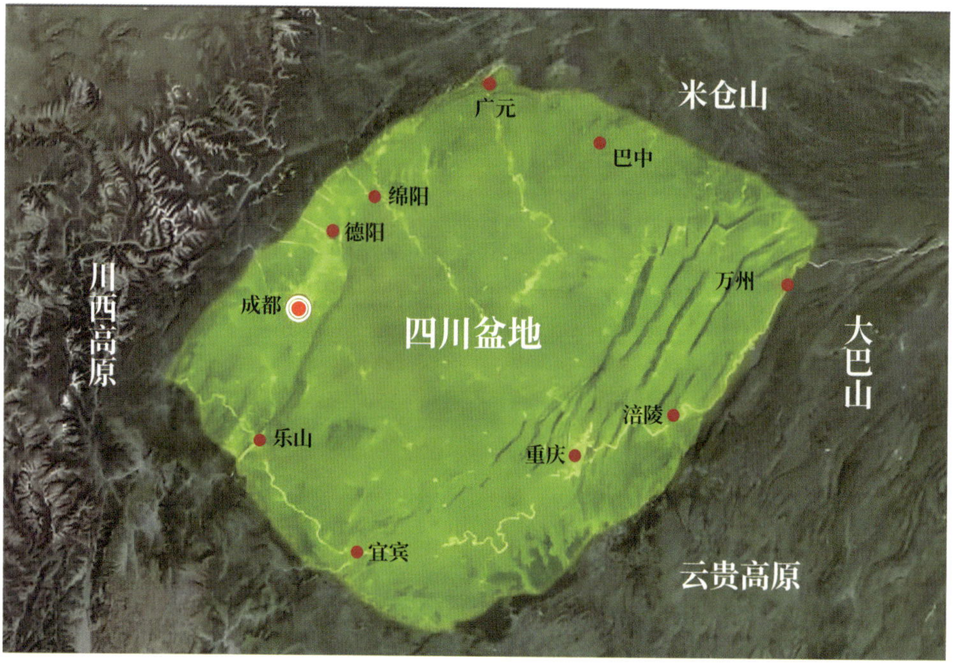

图1-6 四川盆地示意图

中面积最小(盆底20万平方千米)、海拔最低(300~700米)的盆地，是世界地理学的奇观。四川盆地是地球上最大的“天然发酵池”，最适合微生物生长繁殖。四川盆地这个天然大窖池，有背靠喜马拉雅山的巨大优势，有华西雨屏，有地球“抽风机”，有大熊猫，有横断山，有长江黄河，有内陆海洋性气候，有北纬30°，有独特的“天府菌”，有“黄金九度”(适宜的温度、湿度、海拔、风速等)等独特优势，这些都能为川酒发展保驾护航。“世界白酒看中国，中国白酒看四川，四川白酒看川南”，实至名归。

（六）月球是地球的舞伴与守护者

月球被地球潮汐锁定，以同步自转绕地球运行，引发潮汐，促进海洋混合与早期生命化学演化。月球引力抑制地轴摆动，防止气候剧烈震荡。

地球的每一个参数都像被精确校准，磁场强度、大气厚度、水盐比例……稍有偏差，生命便难存续。这种精密非机械的偶然，而是数十亿年动态平衡的杰作——熔岩与冰川的拉锯、生命与环境的共舞，最终谱写出一颗蓝星的诗意存在。

二、生物圈中的和谐

生物圈本身及其与地球系统之间存在着动态而复杂的关系，涵盖从微观到宏观的多个层级，各组成部分通过竞争、互补、平衡与和谐的方式维持系统的稳定性和多样性。

（一）生物圈的层级划分

第一，个体，单一生物体，如一棵树、一只鸟等，其功能是通过生存与繁殖传递遗传信息。

第二，种群，同一物种的个体群，如一片森林中的狼群，其功能是维持物种基因多样性，适应环境变化。

第三，群落，不同物种在特定区域的集合，如热带雨林中的动植物和微生物等，其功能是通过物种间相互作用形成生态网络。

第四，生态系统，生物群落与非生物环境（水、空气、土壤等）的复合体，如珊瑚礁、草原等，其功能是物质循环（碳、氮等）和能量流动（食物链）。

第五，生物群系（Biome），具有相似气候和植被的大尺度区域，如热带雨林、苔原、沙漠等，其功能是反映全球气候与生物分布的关联。

（二）生物系统各部分的相互作用

1.竞争

资源争夺驱动进化。第一，种内竞争，即同类个体争夺食物、栖息地或配偶，例如狮子群中的雄性争夺领导权，植物根系争夺土壤养分。第二，种间竞争：不同物种争夺有限资源，例如非洲草原上斑马与羚羊竞争草料，藤本植物与树木争夺阳光。竞争的作用是推动自然选择，促进适应性演化（如拟态、快速繁殖策略）。

2.互补

协作促进系统稳定。第一，互利共生，即物种间长期互惠共生，例如蜜蜂传粉与植物提供花蜜；根瘤菌固氮与豆科植物提供碳水化合物。第二，寄生与偏利共生，一方受益，另一方可能受损或不受影响，如榕小蜂依赖榕树繁殖（专性共生），藤壶附着鲸体获取移动便利。第三，分解者与生产者的协同，真菌分解有机物为植物提供养分，植物通过光合作用固定能量。互补的作用是增强资源利用效率，提升生态系统韧性。

3.平衡

动态调节维持稳态。第一，捕食者-猎物平衡，典型的案例是通过狼群控制鹿的数量，防止植被过度消耗（负反馈机制）。第二，生态位分化，意思是物种通过占据不同资源位减少直接竞争，如不同鸟类在同一森林中捕食不同高度的昆虫。平衡的核心在于环境承载力，资源总量限制种群规模，如干旱会导致食草动物数量下降。

4.和谐

长期演化形成的协同进化。第一，协同进化，指物种相互适应形成稳定关系，如兰花与特定传粉昆虫的形态匹配，猛禽视觉与猎物伪装的对弈。第二，生物地球化学循环，碳、氮等元素通过生物与非生物过程循环，维持全球化学平衡。第三，顶级群落演替终点（如成熟森林）中物种组成趋于稳定，能量输入输出达到动态平衡。

生物圈及其子系统必然维持熵平衡，它是复杂系统的最佳和谐状态，也就是最美的状态。

生物圈的和谐本质上是动态的，而非静态的“完美平衡”。人类活动（如过度开发、污染）可能打破竞争与互补的微妙关系，导致生物多样性丧失或生态系统崩溃。理解这些机制的核心在于：生物圈是一个自我调节但脆弱的结构，保护其多样性即是保障人类赖以生存的生态服务（如清洁水源、气候调节）。

竞争推动适应，互补增强稳定，平衡依赖反馈，和谐源于演化。

生物圈的可持续性取决于人类能否从“掠夺者”转变为“协调者”，尊重其内在规律。

第五节
微生物协同论：和谐与繁荣的微观典范

人类肉眼看不到的微生物世界，对整个生物系统的发生、演化，对人类个体和社会的存在起着极为巨大的作用。微生物世界之间存在着一种稳定和谐的“社会结构”，这一系统与生物界尤其是人类也存在着互利互惠的共生关系，有斗争，有合作，也体现了“最小作用量原理”。

共生、演化不仅是微生物系统内部的普遍现象，也是该系统和其他系统之间关系的重要模式，例如远古微生物参与人类细胞线粒体的构建以及人类进化的过程，就体现了这种高度复杂的共生关系，在看似斗争的张力中蕴含着更高层次的协作与和谐，共同编织着生命的壮丽图景。这种共生关系，正是自然追求内在和谐与外在繁荣生机的微观典范。

一、共生：微生物系统的演化

微生物是难以用肉眼直接看到的微小生物的总称，包括真细菌、古细菌、真菌、放线菌、原生动物、部分藻类、支原体、衣原体等有细胞结构的微生物，以及病毒这类无细胞结构的微生物。

微生物作为自然界的特殊存在，拥有着五大特征。

（一）体积小，面积大

正因为有了较高的相对表面积作为基础，微生物才有了一些独特的特征，比如能够快速代谢。

（二）吸收多，转化快

例如，乳糖菌在1小时之内能够分解其自身重量1000~10000倍的乳糖。

（三）生长旺，繁殖快

相比于大型动物，微生物具有极高的生长繁殖速度，微生物在理论上能做到指数级增长，这一特性使其在工业上有广泛的应用，如发酵、生产单细胞蛋白等，因而成为人类不可或缺的好朋友。

（四）适应性强，易变异

微生物具有非常灵活的适应性和代谢调节机制。有益的变异能为人类社会创造巨大的经济和社会效益，而有害变异则是人类健康或生产活动的大敌。

（五）分布广，种类多

地球上除了火山中心区域等少数地方外，到处都有微生物的踪迹。微生物种类多主要体现在以下五个方面：物种多样性、生理代谢类型多样性、代谢产物多样性、遗传基因多样性、生态类型多样性。

微生物系统虽然微小，却有着复杂的“社会”结构。在土壤里，细菌、真菌等形成群落，有的负责分解有机物释放养分，有的参与固氮作用，各司其职，就像社会分工一般，保障整个微生物群落的生存与繁衍。这种自发形成的秩序，并非自上而下的设计，而是微观生命在亿万年的演化中自然涌现的和谐状态，它们无时无刻不在体现自然界对于高效协作与整体平衡的内在追求。

二、良友：微生物的当代贡献

微生物系统始终伴随着人类文明的产生和进步，而人类也很早就认识并利用微生物系统为自己服务。

（一）生产生活方面

古代，人类对微生物的认识处于朦胧阶段，未能观察到细菌等微生物的个体，但是能凭借实践经验利用微生物进行对人类有益的活动，如酿酒、发面、酿醋、制酱、沤肥、治病、轮作等。

当代，微生物与人类的生产、生活和生存更是息息相关。人类依靠微生物制作许许多多的食品，如酱油、醋、味精、酒、酸乳、乳酪等，这些生产所依靠的乳酸菌、酵母菌、曲霉菌、醋杆菌等一系列的微生物早已是人类生活中最常见的菌种。此外，人类在药品的生产中也利用了微生物，近几十年更是通过向细菌的DNA中植入产生某种药物的基因序列，让细菌大量产生该药物，由此得以将抗生素、维生素、疫苗等药物的生产效率提升数十甚至上百倍，大大造福了人类社会。同时，微生物在矿产探测与开采、废物处理（如水净化、沼气发酵等）等各种领域中也发挥了重要作用，如人类利用微生物进行石油勘探，甚至形成了一项新的学科——石油微生物学。2023年10月，在第十九届中国国际酒业博览会上，五粮液宣布率先发现浓香型白酒窖泥主体己酸菌WLY1368菌，并进一步在国际上发现三株全新菌种——丙酸嗜蛋白菌(JNU-WLY501菌)、产香梭状芽孢杆菌(WLY-B-L2菌)、空气丛梗孢酵母(WLY-L-M-1菌)，从科学层面诠释了窖泥中稀缺微生物在“大国浓香”形成过程中的独特奥秘。这是微生物积极“介入”人类生活的有趣例证。

可以说，人类的生产生活早已离不开各种微生物的协同作用。微生物是生物界唯一认知的固氮者（如大豆根瘤菌）与动植物残体降解者（如纤维素的降解），同时位于常见生物链的首末两端，从而完成碳、氮、硫、磷等生物质在大循环中的衔接。若没有微生物，众多生物就失去必需的营养来源、植物的纤维质残体就无法分解而无限堆积，就没有自然界当前的繁荣与秩序或人类的产生与维续。

此外，微生物对于地球上气候的变化也起着重要作用。许多微生物直接参与了温室气体的排放或者吸收，而也有很多微生物可以成为未来的生物燃料。

（二）人体健康方面

微生物与人类健康密切相关，多数微生物（图1-7）对人体是无害的，不少微生物对人体健康甚至是有益的、不可或缺的。

实际上，人体的外表面（如皮肤）和内表面（如肠道）生活着很多正常、有益的菌群，例如双歧杆菌、乳酸杆菌等。它们占据这些表面并产生天然的抗生素，抑制有害菌的着落与生长；它们也协助吸收或亲自制造一些人体必需的营养物质，如维生素和氨基酸。这些菌群的失调（如抗生素滥用等）可以导致感染发生或营养缺失。然而另一方面，人类与动植物的疾病也有很多是由微生物引起，这些微生物称为病原微生物或病原。现代生物学的若干基础性重大发现与理论，是在研究微生物的过程中或以微生物为实验材料与工具取得的。

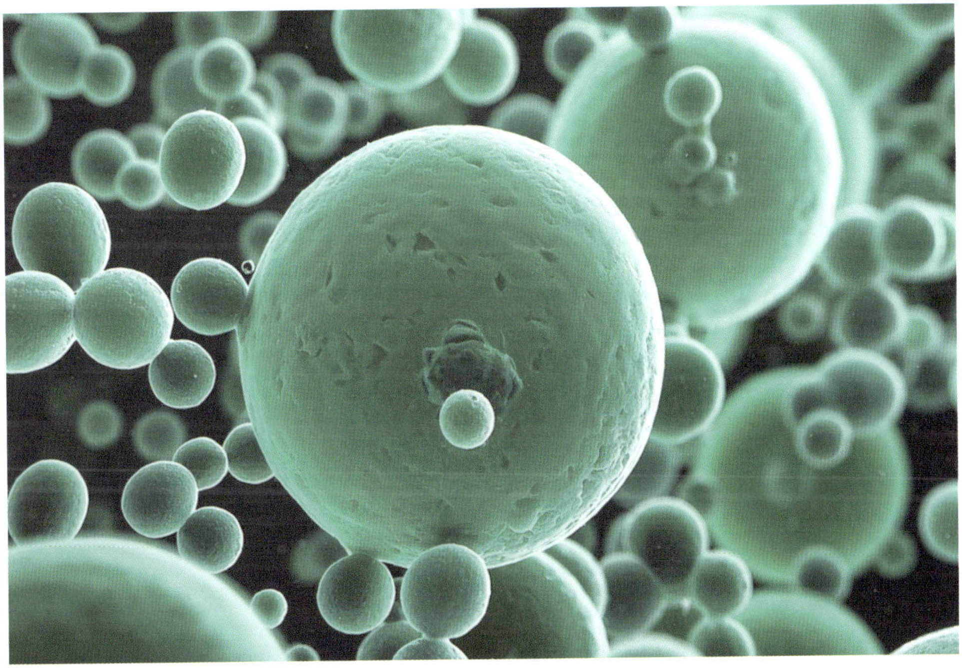

图1-7 微生物

1935—1944年，奥斯瓦尔德·艾弗里（Oswald Avery）与他的同事科林·麦克劳德（Colin MacLeod）和麦克林恩·麦卡蒂（Maclyn McCarty）通过肺炎链球菌实验，证实DNA（脱氧核糖核酸）是遗传信息的载体而非蛋白质。1958年，马修·梅塞尔森（Matthew Meselson）和富兰克林·斯塔尔（Franklin Stahl）通过用氮同位素标记大肠杆菌的DNA双链，首次在分子层面证实DNA复制采用半保留模式。1961年，美国生物学家马歇尔·沃伦·尼伦伯格（Marshall Warren Nirenberg）同海因里希·马特伊（Heinrich Matthaei）向无细胞体系中加入了大肠杆菌提取物，成功破译了第一个遗传密码子UUU。之后，尼伦伯格于1964—1966年同罗伯特·W·霍利（Robert William Holley）及哈尔·葛宾·科拉纳(Har Gobind Khorana)逐步破译了全部64种遗传密码子。1961年，雅克·莫诺(Jacques Monod)与弗朗索瓦·雅各布(François Jacob)利用大肠杆菌模型提出了操纵子的概念，阐明原核生物基因调控级联反应，奠定表观遗传学研究基础。1973年，斯坦利·科恩(Stanley Cohen)与赫伯特·伯耶（Herbert Wayne Boyer）对大肠杆菌进行基因改造，使其带有一个人源基因，生产出治疗糖尿病的胰岛素。同时，现代人们也在以病毒为载体进行基因治疗。诸如此类的研究数不胜数，而这些成就都离不开微生物的功劳。这些里程碑式的突破，不仅是人类智慧的胜利，更是微观生命与宏观认知的共舞。微生物以最简朴的生命形式，向我们昭示了大自然生命法则的深邃智慧。

微生物在人类发展的历史长河中扮演着重要的角色，它们不仅是地球生态的基石和人类文明的助力，更以其无处不在的共生智慧，向我们昭示着“大自然向往和美”这一根本法则的强大生命力。理解、尊重并善用这种微观世界的和谐共生之道，或许正是人类与自然共筑长久繁荣与平衡未来的关键钥匙。

第六节
量子共振现象：自然与哲学的神秘交响

比微生物系统更加微观的量子（Quantum）世界，同样存在着鲜为人知的奥秘和令人叹为观止的运行规律，表现出高度的和谐美，其数学上的高度抽象性，也体现了人类思维之美。

量子共振是量子力学中描述粒子或系统在特定能量条件下，通过波动性相互作用实现能量传递或状态同步的现象。它不同于经典共振（如音叉共鸣），而是根植于波函数叠加、量子隧穿等特性，展现微观世界独特的“节奏与和谐”。

在物理学中，量子是参与基本相互作用的任何物理实体（物理性质）的最小量，即某物质或物理量存在的最小的不可分割的基本单位。量子具有波粒二象性，既像粒子般离散，又有波动的特性，打破了经典物理学对物质连续性的认知，开启了微观世界新大门。

“光量子”是光的基本单位。量子的基本概念认为所有的有形性质都是“可量子化的”。“量子化”是指其物理量的数值是特定的且固定的，而非任意值。例如，在（休息状态的）原子中，电子的能量是可量子化的。这种能量也决定了原子的稳定性和基本性质。

马克斯·普朗克（Max Planck）于1900年提出量子假说，其公式为$E=h\nu$（E为能量，h为普朗克常数，ν为频率）。首次打破经典物理中能量连续的观念，提出“量子”是能量的最小不可分单元。其后，爱因斯坦提出光量子理论，将量子概念从物质-辐射相互作用推广到光本身，挑战了光的纯粹波动性。1913年，尼尔斯·玻尔（Niels Bohr）将原子结构量子化，提出玻尔模型，首次将量子化条件应用于原子结构，解释了原子光谱的离散性，后经海森堡（Heisenberg）、薛定谔（Schrödinger）、狄拉克（Paul Adrien Maurice Dirac）等人发展为完整的量子力学。

量子系统中最令人惊讶的莫过于量子纠缠。量子纠缠假设两个粒子在经过短暂时间彼此耦合之后，单独搅扰其中任意一个粒子，尽管两个粒子之间可能距离遥远，但仍会不可避免地影响到另外一个粒子的性质，这种关联现象称为量子纠缠（图1-8）。

由多个粒子组成的量子系统，其状态无法被分离为其组成的单个粒子的状态，在这种情况下，单个粒子的状态被称为是纠缠的。纠缠的粒子有惊人的特性，这些特性违背一般的直觉。比如说，对一个粒子的测量，可以导致整个系统的波包坍缩，因此也影响到另一个、遥远的、与被测量的粒子纠缠的粒子。这一现象大大影响了当代文化，成为科幻小说常见的“理论基础”。其实可以用一个通俗的比喻来理解：想象有一对神秘的“量子骰子”，无论相隔多远（比如一个在地球，一个在月球），它们总是同步显示相同点数。更神奇的是，单独看每个骰子，每次掷出的点数完全随机（1~6都可能），但只要观察其中一个，另一个会瞬间变成相同点数，不受距离限制，即使分开到宇宙两端，这种同步性依然存

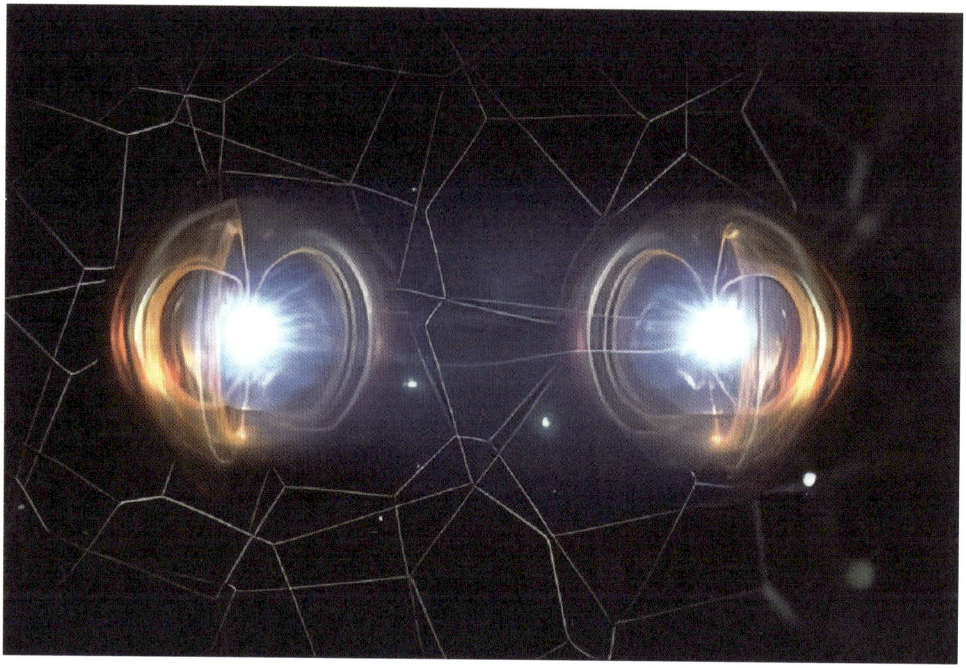

图1-8　量子纠缠示意图

在。这种关联速度远超光速，但无法用来传递信息，因此并不违反相对论。

量子纠缠被爱因斯坦称为“鬼魅般的超距作用”。量子纠缠是量子力学中最深刻的现象之一，具有“关联性”“无穷远”“整体性”“协同性”等四大特征。五粮液在感官中激发的效应，也具有量子纠缠的上述特征。两个纠缠粒子（如光子对）的测量结果存在瞬时关联，无论相距多远；两粒子纠缠时，无法单独描述单个粒子状态，只能用整体波函数表示；白酒与人体发生作用时所激发的状态，曾被诗人称为“斗酒诗百篇”，是酒中的粒子与身体、大脑等组织的粒子“纠缠”的结果，不可分开描述。

量子纠缠与拓扑相变、激发态等有关。

拓扑相变是指物质在相变过程中，其拓扑性质发生改变的现象。与传统相变（如冰融化成水）不同，拓扑相变不伴随对称性的破缺或局域序参量的变化，而是由系统的全局拓扑性质（如拓扑不变量）的改变所驱动。

激发态是指量子多体系统处于比基态（能量最低态）更高能级的非平衡态。当系统吸收能量（如光子、热能等）后，粒子从基态跃迁到激发态。

拓扑相变关注系统全局性质的突变，而激发态是研究这些相变动态过程和拓扑序特征的重要工具。

卡拉比-丘流形（Calabi-Yau manifold，图1-9）是弦理论中紧化额外维度的关键几何结构，其拓扑特征与量子纠缠之间存在着深刻而微妙的联系。卡拉比-丘流形的拓扑特征通过弦紧化影响了低能物理的对称性和粒子谱，而其几何复杂性可能深层编码了量子纠缠的信息。

量子共振的“和美”，是微观粒子振动与宏观自然法则的共鸣，是数学方程之严谨与哲学思辨之深邃的交响。量子跃迁的光谱线遵循着宇宙最底层的振动逻辑，一如贝多芬交响曲般引人入胜——正如物理学家费曼（Richard Phillips Feynman）所言，自然用最简约的数学语言，写出了最壮丽的诗篇。

量子系统不仅是一种物理理论，也体现了一种新的哲学观念的诞生，是整体论的体现；同时，关系先于个体，暗示宇宙可能是一个相互关联的网络。量子的波粒二象性与道家“阴阳互化”观点存在相似性；量子纠缠与佛家华严宗的“因陀罗网”（万物互摄）也相似，不确定性原理与禅宗“无住生心”（拒绝对立）则具有异曲同工之处，即观测者与被观测对象具有不可分割性；而真空涨落也与老子所说的“无中生有”具有有趣的可比性。因此量子理论与东方思想有着很强的共鸣。

图1-9 卡拉比-丘流形

大自然向往和美，是因为大自然完美地遵循着令人叹为观止的各种规律和数学原理（图1-10）。大自然普遍存在“混沌态”，在混沌系统中，按照自组织原理进行分形、演化，最终呈现极致的大美，例如黄金分割率就具有分形特征。所有这些原理都符合“最小作用量原理”，大自然在“最节约”“最极简”的前提下，达到“创造”效率最高，既是极致的“和”，也体现了极致的“美”。

图1-10 大自然向往和美

参考文献

[1] [美]撒穆尔·伊诺克·斯通普夫,詹姆斯·菲泽.西方哲学史:第七版[M].邓晓芒,匡宏,译.北京:中华书局,2005.

[2] [梁]顾野王.大广益会玉篇[M].北京:中华书局,1987.

[3] 邹晓丽.基础汉字形义释源——《说文》部首今读本义（修订本）[M].北京:中华书局,2007.

[4] 乌杰.系统美学:一种新的美学思想[M].北京:人民出版社,2017.

[5] 卡尔·萨根.宇宙[M].周秋麟,吴依俤,等译.长春:吉林人民出版社,1998.

[6] 开普勒.世界的和谐[M].张卜天,译.北京:北京大学出版社,2023.

[7] 卡尔·齐默.病毒星球[M].刘旸,译.广西:广西师范大学出版社,2019.

[8] 曾从钦.在五粮液中发现一批具有对人体健康有益的活性物质[EB/OL].(2023-10-18)[2025-08-28].https://baijiahao.baidu.com/s?id=1780050253953166088&wfr=spider&for=pc.

[9] 黄登仕,李后强.分形几何学,R/S分析与分式布朗运动[J].自然杂志,1990,13(8):477-480.

[10] 汪富泉,李后强.分形几何与动力系统[M].哈尔滨:黑龙江教育出版社,1993.

[11] 李后强.服务与参谋:从不惑到天命的笔旅[M].成都:四川人民出版社,2013.

[12] 李后强,程光钺.分形与分维[M].成都:四川教育出版社,1990.

三生万物

五生和美

第二章

人类社会追寻和美

五粮液的“和美”也来自人类社会的长期进化和人类发展的终极追求。阶层性、复杂性和多样性是社会的重要特征，只有“和美”才能共生共荣共进。沟通与合作是人类生存的关键策略，“和美”不仅是道德追求，更是人类本能、社会演化和技术发展的共同指向，是基于人类对美好生活向往的深层需求。面对全球性危机，唯一的出路在于强化“生命共同体”意识。地球上的所有存在形式，无论是生命体还是非生命体，都彼此依赖，形成了一个不可分割的整体，这是和美的背景与土壤。

五粮和美，根源在人对美的追求。和美是社会的最佳状态，也是人们的崇高向往，人人爱美，人人尚美，社会就和谐和睦。为什么人类社会必须追求和美？当代科学证实，沟通与合作是人类生存的关键策略。“和美”不仅是道德追求，更是人类生物本能、社会演化和技术发展的共同指向，还是基于生物学、心理学、社会学和进化论的深层需求；这些主观和客观的综合因素驱动人类不懈地追求和谐与美。同时“和美”又是进化优势，合作与公平提高群体生存概率；也是经济效益驱动，高信任社会运行成本更低，经济增长更快；还是心理健康需求，和谐关系降低压力，提升幸福感。所以，从个人健康到社会发展，和谐与美好都是最优解。人类社会的“和美”，同样也是数学美、物理美的体现，比如遵循最小作用量原理，就是以最低成本实现个人幸福和社会进步的最佳方式。

第一节
和美人性探问

面对全球性的混乱和危机，唯一的出路在于建立一个“生命共同体”的意识。地球上的所有存在形式，无论是有生命体还是无生命体，都彼此依赖，形成了一个不可分割的整体。这种“生命共同体”的意识基于儒家的“仁爱”和墨家的“兼爱”思想，旨在推广到整个生物圈，涵盖所有生命形式。社会理想与“美”与“和谐”的哲学思想相辅相成。马克思主义认为，和谐社会的物质基础是高度发达的生产力，能够满足全体成员的合理需求，同时主张通过可持续的生产方式实现人与自然的和解；和谐社会是摆脱异化劳动、实现人的创造性潜能的社会。通过社会关系的解放，建立以互助、平等为核心的人际关系，使社会关系本身成为“美”的体现。

一、古代文明对“人的本质”的认识

古希腊哲学、古印度思想和古代中国哲学对“人的本质”这一问题有着深刻

而各具特色的探讨，形成了不同的理论体系。以下是三者的主要观点和对比。

（一）古希腊哲学：理性与灵魂的探索

古希腊哲学将“人的本质”与理性（Logos）、灵魂（Psyche）和形式（Eidos）联系起来，强调人的独特性在于理性能力。

苏格拉底提出“认识你自己”，认为人的本质在于灵魂，而灵魂的核心是理性和道德。通过辩证法追求普遍定义，认为真理和美德存在于人的理性中。

柏拉图在《理想国》中提出灵魂三分说（理性、激情、欲望），认为人的本质是理性对欲望的统治。人的最高目标是追求“善的理念”，通过哲学思考超越肉体束缚。

亚里士多德第一次定义“人是理性的动物”，强调理性是人的本质功能，并进一步提出“人是政治的动物”，认为人通过社会性实现完善。其核心特征是理性主导，灵魂与肉体二元对立，追求普遍真理。

（二）古印度思想：梵我合一与轮回解脱

古印度哲学（以奥义书、佛教、数论派等为代表），将人的本质与宇宙本体（梵）和轮回机制结合，强调以解脱为目标。

吠檀多派（奥义书）认为“梵我合一”，个体灵魂与宇宙本体本质同一，人的本质是纯粹意识，而世俗的“自我”是幻象，需通过修行破除无明。

数论派是二元论，认为人的本质是“神我”（纯粹意识）与“自性”（物质本源）的结合，解脱需分离二者。古印度哲学关于“人本质”的核心特征为：超越个体性，追求与宇宙本体的合一或破除执念。

（三）古代中国哲学：道德性与天人合一

中国哲学注重人的道德属性和社会关系，强调“天人合一”与心性修养（图2-1）。

儒家的孟子认为人性本善，人的本质是“仁义礼智”的道德性。荀子则相反，认为“人性本恶”，但可通过“化性起伪”（礼乐教化）成为道德人。其共同点是，人通过伦理实践（修身）实现“与天地参”。

墨家强调“兼爱”与功利性，人的本质在于“交相利”的实践理性。三家的核心特征是以道德实践为核心，实现人与自然、社会的和谐统一。

图2-1 “和美”在中国传统文化、哲学、艺术和社会实践中的重要性

二、近现代西方哲学思潮中“人的本质”观念

近现代西方哲学关于“人的本质”的探讨呈现出多元化的视角，不同哲学家从存在、意识、语言、权力等维度提出了截然不同的论断。

尼采的核心论断是，人是“未定型的动物”，本质在于权力意志（Will to power）。在他看来，人没有固定本质，而是在不断超越自身的过程中创造价值。

同样，德国著名的存在主义哲学家海德格尔认为，人的本质是“此在”（Dasein），即“在世界中存在”。因此，人不是现成的实体，而是通过“操心”（Sorge）和“时间性”展现自身；现代技术使人异化为“被摆置的资源”，呼吁回归本真性存在。他的学生汉娜·阿伦特认为，人的本质在于“行动”与公共领域，正是通过言行在公共空间中展现独特性，现代社会的“劳动”和“工作”才能使人异化为“劳动者”。

关于人，法国哲学家萨特提出著名格言“存在先于本质”，意思是人没有预设的本质，而是通过自由选择和行动定义自身；“人是自由的，人注定自由”，但自由伴随绝对责任与焦虑。

三、马克思论述人的本质：一切社会关系的总和

马克思主义关于“人的本质”的哲学观是唯物史观的核心内容之一，其核心

观点由马克思在《关于费尔巴哈的提纲》中明确提出："人的本质不是单个人所固有的抽象物，在其现实性上，它是一切社会关系的总和。"这一论断突破了传统哲学将人的本质归结为孤立个体或抽象精神的局限，确立了从社会关系和实践角度理解人的本质的唯物主义路径。

（一）马克思主义"人的本质"理论的核心内涵

人的本质与社会性本质相关。马克思批判费尔巴哈将人的本质理解为"类本质"（即抽象的共同性），强调人不是脱离社会的孤立存在，而是通过具体的社会关系（如生产关系、阶级关系、家庭关系、文化关系等）形成其现实本质。人的意识、需求和行为都受社会关系制约。

人的本质与"实践性"相关。以实践为基础，人的本质通过劳动和实践形成和发展。在《德意志意识形态》中，马克思指出，人通过生产劳动区别于动物，并在改造自然的过程中改造自身和社会关系。

（二）重要发展与应用

列宁的阶级分析：列宁将人的社会关系本质具体化为阶级关系，强调在革命实践中必须分析阶级立场和利益，以此指导无产阶级斗争。例如，在《国家与革命》中，他指出国家是阶级统治的工具，人的政治本质由阶级地位决定。

卢卡奇（György Lukács）在《历史与阶级意识》中提出"物化"理论，揭示资本主义社会中人的本质被商品关系异化为物的附属品。

法兰克福学派（如马尔库塞）批判技术理性对人的本质的压抑，指出"单向度的人"是资本主义社会关系的产物。

改革开放时期的理论创新（如"以人为本"）将人的本质与社会发展目标相结合，强调通过解放生产力来满足人的全面发展需求。

四、和谐是人类社会的基础

人类社会本质上是一种开放的耗散系统，在最小作用量和自组织原理的作用下，表现出极为典型的"和美"特征。

耗散系统理论由1977年诺贝尔化学奖得主、移居比利时的俄罗斯人伊里亚·普里高津提出，是指远离热力学平衡状态的开放系统，此系统和外环境交换能量、物质和熵而继续维持平衡。这一理论可以解释和应用于许多自然科学领域，如大气科学、生物学、化学以及量子力学等。不仅如此，人类社会同样是一种开放的耗散系统。

就最小作用量原理而言，人类个体或群体在实现目标或应对挑战时，倾向于选择“最省力”或“最有效率”的路径。这里的“作用量”可以对应于资源消耗、能量支出、时间投入等。比如经济行为，消费者倾向于以最小的成本获取最大的效用；企业追求利润最大化或成本最小化；再如社会运动，信息或流行病倾向于沿着阻力最小的路径（如社交网络中的强连接）传播。

就耗散系统理论而言，首先体现为社会能量与资源流动，社会需要持续输入能源、食物、信息等资源以维持运行，同时输出废物和熵。其次，远离平衡态，社会的动态发展依赖于经济、文化、技术的非平衡流动（如贸易、移民、信息交换）。再次，自组织，即城市、市场、社交网络等是社会自组织的结果，表现出复杂的结构和功能。

正是基于以上原理，社会体现出一种高度的统一性和动态性（社会是永恒变化的，其稳定性依赖于持续的能量流动），以及可持续性（耗散系统的视角提醒我们关注资源消耗与熵产生），最终则体现出一种高度“和美”（负熵）的状态。

第二节 人与自然和谐

人与自然的关系，本质上是人类社会系统与自然系统的相互关系。必须互利互惠才能可持续发展。人的社会史，也就是一部人与自然互动关系的历史。

一、西方、东方的观念

（一）西方的“人与自然”观

1.前苏格拉底时期

泰勒斯认为水是万物本原（Arche），自然具有统一的物质基础。

毕达哥拉斯学派提倡数学和谐论，数是自然的本原，人通过数学理解自然秩序。

巴门尼德区分“真理之路”（自然本质是不变的“存在”）与“意见之路”（感官所见的流变自然），否定人与自然分离的幻觉。

2.古典时期

柏拉图在《蒂迈欧篇》中提出，自然是被造物者按理性模型塑造的活体，人需通过理性模仿宇宙秩序。可感自然是对理念的模仿，人对自然的认识即回忆。

亚里士多德称，自然是形式、质料、动力与目的因的统一体，如橡子潜在地包含橡树。目的论是其主要自然观：自然万物趋向自身完善，人类是自然目的链的顶点。

3.希腊化时期

斯多葛学派提出“自然即理性”，人应依自然（理性）生活。普纽玛理论认为，自然万物由神圣气息联结，人对自然负有道德责任（生态伦理雏形）。

伊壁鸠鲁学派的原子论自然观认为，自然由原子随机运动构成，否定目的论；人应摆脱对自然（如雷电）的恐惧。通过理解自然机制减少焦虑，但反对过度探索自然。

4.罗马时期的实用主义转向

卢克莱修《物性论》继承伊壁鸠鲁的原子论，描绘自然法则下人与万物的物质同一性。老普林尼的《自然史》，百科全书式地记录自然，混合实用知识与神秘主义，反映罗马人对自然的征服与敬畏并存。

这些观念为近代科学革命（如伽利略的数学自然观）与生态哲学（如深层生态学的“自然价值论”）提供了思想资源，其关于自然目的性、统一性与人类地位的争论至今仍有回响。

（二）中国古典哲学的自然观

中国古代哲学中关于“人与自然”的观念深刻而丰富，主要体现为“天人合一”“道法自然”“万物一体”等思想，强调人与自然的和谐共生。

1.儒家：天人合一，参赞化育

核心思想：儒家主张“天人合一”（《中庸》），认为人与自然是一个有机整体。人应通过道德修养与自然相协调，而非征服自然。

实践方式：中庸之道。人类活动需遵循自然规律（“天命”），避免过度干预。例如孟子提出“不违农时”以保护生态。

仁爱万物：将人际伦理扩展至自然，如张载提出“民胞物与”，视万物为同胞。

2.道家：道法自然，无为而治

核心思想：道家（老子、庄子）认为“人法地，地法天，天法道，道法自然”（《道德经》），主张顺应自然规律，反对人为破坏。

实践方式：无为而治。减少人为干预（如过度开发），尊重万物自然变化。

齐物平等：庄子提出“万物与我为一”，否定人类中心主义。

3.阴阳五行：动态平衡

核心思想：自然由阴阳五行（金木水火土）构成，需维持动态平衡。

实践方式：中医、农耕等注重“调和”，如因地制宜的耕作。

这些思想与当代“生态文明”“碳中和”等理念高度一致，可为全球生态危机提供东方智慧：人类不是自然的主宰，而是其守护者。

二、和谐是人与自然关系的最高法则

“和谐是人与自然关系的最高法则”这一观点体现了中国传统文化中“天人合一”的哲学思想，强调人与自然应当和谐共处、相互成就。这一理念在当代社会具有深刻的现实意义，尤其在全球面临生态危机、气候变化的背景下，更凸显其价值。

（一）传统文化中的“和谐”思想

儒家的“中庸和谐”：儒家主张“万物并育而不相害”，认为人类应遵循自然规律（“天命”），以“仁爱”之心对待自然，追求“致中和，天地位焉，万物育焉”的和谐状态。

道家的“道法自然”：老子提出“人法地，地法天，天法道，道法自然”，主张人类应顺应自然本性，反对过度干预（图2-2）。庄子更强调“天地与我并生，而万物与我为一”的平等观。

（二）现代生态文明的呼应

对西方工业文明的反思：近代以来，人类中心主义导致资源掠夺、生态破坏。而“和美”理念与西方深层生态学、生态伦理学（如利奥波德的“大地伦理”）不谋而合，主张将道德关怀扩展到自然。

图2-2 中国古代的农耕生活方式在很大程度上体现了“人法地，地法天，天法道，道法自然”的道家思想

可持续发展目标：联合国2030年可持续发展议程中的“气候行动”“陆地生物保护”等目标，本质上要求人类以“和美”方式重新定义发展模式，实现经济、社会与生态的平衡。

“和美”是人类社会的最高法则，体现在“人与自然”关系上，则表现为“和谐”。正如《中庸》所言：“万物并育而不相害，道并行而不相悖”，唯有如此，才能真正实现文明的永续发展。

第三节 人际和合之道

建构和谐社会，离不开个人，社会是由每个个体组成的。人在处理与他人关系时，其实也是在处理与自己的关系，决定自己的心态和命运。可以说，人与人之间的关系和谐与否，在人类社会中处于枢纽地位。和合是人际关系的准绳，和合是和谐的行动，是和美的主要特征。“合”字从“人一”“口”，本义是关闭容器的盖子，即“闭合”之“合”，（用裘锡圭说）引申为共享、合作。

文艺复兴末期英国诗坛巨擘、思想家约翰·多恩（John Donne）说：“每个人的内心都是一座孤岛，但我们建造了桥梁。”歌德说：“人只有在他人身上才能认识自己。”20世纪瑞士心理学领域的拓荒者荣格（Carl Gustav Jung）说：“孤独不是因为没有人在身边，而是因为无法与他人交流重要的感受。”孔子也说：“己所不欲，勿施于人。”墨子提倡爱：“天下兼相爱则治，交相恶则乱。”

这些名言共同揭示：他人既是自我认知的镜子，也是社会存在的基石，而如何与“他者”共处，本质上是关于如何理解人性与自我的永恒命题。

一、“人与人”关系的历史实践

社会是由单个的人构成的，正如《周易·序卦传》所言：“有天地然后有万物；有万物然后有男女，有男女然后有夫妇，有夫妇然后有父子，有父子然后有君臣，有君臣然后有上下，有上下然后礼义有所错。”明晰地表述了儒家观念中的人际关系时间和等级序列，礼义是处理复杂的人际关系的杠杆，而礼义的核心是“和谐”。

围绕“五伦”，儒家的人际关系有着丰富的历史实践。

在家庭关系上，表现为以“孝”为根基的垂直伦理，如东汉“黄香温席”。孝道是“仁”的起点，是“德之本也”；在政治关系上，体现为君臣互惠的“忠谏”传统，典型案例是唐代魏征谏太宗；在社会关系上体现为乡约与“讼”的调解，如宋代《吕氏乡约》；在朋友关系上，遵循以“信”为核心的平等性。

同样，欧洲思想家也注重对人际关系的考察。在古希腊，雅典公民间的“研讨会”（Symposia）作为思想交流场所，体现平等对话（如苏格拉底与弟子的关系）。近代，霍布斯（Thomas Hobbes）提出“战争状态”与契约论。

到了当下的网络社会，人际关系出现极为独特的现象，如日本的“无缘社会”，即出现了所谓独居死亡（“孤独死”）、拒绝社交的“蛰居族”，这体现了海德格尔“此在”被抛入现代社会，传统村落共同体瓦解，都市人际关系原子化。流行于社交媒体时代的“虚拟关系”，却加剧了个体的孤独感。其本质就是封闭系统造成的增熵，从而形成不和谐甚至于系统坍塌的局面。

二、“和合”是人际关系的中心

“仁”字金文始见，从“人”从“二”，“人”也是声符，表示人与人之间的亲和关系；战国竹简从“心”“身”声，本义是仁爱。因此许慎《说文解字》中记载:“仁,亲也”。

五粮液传承与发扬了中华文化中“和”“美”的核心价值观。“和”是中国传统文化中最具标志性的符号之一,“和美”不仅体现了中华民族在处理人与自然、人与人、人与社会关系时的深邃思考与通达智慧,也体现了全人类的共同价值。可以说,五粮液在工艺传承、产业发展、社会与生态担当等方面,充分展现了这一中华传统智慧。

围绕人际关系的建构,我国传统伦理以“仁”为核心,“仁者爱人”。扩展至制度构建,则是一整套“礼仪制度”,而其目标(理想社会)就是“和谐”,并且符合“最小作用量原理”。

(一)仁者爱人:和合的情感基础

“仁”是儒家伦理的最高准则,其本质是“爱人”。孔子提出“己欲立而立人,己欲达而达人”(《论语·雍也》),强调通过推己及人的同理心建立人际联结。这种以仁心为本的情感共鸣,消解了人与人之间的对立,为和谐关系提供了深层心理基础。

(二)礼以制中:和合的秩序规范

“礼”是仁爱精神的外化秩序,《论语·学而》言“礼之用,和为贵”。儒家通过“克己复礼”(《论语·颜渊》)的修养,使个体在差异化的社会角色(君臣、父子、夫妇等)中实现“和而不同”的协作。

(三)爱有差等:和合的实践智慧

儒家“爱”的特质在于“差等之爱”与“推恩”的结合。从“亲亲而仁民,仁民而爱物”(《孟子·尽心上》)的扩展路径,既承认血缘亲疏的自然差异,又追求“老吾老以及人之老”的普遍关怀。这种基于现实人情的爱,避免了抽象平等的空泛性,使和谐建构具有可操作性。

“合”的观念在传统哲学体系中,更多地指向行为和实践,与“和”相辅相成,“和”是精神层面的表达,“合”是行为能力的反映。“和合”思想是中华传统文化的精髓之一,更是处理人与他人关系的指南。

(四)协和万邦:和合的国际关系

人与人之间组成家庭,家庭组成社区,社区组成社会,社会组成国家,国家与国家之间的关系，是一种基于人与人关系的高度的复杂系统。中华传统文化早就注意到了这种秩序感极强的结构，“正心、诚意、修身、齐家、治国、平天下”就是与这一秩序互动的完美表达。

如果人与人之间的关系强调“和合”，那么国与国之间、政治实体之间在互相交往时，也应该以和合为核心，这不仅是一种道德诉求，也是一种互利互惠的经济考量。

面对矛盾纷争，中国人世代相传以和为贵、和而不同、化干戈为玉帛、天下大同等观念，是解决人际关系甚至国际关系的良方。

第四节
内心和美之路

由于物质文明的疾速发展和进步，当代社会出现了严重的个人“心灵问题”，人与内心的和解，是人类社会和谐的基石。和解就是宽容、释放、解脱。按照许慎《说文解字》，解的本义是用刀分解牛角，庖丁解牛就是用的这个意思，引申为解除、分解等意思，是对内心“我执”的解构，进一步而言，就是放下成见和心灵的重负，才能获得内心的解脱与和谐。

一、心灵的扎根

法国现代文学家普鲁斯特说：“真正的发现之旅不在于寻找新风景，而在于拥有新眼睛。”鼓励人们打开心灵的眼睛。尼采也说：“心灵的伟大不是向上飞翔，而是向内扎根。”其实，对心灵的认识，古人的水平也很高，古希腊哲学家爱比克泰德认为“心灵的平静来自接受无法改变之事”；古罗马作家塞涅卡的“外在事物不扰人，唯人心自扰”，至今犹令人觉得亲切。古老的东方智慧，更常关注内在世界。《礼记 · 大学》开宗明义就是“正心、诚意”，然后才能“齐家、治国、平天下”。

内心是什么？在古希腊，苏格拉底名言“认识你自己”，其实就是认识心灵。斯多葛学派追求“心灵安宁”。新柏拉图主义认为，灵魂要回归太一，这是人的升华之路。笛卡尔认为心灵与物质是两种独立实体，“我思故我在”，将意识作为存在的确证。现代心理学家弗洛伊德将心灵等同于意识，是意识与无意识的战场。

东方的传统智慧中，佛家认为心灵本质是空性，烦恼即菩提。道家认为“虚心”，人需要致虚极，守静笃。儒家说“本心”，提倡恻隐之心人皆有之的伦理。一些原始信仰常常将心灵与自然、祖先灵魂叙述为一种共生关系，心灵是连通生命网络的媒介。物理主义则将心灵活动还原为神经活动，或者是信息处理系统的功能表现。

这些传统共同揭示了心灵的多元面向：它既是道德的主体、智慧的源泉，也是超越的通道。当代心灵科学（如神经哲学）正尝试调和这些古老智慧与实证研究，但心灵的奥秘仍持续激发人类的探索。

二、和谐是内心完善的核心

“人-心”关系的催化剂和“血清素”就是和谐，和谐是内心世界重归本位的终极目标。“和谐”蕴含宇宙运行的基本原理，最小作用量同样适用于个体与内心关系的优化。在内心“和谐化”路径上，不仅有众多学说，也有很多实践和方法论。

比如我们的儒家，通过道德修养实现心灵和谐（“仁”与“礼”），“内省”（《论语》“吾日三省吾身”），强调克己复礼、推己及人，在现实关系中达到“君子”境界，心灵与天道（“天命”）相通。

塞涅卡的“财富是智慧的奴隶”命题，也经现代行为经济学验证，当物质财富超过基本需求阈值（约7.5万美元/年），其幸福贡献率趋近于零。

深层生态学提出“大我”（Self）概念，将自我认同从私有财产扩展到整个生态系统，实验证明这种认知可将物质欲望降低40%。

“和谐是内心完善的核心”，蕴含着深刻的哲学与心理学智慧。它指向一种内在秩序的平衡状态，不仅是个人成长的基石，也是生命真正成熟的标志。在内心和谐状态下：

（一）内在冲突消融

当思想、情感与价值观之间不再相互对抗时，人便进入了“自洽”状态。就像荣格所说的“个体化”过程，当人能整合意识与潜意识、理性与感性、光明面与阴影面时，才会产生真正的心理完整。这种整合不是消灭矛盾，而是让对立面达成动态平衡。

（二）能量消耗最小化

心理学研究发现，内心冲突会消耗大量认知资源。当一个人处于自我怀疑或纠结状态时，其决策能力和创造力会显著下降。和谐状态类似于“心流”体验，能量不再用于内部对抗，而是全部导向成长与创造，这解释了为什么内心和谐的人往往更具行动力。

（三）回到世界的“本质之海”

东方哲学中的“天人合一”与西方存在主义的“本真性”在此交汇。当人达到内在和谐时，对外界的感知方式会发生质变——不再通过扭曲的滤镜看世界，而是能如实感知事物的本质。

（四）智慧达到动态平衡

和谐不等于静止，就像太极图中的阴阳流转，真正的内心和谐包含对变化的接纳能力。具有心理韧性的人，其强大之处在于能在动荡中快速重建平衡，这种适应性正是更高阶的和谐。

（五）治愈意义的当代价值

在注意力碎片化、价值多元化的时代，内心和谐成为稀缺资源。神经科学研究显示，持续的“多重任务”会导致大脑前额叶功能退化，而冥想等促进内在和谐的训练能有效增强大脑的默认模式网络功能。

第五节
人性向善和洽

何为人性？人性的本质是善还是恶？而所谓善又是什么？人类为什么始终纠结于人性的善恶问题？我们认为，作为耗散系统，人类社会具有自组织性，其效应就是追求能耗最小、功效最大。人性向善的决定因素就是和洽。

一、性善论、性恶论

什么是和洽？就是和谐、沾润、滋养，是人性和平基础上的心灵丰盛。什么是善？ 善的汉字起源也从金文开始，从“羊”、从二“言”，古人认为“羊”有美善之意，因此“善”本义是美善、吉祥。许慎《说文解字》解释大致相同，认为善是“吉”，从誩从羊。

关于人性向善，中国和西方哲学史上的大师们做出过繁多的论断，形成了庞大的理论体系，体现了人类对自我本质的深刻探索。

孟子持性善论，提出“人性之善也，犹水之就下也”（《孟子 · 告子上》），认为仁、义、礼、智四端是人与生俱来的“良知良能”，强调通过“求其放心”，恢复本善。荀子则有所不同，认为人性本有贪利争夺之性，需通过“化性起伪”的礼法教化改造。到了西汉，董仲舒对于人性善恶，倾向于调和，持“性三品说”，将人性分为“圣人之性”“中民之性”和“斗筲之性”。老子主张“复归于婴儿”，庄子提出“性者，生之质也”，认为人性本真，善恶是后天人为的区分，在道家看来，人性向善就是“返璞归真”。

古希腊哲学家苏格拉底认为，“德性即知识”，该命题隐含性善倾向，德性就是善，向善就是知识的和谐。柏拉图在《理想国》中提出，灵魂由三个部分组成，即理性、意志、欲望，理性代表至善，也隐含了人性中善的至高地位。亚里士多德提出，人是“理性的动物”，当然，这里的理性也是善，具备理性就是一种和洽。

近代以来，人性论的观点更加丰富，霍布斯在《利维坦》中提出“人对人是狼”的性恶论，主张需要绝对主权约束。卢梭认为“人生而自由却无往不在枷锁中”，主张自然状态下的本善被文明腐蚀。康德提出“根本恶”概念，但认为理性使人能够自我立法向善。进化心理学认为人性包含利己与利他的双重进化机制。神经伦理学通过镜像神经元等，发现人类先天具有共情能力。

这种持续两千余年的争论本身即证明：人性问题本质上是人类对自我存在意义的永恒追问。各种理论或许都抓住了人性的某一维度，但任何单一论断都难以涵盖人性的全部复杂性。现代哲学更倾向于认为人性是生物属性、社会建构和自由选择的动态统一体。

二、和谐统摄下的“人性善”

关于人性本质的探讨，人性向善与和谐理念高度融合，展现了一种充满人文关怀的哲学智慧。这种思想体系以孟子“性善说”为根基，经过数千年的文化沉淀，形成了独具东方特色的伦理观，其核心在于：人性天然向善，而和谐则是这种善良本性的自然呈现。

（一）人性之善：和谐的内在根基

孟子以“恻隐之心”为喻，指出人见孺子入井时自然产生惊惕和怜悯，这种不假思索的情感反应正是善端所在。四端说（恻隐、羞恶、辞让、是非）犹如种子，包含着仁义礼智的成长可能。宋代大儒朱熹用水喻性：“人性如清水，其浊者乃杂糅之物”，强调恶是后天习染所致。明代王阳明更提出“良知说”，认为道德判断能力如同身体知觉般自然存在。这些思想共同构建了人性本善的哲学基础，为和谐社会提供了人性本善论支撑。

（二）和谐之境：善性的外在显化

在儒家“修齐治平”的实践路径中，个人善端的扩充自然导向社会和谐。《中庸》“致中和，天地位焉”的论述，揭示了个体心性修养与社会秩序的深刻联系。张载以“民胞物与”的胸怀，将和谐从人际关系拓展到天人关系。这种由内而外的和谐观，区别于西方契约型社会构建模式，展现出道德自觉与社会治理的有机统一。

（三）现代启示：性善论与和谐社会的当代价值

心理学研究表明，婴儿早期即表现出共情能力，神经科学发现“道德脑区”的存在，这些现代发现与传统智慧形成有趣呼应。在构建和谐社会实践中，我们既要重视制度保障，更应注重激发人们内在的道德自觉。如社区互助中的“老帮老”现象、灾难中的自发救援，都是人性善端在现代社会的生动体现。

这种以性善论为基础的和谐观，既不是盲目乐观的人性美化，也非压抑个性的强制统一，而是强调通过教育启发、环境熏陶，使人的善性得到自然生长。在当代多元社会中，这种思想为平衡个体发展与集体福祉提供了重要启示——当每个人都能够“尽性”发展其善良本性时，社会的和谐便如水到渠成般自然实现。

第六节
和美信仰体现

信仰是对人、事、物或概念的坚定信念或信任，本质上是爱的能量。它不同于信念，有着更为强大和根本的精神力量和属性。就汉语而言，信仰除了“信”，还有仰望的含义，证明信仰的对象是一个更高的存在。

信仰是一种精神上的体系。

和平的状态是信仰境界的体现。根据许慎《说文解字》，“平”本义是说话的语气平缓舒畅。这一解释体现了中医“气”与人的精神状态（信仰）的互动关系，引申为物质的“平坦”，再引申为“公平”“平等”，也可以作动词。

一般而言，人类精神领域的“阴阳”是一个包括真、善、美三个维度的系统。

真，通常与真理、真实、事实等相关。在哲学中，真理探讨的是陈述与事实的对应关系（符合论），或是在特定系统中的一致性（连贯论）。在信仰系统中，“真”指真实性、可靠性，是对宇宙和人生本质的正确认识。

善，涉及道德、伦理和价值判断。它关注的是行为的正当性、品德的优良以及生活的目的。在哲学中，“善”常常与道德法则、上天的意志或人类的幸福相关联，如，儒家强调把“仁”作为道德的核心。

美，关乎审美体验、和谐与感官或精神的愉悦。它可以体现在艺术、自然、人际关系或神圣体验中。在信仰系统中，“美”可能表现为仪式的庄严或是对神圣之美的追求，如柏拉图认为美是理念的显现。

真、善、美作为一种信仰系统，意味着信仰不仅包含对真理的认知（教义、宇宙观），还包含道德实践（伦理、行为准则）和审美体验（仪式、艺术、情感）。这种系统既可能是信仰的，也可能是世俗的（如人文主义）。三者相互支撑，形成一个既理性又富有情感和伦理深度的世界观。这种系统不仅适用于传统，而且可为现代人的精神需求提供框架，可将认知真理、道德良善和审美体验有机结合成世界观或生活哲学。

这种理想的信仰体系所追求的动态平衡，即是在认识上明晰、道德上正直、精神上愉悦，最终达到的就是“和谐”。

信仰体系具有耗散结构的特性（图2-3），也需要符合最小作用量原理。

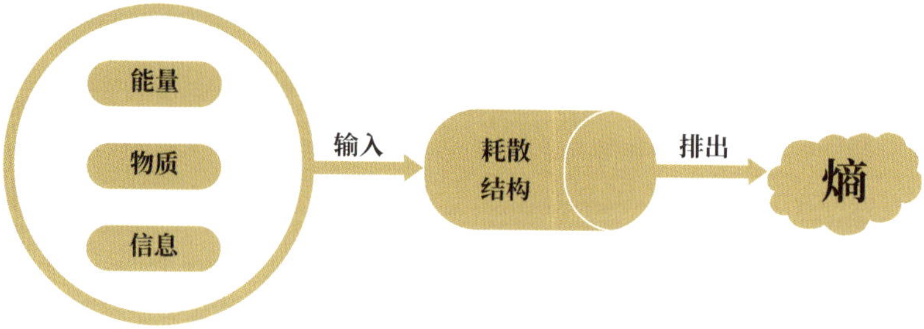

图2-3 信仰是耗散结构

个人或者群体信仰体系可视为一个“系统”，具有开放性。一个完美的信仰体系不应是封闭的，而应能够与外界（其他思想、文化、科学等）进行交流，吸收新的信息。

信仰体系具有“远离平衡态”的特点，信仰体系在面对挑战、质疑或新信息时，处于动态调整的状态，而非僵化不变。

信仰体系具有“非线性相互作用”，信仰体系内部各要素（如教训、道德规范、仪式等）之间相互作用复杂，小的改变可能导致整体结构的调整。

信仰体系具有“自组织性”，在外部输入和信息交流下，信仰体系能够自我调整、自我完善，形成新的有序结构。

“涨落导致有序”，外部的冲击或内部的创新（如新的解读）可能导致信仰体系的革新或重组。

同样，信仰体系也符合最小作用量原理。

效率与优化：信仰体系在发展和传播过程中，倾向于选择“最有效”或“最省力”的路径，例如，信仰的传播会选择最容易被接受和理解的方式。

适应性选择：在多种可能的信仰表达或组织形式中，实际保留下来的可能是那些“作用量”最小的形式，即最适应环境、最有效的形式。

动态平衡：信仰体系的调整和变化遵循某种“最小代价”原则，即在保持核心稳定的前提下，以最小的改变实现最大的适应性。

综上所述，好的信仰既体现了真、善、美的架构美，也体现了最小作用量原理下的终极和谐。和美是人的本质体现，是人类自身、人类社会以及人类精神场域的核心基础；围绕这一核心，人与自然的和谐，人与他人、国与国之间的和合，人与内心的和解，人心向善的和洽，信仰体现的和平的“五和”，构成了人类社会“和美”的基本架构。“和美”不仅是人类社会的理想状态，更是以最低成本实现个人幸福和社会进步的最佳方式；“和美”不仅是一种美好目的论，更是一种必需的方法论。强权是短暂和不稳定的，只有“和美”的方法是可持续的，没有美，生命将止于事实。

参考文献

[1] 柏拉图.理想国[M].郭斌,张竹明,译.北京:商务印书馆,1986.

[2] 亚里士多德.政治学[M].吴寿彭,译.北京:商务印书馆,1965.

[3] 孔子.论语·十三经注疏[M].北京:中华书局,2006.

[4] 杨伯峻.孟子译注[M].北京:中华书局,2008.

[5] 老子.道德经[M].北京:中华书局,2006.

[6] 范晔.后汉书·独行列传[M].北京:中华书局,1965.

[7] 曾从钦.“和美”是五粮液基业长青的文化基因[EB/OL].(2024-06-03)[2025-08-21].https://baijiahao.baidu.com/s?id=1800821403245344186&wfr=spider&for=pc.

[8] 王博.“大国浓香、和美五粮、中国酒王”,五粮液品牌主张闪耀莫干山[EB/OL].(2023-05-13)[2025-08-21].https://www.yicai.com/news/101740764.html.

[9] 亚里士多德.形而上学[M].吴寿彭,译.北京:商务印书馆,1959.

[10] 毛泽东.实践论[M].毛泽东选集:第一卷.2版.北京:人民出版社,1991.

[11] 李后强.服务与参谋:从不惑到天命的笔旅[M].成都:四川人民出版社,2013.

三 生 万 物

五 生 和 美

第二章 和美的学术探源

到底什么是“和美”？“和美”是一个融合东西方哲学、社会科学与自然科学的多维概念，指个体、社会及自然系统在动态平衡中呈现的协调、共生与可持续状态，兼具功能效率与审美价值。“和美”具有跨越时空与地域的特质，可以成为化解矛盾、促进共生的关键理念。研究“和美”内涵理念、演绎脉络与实践路径，不仅是对传统文化精髓的回溯与传承，更是为当代社会构建和谐秩序、实现多元共生提供思想源泉，具有重要的意义与价值。五粮液是和美的文化符号和特殊载体，将东方“和谐共生”哲学转化为全球共享的价值语言。

到底什么是“和美”？和美（He Mei , Harmony and beauty）是一个融合东西方哲学、社会科学与自然科学的多维概念，指个体、社会及自然系统在动态平衡中呈现的协调、共生与可持续状态，兼具功能效率与审美价值。“和美”具有跨越时空与地域的特质，可以成为化解矛盾、促进共生的关键理念。研究和美内涵特质、演绎脉络与实践路径，不仅是对传统文化精髓的回溯与传承，更是为当代社会构建和谐秩序、实现多元共生提供思想源泉，具有极为重要的现实意义与深远的历史价值。五粮液是和美的文化符号和践行载体，将东方“和谐共生”哲学转化为全球共享的价值语言。

第一节 中国“和美”思想

中国“和美”思想源远流长，历经各时期发展演变，内涵不断丰富。它贯通哲学、艺术、社会等领域，为中华文化的繁荣及社会和谐稳定提供思想源泉，映照出先辈们对美好生活的不懈追求与智慧探索。

一、春秋战国时期的“和美”思想

春秋战国时期，列国竞逐，却是“和合共生”精神悄悄扎根的时代。儒家把“仁”视作生命共同体的黏合剂，个体、家、国、天下层层展开，不是抹平差异，而是让差异在礼的节律中相互成就。孔子说“仁者爱人”，其深意正在于唯有把对方当作与自己共生的另一主体，礼乐才能脱离形式，成为润泽群生的活水。

道家则以“无为”为共生松绑。老子提醒世人，天地本来自足，过度干预反而割裂了万物之间的天然联结。“万物负阴而抱阳，冲气以为和”，阴阳并非对抗，而是互根互育，人若效法自然，便能让“自生”与“共生”同步发生。

阴阳家邹衍把宇宙写成一首循环往复的协奏曲。金木水火土相生相克，表面看是克，深层却是养，任何一行过旺，都会被下一行温和地拉回，整体因此达成动态平衡。这套“五行共生”模型，为后来的医学、农学、政治学提供了可操作的系统思维。

墨家以“兼爱”拓展共生的半径，不分亲疏的关怀使每一生命体都能获得最低限度的安全与尊严；“非攻”则直接阻止战争对共生网络的撕裂。墨者身体力行，奔走列国，只为替天下守住院墙与田埂之间那一点脆弱的生机。

于是，争鸣不再是零和博弈，而是由儒家的礼乐、道家的自然、阴阳家的循环、墨家的兼爱共同拼出的一幅万物并育而不相害的春秋战国版图。后世中国之所以能把差异转化为活力，把冲突转化为更新，其基因密码正藏在这一次“和合共生”的集体演练之中。

二、秦汉时期的“和美”思想

秦汉时期，“和美”思想逐渐从哲学领域延伸至社会治理与文化实践的多个层面。

儒家通过“礼乐制度”的精妙设计，构建了社会与自然和谐共生的框架。《礼记·乐记》中提到：“礼者，天地之序；乐者，天地之和。”这句话生动体现了礼与乐的相辅相成：礼用于规范社会秩序，而乐则用于调和人们的情感，两者共同作用以维持社会的稳定与和谐。

秦朝的“书同文、车同轨”政策，虽以统一为目标，但其背后蕴含的哲学逻辑正是“大一统”理念中的“和而不同”。这一政策通过制度化的规范，实现了对差异的整合与统一。到了汉代，董仲舒提出的“天人感应”理论，进一步深化了对自然与人类活动之间内在联系的认识。他主张将自然与人类视为一个不可分割的有机整体，并通过“天人合一”的理念来实现社会与生态的协同发展。

这一时期的“和美”思想不仅体现在制度设计上，还通过汉代壁画、青铜器等艺术形式得到了具体的体现。例如，汉墓壁画中的“仙人乘龙”“祥云瑞兽”等图案，将自然意象与人文精神相结合，生动地展现了“天人合一”的和谐美学。

此外，汉代“丝绸之路”的开通，不仅是“和而不同”外交智慧的实践，也通过跨文化交流推动了“和美”思想的国际化传播。这一举措为后世“协和万邦”的外交理念奠定了坚实的基础。

三、魏晋南北朝时期的“和美”思想

魏晋南北朝时期，“和美”思想在精神层面得到了进一步的深化与拓展。

佛教的传入与兴盛为这一思想注入了新的活力。佛教“因缘和合”理论认为万物皆因条件相互作用而生，而华严宗提出的“事事无碍”圆融哲学，更是将宇宙万物视为相互含摄、融通无隔的整体。这种思想对传统艺术产生了深远的影响，例如顾恺之在《论画》中提出的“传神写照”理论，主张通过艺术手段捕捉对象的内在精神，而非仅仅局限于外在的形似，这一观点与佛教“破相显性”的理念不谋而合。

与此同时，这一时期的书法艺术也深受“和美”思想的影响。王羲之的《兰亭序》便是一例，其笔墨的枯润浓淡变化，实现了“动静相宜”的视觉和谐，成为“和美”思想在艺术领域中的典范表达。

四、唐代时期的“和美”思想

唐代“和美”思想在多元文化的融合与碰撞中达到了一个新的高度。

唐代社会呈现出一种“兼容并包”的开放包容氛围。杜甫在《丽人行》中所描绘的盛唐气象，以及李白诗歌中所体现的道教“自然无为”的思想，共同塑造了唐代独特的“和美”格局。唐代通过“丝绸之路”积极与东西方文明进行交流，其外交政策中的“厚往薄来”策略，充分展现了唐代“和为贵”的哲学智慧和外交理念。

在艺术创作领域，王维开创了水墨山水画派，其思想受到道家和禅宗的深刻影响。他在《山水论》中提出，“道”是万物的根源，而水墨的朴素无华最能体现自然造化的本质。这种艺术理念的提出，使得水墨山水画成为了唐代“和美”思想在艺术领域的重要体现。

唐代“科举制度”的完善，通过“公平竞争”的机制实现了社会阶层的流动，成为“和美”思想在制度层面的重要实践。这一制度的推行，不仅促进了社会的稳定与和谐发展，也为唐代的繁荣提供了坚实的人才基础。

五、宋元时期的“和美”思想

宋元时期，“和美”思想完成了从政治哲学向社会心理与内在修养的转向。

在理学领域，朱熹对《中庸》的阐释极具代表性，其对“中也者，天下之大本也；和也者，天下之达道也”的系统阐释和深化，凸显了和谐作为事物发展理想状态的核心地位。

这一时期的“和美”思想在诗词、书画等艺术形式中得到了充分的展现。苏轼提出的“诗中有画，画中有诗”的观点，强调了情感与景致的交融，构筑了“意境深远”的美学典范。

同时，宋代的“文人画”通过“留白”技法，巧妙地以空灵的构图展现了“虚实相生”的哲学智慧。元代杂剧《西厢记》则通过“情理交融”的叙事方式，生动地展现了“和而不同”的伦理观。这些艺术实践不仅丰富了“和美”思想的内涵，也使其成为中国传统艺术的重要特征。

此外，宋代的“理学”不仅深刻地强调了“中庸”之道，还通过“格物致知”的方法论，将“和美”思想从道德修养的领域拓展到了科学探索的广阔天地，为后世“格物致知”的学术传统奠定了坚实的思想基础。

六、明清时期的“和美”思想

明清时期，“和美”思想愈发贴近生活实践，走向世俗化。

王夫之的“经世致用”理念，倡导哲学思想应融入现实，转化为解决现实问题的力量，“和美”不再局限于理论的高阁，而应扎根于生活的土壤，这一思想在清代实学发展中愈发彰显。

在艺术领域，这一时期的“和美”思想体现为对自然与人文关系的重新审视。园林艺术借助“借景”“隔景”等手法，营造出如诗如画的意境，成为表达“和美”思想的绝佳载体。明代计成《园冶》中的“虽由人作，宛自天开”造园理念，强调人工雕琢与自然天成的完美融合，达到“天人合一”的和谐美学巅峰。

与此同时，清代“扬州八怪”的书画创作，以“不拘成法”的风格独树一帜，既继承传统，又大胆创新，形式与内容的突破彰显了“和而不同”的艺术个性，展现了“和美”思想的多元与包容。明清时期“市井文化”的兴盛，亦为“和美”思想的实践提供了鲜活的注脚。城市的繁荣与商业的发达，推动了文化多元交融。清代《姑苏繁华图》生动地展现了市井生活的热闹场景，成为“和美”思想在世俗社会落地生根的生动例证。这一时期的“和美”思想，既承袭了传统哲学的精髓，又在艺术与生活实践中焕发出勃勃生机。

第二节
西方“和美”思想

西方“和美”思想历经多元发展历程，从古希腊的理性与美学融合，到中世纪浸润，再到近代重构与现代拓展，于哲学、艺术、社会各领域展现独特魅力，折射出西方文化对和谐之美的不懈探索与深刻认知。

一、古希腊的“和美”思想

古希腊的“和美”思想体现为科学理性与艺术美学的深度融合。

黄金分割率（0.618）是重要的美学比例之一（图3-1），这一比例在建筑和雕塑领域广泛应用，如帕特农神庙的立面设计与米隆《掷铁饼者》的动态构图，均彰显了其营造和谐之美的独特魅力。绘画与摄影领域亦借此法则构建视觉平衡，即便在现代金融投资领域，黄金分割率亦被用以研判市场节奏，辅助决策。

柏拉图于《理想国》中构建的“理式”理论，将“和美”推向形而上的哲学高度，视“理式”为超验的永恒秩序，艺术则是对“理式”的模仿与追慕。

亚里士多德于《诗学》中提出的“对称性”与“中道”原则，揭示了美之本质在于形式与功能的完美平衡。这一时期的“和美”思想，通过数学与哲学的精妙结合，为西方美学奠定了“多样性统一”的理论基石。希腊雕塑《赫菲斯托斯像》以其肌肉的内在张力与线条的流畅韵律，生动诠释了“静谧中的动态”这一和谐美学理念。荷马史诗《伊利亚特》中“阿基琉斯的愤怒”章节，借助英雄的激烈冲突与最终和解，构建了“悲剧性和谐”的经典文学范式。

希腊哲学中的核心概念“城邦”（Polis），以其公民平等参与的机制，构建起“和而不同”的社会架构，为后世民主制度提供了关键的思想原型。

二、中世纪的“和美”思想

中世纪的“和美”思想核心在于强调“神圣秩序”与“宇宙和谐”的统一。

奥古斯丁在其代表作《上帝之城》中深刻地阐述了美的本质，他认为美是上帝意志的直接体现，无论是自然界的秩序还是人类社会的组织，都根植于“神圣

图3-1 黄金分割率（0.618）——重要的美学比例之一

理式”之中。这种观念为中世纪的美学思想奠定了基础，使得“和美”不仅仅是感官上的享受，更是一种对神圣秩序的追求与表达。

巴黎圣母院作为哥特式建筑的经典之作，其特征不仅展示了中世纪建筑技术的高超水平，更蕴含了深刻的文化内涵。其垂直向上的尖塔和彩色玻璃窗所营造的光影效果，不仅给人以视觉上的震撼，更象征着人与神之间的沟通。巴黎圣母院的高耸尖顶和精美的玫瑰窗，体现了当时社会对美、神秘和权力的共同追求，同时也凸显了教会作为连接人与神桥梁的重要角色。这一时期的“和美”思想，将人与自然的关系纳入“神—人—自然”三位一体的框架之中，为后世的生态哲学提供了早期的范式。

此外，中世纪时期的“骑士文学”，如《亚瑟王传奇》，巧妙地借助“忠诚与爱情”的内在张力，勾勒出“冲突中寓于和谐”的叙事范式，成为文学领域内“和美”思想的重要典范。这些文学作品不仅展现了骑士的英勇与浪漫，更在道德和情感的冲突中寻找到了一种独特的和谐之美。

三、近代的“和美”思想

西方近代“和美”思想在启蒙运动与工业革命的浪潮中实现了重构。

康德在《判断力批判》中提出“无目的的合目的性”，认为美是主观愉悦与客观规律的统一。这一观点为美学研究开辟了新的视野，使得“和美”思想转向理性主义的探索。

工业革命极大地推动了“秩序美学”的发展。以瓦特蒸汽机为例，其设计不仅追求极致的效率，还在机械部件的布局上强调对称与协调之美。这一时期的“和美”思想通过技术与自然的平衡，探索出和谐的新形式。

卢梭在《社会契约论》中提出的“公意”概念，为现代民主社会的和谐提供了理论基础。他强调全体公民之间达成契约，确保个人自由与公共利益的相容，创造了一种既合法又赋予公民权利的国家结构，从而转变了传统“和美”中等级服从的和谐观。

启蒙运动中的“百科全书派”通过知识的系统化整理，实现了“理性与经验”的统一。工业革命中的“工厂制度”则通过劳动分工的优化，构建了“效率与秩序”的和谐模式。

与此同时，歌德的《浮士德》通过描绘“知识追求”与“灵魂救赎”之间的激烈冲突，展现了“理性与情感”之间的辩证和谐，成为近代“和美”思想在文学领域的重要丰碑。

四、现代的“和美”思想

西方现代“和美”思想以系统美学与生态哲学为标志，展现出“差异协同”的新范式。

尤尔根·哈贝马斯（Jürgen Habermas）在《交往行为理论》中提出“沟通理性”，认为社会和谐应建立在主体间的平等对话基础上。这种理论为多元文化的共存提供了新的视角，推动了“和而不同”的社会理念。生态哲学家奥尔多利奥波德（Aldo Leopold）在《沙乡年鉴》中提出的“土地伦理”，主张人类应与自然协同进化，构建了人与自然“共生和谐”的生态理念。

艾莉斯·马利雍·杨（Iris Marion Young）的差异政治理论对传统和谐观中对同一性的过度追求提出了批判，倡导“差异中的团结”新模式，强调在承认差异的基础上实现社会的团结与和谐。生态女性主义将性别平等、生态保护与社会和谐联系起来，发展出一种整体性的“和美”理念。

尤尔根·哈贝马斯的“交往理性”理论通过“话语民主”机制，为多元文化的共存提供了理论框架。奥尔多利奥波德的“土地伦理”通过“生态共同体”概念，强调人与自然的共生关系。现代艺术中的“波普文化”，如安迪·沃霍尔（Andy Warhol）的作品，通过大众文化的拼贴与复制，展现了“差异协同”的美学实践。

这些理论与实践共同推动了“和美”思想从哲学思辨向社会实践的转型，使其在当代社会中焕发出新的活力。

第三节 “和美”逻辑十道

五粮液“和美”之道多维度探索，融合传统与现代，贯穿生态、科技、伦理等领域，以独特商业实践诠释“和美”理念，展现文化魅力与商业智慧，为发展提供新思路。

一、五粮液“和美”生态之道

生态和谐的实现需要以系统性思维为基石，关键在于构建“人与自然共生共荣”的动态平衡体系。首先，需从整体性视角出发统筹生态要素，将人类活动融入自然规律的宏大图谱之中，避免碎片化开发模式对环境造成不可逆的损害，同时强调资源循环与污染控制的协同作用。其次，构建动态平衡机制至关重要，即依据自然承载力调整开发强度，确保经济活动在生态阈值的合理区间内稳健运行。再者，需以“敬畏自然”为伦理根基，倡导顺应自然而非征服自然的实践哲学，通过保护生物多样性来维持系统的稳定性。最终目标是追求生态效益与生产效益的共生，将环境健康视为发展的前置条件，而非事后补救的附加成本。

五粮液通过系统性行动，将理论转化为生态保护的典范。在四川宜宾核心产区，五粮液实施水源地涵养工程、湿地生态修复及植被覆盖计划，构建了酿酒微生物与自然环境共生的生态圈。在生产工艺革新方面，采用清洁能源替代传统燃料，并建立废水循环系统，显著降低了碳排放，形成了绿色生产闭环。同时，依托智能模型联动气候、种植与酿造等环节，动态调整生产节奏，确保资源消耗与自然再生能力同步。在文化层面，五粮液通过传统仪式与环保教育项目，将“保护自然”和“敬畏自然”的信仰转化为现代环保行动，激发公众参与生态保护的自觉性。这些实践举措不仅实现了生产与自然的和谐共生，更将技术层面的逻辑精髓提炼为文化层面的自觉行动，最终达成了“酒韵生于山水，山水因酒而灵”的共生境界。

二、五粮液“和美”科技之道

科技之道的核心在于平衡传统技艺的传承与现代技术的创新，形成动态协同的技术生态。首先，应对传统工艺进行细致的科学解构，深入挖掘其内在逻辑与文化精髓，并通过系统性研究验证其技术合理性。其次，以现代技术为工具，对传统流程进行优化升级，例如通过数据建模实现精准控制，提高工艺的稳定性与效率。再者，构建“守正创新”的深度融合机制，有效防止技术迭代过程中文化本源的流失，确保传统智慧与现代科学能够和谐共生，形成互补互促的良性循环。最终目标是建立开放的技术系统，既保留人文价值，又通过要素协同推动产业可持续发展。

五粮液以“陈氏秘方”和“包包曲”工艺为根基，融合现代生物工程与智能技术，通过大数据分析发酵环境与微生物活性，动态调控糖化、发酵等关键环节，将经验化操作转化为可复制的科学模型（图3-2）。物联网与智能传感技术的

图3-2 五粮液数字化指挥中心

应用，使得建立从原料种植到窖池管理的全流程数字化监控系统成为可能，从而实现对传统白酒生产工艺的精准化升级。在文化层面，五粮液将“酒曲制作”“分层取酒”等技艺纳入非遗保护，通过技艺传承与工匠培养，确保技术革新始终扎根于文化土壤。这种“以古启新、以新固古”的实践，既彰显了传统酿艺的生命力，又以科技赋能产业跨越式发展，形成了独特的“人文科技共生体”。

三、五粮液“和美”伦理之道

五粮液的“和美”伦理之道以“尊道贵德”为核心，致力于打造一个将道德价值与商业实践深度融合的体系。它首先强调以“道”作为最高行为准则，将道德追求融入企业的使命中，使企业行为与自然规律及社会秩序相契合，形成正确的价值导向。通过精心构建的动态平衡机制，企业将抽象的伦理原则转化为具体可操作的规范。例如，五粮液将诚信经营和公平竞争作为其商业行为的具体准则，确保商业活动的透明与公正。

五粮液深知社会责任实践的重要性，通过将伦理价值转化为实际的社会效益，建立了“善与美统一”的共生关系。企业积极参与扶贫助农和文化传承等公益行动，如支持乡村教育和保护传统酿酒村落，这些举措不仅推动了社区的可持续发展，也体现了企业对社会福祉的承诺。此外，五粮液还倡导建立一个“和合共生”的行业生态环境，鼓励公平竞争，促进整个行业的健康发展，避免恶性竞争带来的资源浪费和市场混乱。

通过这些实践，五粮液不仅实现了伦理价值在商业领域的具体落实，而且以“善”为纽带，构建了一个企业、社会与自然之间的和谐共生关系，充分展示了商业向善的深刻内涵。

四、五粮液“和美”艺术之道

在艺术领域，五粮液的“和美”之道体现在打破传统创作边界，通过跨界融合激发新的灵感，实现工艺与人文精神的相互提升。五粮液将酿酒工艺视为一种持续进化的“活态创作”，在这个过程中，不断探索工艺的内在变革性以及偶然之美。

五粮液巧妙地以文化符号为媒介，将不同艺术领域的审美语言融入酿酒工艺中，创造出一个多维度的叙事空间。例如，它借鉴书画艺术中的“虚实相生”

理念，将窖池比作画布，酒曲比作笔墨，在微生物的自然发酵过程中完成了一场“天人共酿”的艺术创作。

此外，五粮液还积极推动当代艺术创作，通过与戏曲等传统艺术形式的跨界合作，将酒香的丰富层次与舞台表演的韵律节奏巧妙结合。在包装设计方面，五粮液融入了山水画的意境和书法的笔触，使酒瓶本身成为了一件可供收藏的艺术品。这些创新实践不仅延续了“酒中藏道”的文化传统，而且通过跨界融合重新定义了现代工艺的美学维度，实现了“酒韵化诗、诗韵入酒”的精神共鸣，让艺术与技术达到了辩证统一。

五、五粮液“和美”融合之道

五粮液的融合之道在于将传统酿造智慧与现代设计理念巧妙结合，实现历史传承与时代创新的有机统一。其核心理念源于“天人合一”的东方哲学，强调人与自然、传统与现代、技艺与艺术的深度交融。在酿造工艺上，五粮液遵循古法而不拘泥于古，通过科学调控粮食配比与微生物发酵过程，使千年酿造技艺在当代焕发新生。在视觉表达上，品牌将东方美学的含蓄与现代设计的简约相融合，以留白、线条、材质等语言传递文化自信与品牌格调，构建出既传统又先锋的品牌形象。

五粮液的融合之道不仅体现在产品本身，更贯穿于品牌文化的传播与体验之中。它将地域风土、酿酒文化与消费者感知融为一体，通过沉浸式体验让消费者在品饮中感受时间的沉淀与空间的延展。酒体的层次感如同文化的多维表达，入口绵甜、回味悠长，象征着不同文明之间的包容与共生。同时，五粮液以开放的姿态与当代艺术、设计、科技等跨界联动，推动传统白酒文化走向更广阔的世界舞台。这种融合不是简单的叠加，而是一种“和而不同”的哲学实践，最终实现“酒以载道，道在酒中”的精神升华。

六、五粮液“和美”国民之道

五粮液的国民之道通过文化符号和实践塑造集体记忆，形成民族性格的深层共识。它提炼民族精神核心，如包容、中庸、务实，转化为可感知的文化符号和行为准则，通过代际传递强化身份认同。建立动态适应机制，在现代化中保持文化内核稳定，以创新表达与当代生活共振。借助文化仪式等载体凝聚社会共识，促进个体与集体精神协同，构建“文化—社会”共生系统，使植根于中华文明、体现包容、中庸与务实精神的民族性格成为社会凝聚力的纽带，实现传统与现代价值的辩证统一。

五粮液秉持“生、化、因、中、忍”智慧精髓，通过酒礼、民俗等载体激活民族文化基因。将饮酒仪式融入传统礼仪，在婚丧嫁娶、节庆祭祀中传递情感，使酒成为连接代际的媒介。产品设计融入陶坛、篆刻等传统工艺元素，塑造承载集体记忆的酒器。同时，五粮液还投身乡村教育和非遗保护，以实际行动引领传统文化传承。品牌传播中倡导“和而不同”，尊重地域差异，以酒文化促进跨地域情感共鸣。这种实践深化了国民文化归属感，以“酒融万象”构建传统精神与现代生活的和谐共生。

七、五粮液“和美”修炼之道

五粮液的修炼之道在于将心性淬炼与技艺精进有机结合，推动个体潜能与集体创造力的协同进化。五粮液倡导“知行合一”的实践理念，将内在修养与外在技艺深度融合，形成从内心到行为的完整实践链条。工匠们在酿酒过程中，通过反复实践体悟酿酒规律，将技艺打磨与心性提升相互促进，实现从技艺熟练到领悟酿造哲学的跨越。同时，五粮液通过师徒传承和集体学习等共修机制，将个体经验升华为系统智慧，构建起“以人育技、以技育人”的良性循环，最终迈向“人技共生”的至高境界。

五粮液将酿酒视为“以酒修身”的过程，秉持“酒品即人品”的核心理念。通过严格的师徒制传承技艺，工匠们在制曲、发酵等环节中保持敬畏之心，以专注和克己的态度雕琢每一滴酒液。五粮液倡导“窖池悟道”，引导工人在长期管理窖池的过程中，体察微生物活动的自然规律，将实践经验升华为对“天人共酿”哲学的深刻领悟。在文化层面，企业通过定期举办技艺研习会和道德讲堂，将道家“致虚守静”的修养方法融入生产实践，使工匠们在技艺精进中实现心性淬炼，塑造追求极致的工匠精神。

八、五粮液“和美”国际之道

五粮液的国际之道聚焦于文化符号的跨文化转化与价值共振，实现本土性与全球性的统一。五粮液提炼出生态观、生命哲学等具有广泛共鸣的文化元素，将其转化为能够跨越地域差异的“和谐语言”，有效消解文化壁垒。通过构建“双向对话”机制，五粮液积极传播文化符号，同时以开放姿态吸纳外部价值，培育跨文明互鉴的生态。

五粮液以“天人合一”的东方智慧为支点，将道文化与全球环保趋势深度联结。通过国际化品牌叙事，将酿酒工艺中的自然共生理念转化为“绿色酿造”的全球语言。例如，生态窖池设计与循环生产实践，生动诠释了可持续发展的价值观。同时，五粮液以太极拳、茶道等文化符号为载体，在海外市场举办文化体验活动，使“和谐共生”哲学具象化为生活方式。在产业合作层面，五粮液与国际酒企联合研发低度健康酒品，融合中西方消费偏好，形成“和而不同”的产品矩阵。

九、五粮液“和美”文化之道

五粮液的文化之道通过符号化的仪式与集体参与，构建群体对精神价值的深层认同。五粮液提炼文化中的核心传统元素，转化为可感知的符号与仪式，强化集体记忆。通过建立“符号—行为—意义”的闭环系统，使具体行为承载抽象价值，形成精神延续的路径。同时，通过社区参与和代际传承，确保文化体系在动态变迁中保持生命力。

五粮液将酒文化深度融入民间生活体系，以祭酒仪式与敬祖传统为载体，传递“酒即礼”的哲学内核。在婚丧嫁娶、宗族聚会中，以酒为媒介强化“敬天法祖”的集体意识，使饮酒行为升华为对生命与自然的礼赞。通过非遗保护与民俗复兴项目，将传统酒礼转化为现代人可参与的文化实践。

十、五粮液“和美”未来之道

五粮液的未来之道在于通过“生态—科技—人文”的协同进化，构建可持续发展的动态平衡系统。五粮液以系统性思维统筹资源利用与环境保护，通过循环经济模式实现资源闭环流动，减少生态负荷。融合智能技术与传统经验，建立“感知—分析—优化”的智慧管理体系，以数据驱动决策，提升全产业链的精准性与效率。同时，强化文化基因的传承创新，将传统智慧转化为适应未来的实践哲学。

五粮液以“绿色酿造”为根基，依托智能技术重塑生产全流程。通过智慧工厂建设，实现窖池管理、原料配比等关键环节的数字化转型。借助先进AI算法，优化发酵周期和能耗控制，科学升级酿造工艺。推行循环经济模式，将酒糟转化为有机肥料反哺农业，形成“酿酒－种植”闭环生态链。以“天人合一”哲学指导技术创新，通过微生物群落研究模拟自然发酵规律，将传统经验转化为生态模型。在文化维度上，通过非物质文化遗产技艺的传承与青年工匠培养，确保智能化转型与文化传承并行不悖。这种实践既延续了东方智慧，又以科技赋能构建可持续至未来的发展。

第四节 和美哲学本体

五粮液“和美”哲学本体论的三大原则与三重规律，贯穿生态、科技、伦理、艺术诸领域，深度诠释商业实践中的哲学智慧，彰显独特文化魅力与商业张力。

一、五粮液“和美”哲学本体论的三大原则

（一）整体性原则

整体性原则是哲学本体论的重要基础，它强调将研究对象视为一个有机整体，而非孤立部分的简单叠加。在系统美学的视角下，“和美”被定义为生态、科技、伦理、艺术等多元要素的动态集合体（图3-3）。这些要素之间通过复杂的非线性相互作用，形成了紧密的协同关系。任何单一维度的忽视或割裂，都可能对系统的完整性与功能性造成破坏。例如，生态保护不仅是技术问题，还需要伦理约束、艺术表达与文化认同的共同支撑。整体性要求我们以全局视角审视问题，强调要素间互为条件、互为因果的共生逻辑。在方法论层面，这体现为“系统观照”，即通过跨学科整合与多维度分析，揭示系统内部的结构关联与价值传导路径。

图3-3 在系统美学的视角下，“和美”是生态、科技、伦理、艺术等多元要素的集合体

“天人同构”是整体性原则的哲学深化，其本质在于消解人与自然、生产与生态之间的二元对立，旨在构建一种共生共荣的新型实践范式。中国传统文化中的“天人合一”思想为这一原则提供了理论根基。宇宙被视为一个生命共同体，人类活动需顺应自然规律，而非凌驾于其上。在系统美学的视角下，这一理念被转化为“整体性逻辑”，强调生态系统的健康与人类社会的福祉之间互为依存、互为前提的关系。例如，工业生产必须兼顾资源利用与生态承载力的平衡，文化的传承需与自然节律相协调。这一原则要求实践者具备“生态智慧”，即在追求效率的同时，始终将系统整体的稳定性作为最高目标。

五粮液秉承“天人同构”的整体性原则，巧妙地将酿酒工艺与自然生态融为一体。在四川宜宾的核心产区，五粮液的生态保护工程不仅是技术层面的水源净化或植被恢复，更是通过文化仪式（如祭酒敬天等）强化人与自然的情感联结。在酿造过程中，五粮液将窖池微生物群落的活性与气候、水质等自然要素视为不可分割的整体，通过动态监测与协同调控，实现“天时、地利、人和”的统一。这种实践不仅体现了系统观照的方法论，更以“酒韵生于山水”的哲学，将生产活动升华为对自然秩序的礼赞。

（二）动态平衡原则

动态平衡原则强调系统在变化中维持稳定性的能力，其核心是“熵减”——通过资源的高效循环与能量转化，减少系统无序性。在生态层面，这体现为“循环共生”模式。生产过程中的废弃物，如酒糟，被转化为农业肥料，形成“酿酒—种植”的闭环链条，既降低了环境负荷，又提升了资源利用率。在系统美学的视角下，动态平衡已超越了技术范畴，成为了一种价值追求。它要求我们在资源配置上精益求精，力求经济、生态、社会三大目标的和谐共生。例如，绿色工艺的革新需兼顾成本控制与环境效益，文化传承需在传统内核与现代需求间找到平衡点。

“守正创新”是动态平衡原则的文化表达，其本质是在技术迭代中保持文化基因的稳定性。传统技艺，如“陈氏秘方”，作为系统的“遗传代码”，承载着历史经验与集体智慧；而现代科技，如智能酿造，则为系统注入适应性变异的动力。两者的融合应当摒弃非黑即白的极端思维，通过“创造性转化”的桥梁，实现和谐共生的美好愿景。

五粮液在动态平衡原则下，通过实施绿色酿造和智慧生态建设，构建了双轨体系，致力于实现生态优先和绿色发展，以达到碳中和的目标。其利用酒糟进行资源化利用，将酿酒的副产品回馈给农田，构建了一个农业生态链的良性循环机制。并且，凭借智能传感器和AI算法，精准调控窖池的温湿度及发酵周期，实现了传统工艺的科学化革新。在文化层面，企业通过非遗技艺的数字化保护与青年工匠培养计划，既坚守“酒品即人品”的伦理内核，又以现代管理理念激活传统精神的当代价值。这种“变与不变”的辩证实践，正是动态平衡原则的鲜活注解。

（三）开放性自组织原则

开放性自组织原则主张系统通过与外部环境的交互实现自我进化。其核心是“跨域协同”——以具有广泛共鸣的文化符号（如生态观、健康理念等）为媒介，打破地域与文明的边界。例如，道家的“天人合一”思想可与西方环保主义对话，传统酒礼可通过现代设计语言转化为全球消费者可感知的美学体验。在系统美学中，开放性不仅是物理边界的拓展，更是价值共振的深化。通过产业合作与品牌叙事，抽象文化理念被具象化为产品功能或服务体验，从而建立跨文化的情感联结。

自发性演化强调系统内生的创新动力，其核心是“人-技-文化”的协同进化。工匠通过长期实践积累经验，不仅提升个体技艺，更通过师徒制传承形成集体智慧；社区参与的文化仪式，如节庆祭祀等，则激发群体对传统的自觉维护。这种自组织生态避免了外部强制的僵化，而是通过内在动力推动系统的价值增值。例如，五粮液的窖池管理深深依赖于工匠们对微生物活动细腻而直观的体悟，这种独特的“经验科学”不仅构成了技术传承的精髓，更是文化创新的不竭源泉。

五粮液遵循开放性自组织原则，构建起“本土为根、全球为体”的文化输出体系。借助国际酒展与文化交流活动的平台，五粮液将“和谐共生”的东方哲学精髓转化为全球通用的“绿色酿造”语言。同时，与海外酒企联合研发低度健康酒品，既保留中国白酒的传统风味，又融合西方消费者的口味偏好。在内部生态建设中，五粮液积极鼓励工匠们通过“窖池悟道”的方式自主探索和优化酿酒工艺。此外，通过实施社区环保项目，有效激发了公众的广泛参与，共同形成了一股“自下而上”的强大创新动力。这种实践不仅实现了文化符号的跨域传播，更以自组织逻辑推动系统向更高层次的和谐演进。

二、五粮液“和美”哲学本体论的三重规律

（一）协同净化律

协同进化律揭示了“和美”系统中各要素之间互为因果、相互促进的动态关系（图3-4）。在系统美学的框架下，生态保护、技术创新、伦理实践并非孤立存

图3-4 协同进化律揭示了“和美”系统中各要素之间互为因果、相互促进的动态关系

在，而是通过非线性互动形成共生网络。例如，生态保护为技术创新提供资源可持续性保障，技术创新又通过绿色工艺降低环境负荷，而伦理实践则通过社会责任约束技术应用的边界，三者共同构成“生态-技术-伦理”的闭环系统。这种协同关系不仅促使系统呈现出螺旋式上升的态势，还借助正反馈机制进一步巩固了系统的稳定性。在方法论层面，协同进化要求实践者以“系统动力学”视角审视问题，关注要素间的能量流动与信息交换，而非对单一要素的静态优化。

个体与集体的协同进化是系统美学“人本逻辑”的核心体现。工匠个体的心性修炼（如专注、敬畏、克己）不仅是技艺精进的基础，更是集体文化基因的微观载体。通过师徒制传承，个体的宝贵经验被精心编织进集体记忆的篇章，而集体的文化认同则如同甘霖，滋养着个体内心的价值归属感。例如，五粮液的窖池管理依赖工匠对微生物活动的直觉体悟，这种“经验科学”通过代际传递形成技术共识；同时，企业的道德准则（如“酒品即人品”）通过集体实践内化为个体的行为规范。这种双向赋能机制，既避免了个体创新被系统束缚，又防止集体文化因僵化而衰亡，最终实现“人技共生”的动态平衡。

五粮液通过“要素共生”与“个体集体互哺”的协同进化逻辑，构建了多维联动的产业生态。在生态保护层面，其将酿酒废水处理与农业灌溉结合，形成“水-粮-酒”的循环链条；在技术创新的推动下，通过深入研究微生物群落演替和智能发酵控制，酿酒行业正将传统经验转化为可复制的科学模型。在伦理实践上，以“扶贫助农”项目反哺原料供应链的稳定性。在个体层面，工匠凭借“窖池悟道”所积累的隐性智慧，经由企业内训体系得以提炼并转化为标准化的操作手册；而集体文化则通过非遗代表性传承人评选等活动，激励个体追求技艺极致。这种协同进化机制不仅显著提升了系统的整体运行效能，还通过“螺旋上升”的方式，有力推动了“和美”文化不断迈向新的高度。

（二）辩证统一律

辩证统一律强调对立面在矛盾中实现和谐共生的可能性。在“和美”系统中，形式与功能的统一是美学实践的核心命题。五粮液酒体配方遵循“中和之度”的自然比例，通过粮食种类的科学配比来模拟自然界的和美韵律。包装设计则以简约线条与留白手法呼应“大音希声”的东方意境，同时兼顾防伪标识与便携功能。这种“形神合一”的设计哲学，既规避了形式主义的虚饰，又超越了功能主义的功利，最终通过“美用一体”实现产品价值的升华。系统美学认为，形式与功能的统一本质是对“自然秩序”的模仿——美的本质即是对规律的外显。

传统与现代的辩证统一是系统动态适应性的集中体现。五粮液通过非遗技艺的数字化保护（如3D扫描窖池结构、AI分析曲块发酵数据），将口传心授的经验转化为可存储、可传播的数字资产；同时，智能酿造技术的融入非但未割裂传统工艺的文化精髓，反而借助精准调控温湿度，精妙地再现了古法发酵的自然韵律。例如，“包包曲”工艺在保留手工制曲精髓的基础上，借助物联网技术实现对曲块发酵状态的实时监控（图3-5）。这种“旧艺新诠”的实践，既防止了传统的断层，又赋予其适应现代产业需求的活力，体现了系统美学“动态守恒”的深层逻辑。

图3-5 “包包曲”工艺在保留手工制曲精髓的基础上，借助物联网技术实现曲块发酵状态的实时监控

五粮液以辩证统一律为指导，在传统与现代的交织中开辟独特路径。其酒体设计秉承“道法自然”的美学理念，借由陶坛陈酿之法与山水纹样之意的巧妙融合，将酒液的醇厚韵味与自然意象完美交织；酿造工艺中，古法窖池管理与区块链溯源技术结合，既保障品质透明，又延续“天人共酿”的文化意蕴。在文化传播层面，企业通过虚拟现实技术还原古代祭祀仪式，使年轻消费者在沉浸式体验中理解传统精神。这种“古为今用、今承古韵”的实践，不仅消解了传统与现代的对立，更以辩证思维重构了文化传承的当代范式。

（三）价值共生律

价值共生律揭示了物质产品与精神文化之间的深层关联。在“和美”系统中，酒液不仅是触动感官享受的实体存在，更是“道”这一抽象概念的具象化展现。通过仪式化实践（如祭酒、封坛等），饮酒行为被赋予“敬天法祖”的象征意义，物质消费由此升华为精神信仰。系统美学认为，这种价值共生现象是“符号系统”的核心精神所在——物质产品经由文化编码的洗礼，转化为意义网络中的一个个关键节点，从而引发群体的深刻情感共鸣与价值认同。

价值共生律要求经济活动与社会责任形成正向反馈。五粮液通过“善与美统一”的实践，将商业利润转化为社会福祉。例如，其非遗保护项目不仅留存传统酿酒技艺，更通过文旅融合激活乡村经济；扶贫助农行动既保障原料供应链稳定，又提升农户生计水平。这种“以商养文、以文促商”的模式，打破了经济效益与社会效益的零和博弈，构建了“经济-社会”的共生系统。系统美学强调，真正的商业价值应根植于社会土壤——企业的可持续发展力与其对公共福祉的贡献度呈正相关。

五粮液以价值共生律为指引，构建了多维共振的价值生态。其产品通过“酒道体验馆”将品鉴升华为文化修行，让消费者在味觉享受中体悟“杯中乾坤”的哲学深意；在社会责任层面，企业通过“和美基金”支持教育、环保与文化遗产保护，将商业成功转化为社会资本。例如，对传统酿酒村落的保护不仅留存了文化记忆，更通过生态旅游创造就业机会，形成“文化—经济—生态”的良性循环。这种实践不仅印证了价值共生的理论逻辑，更以“美酒载道”的智慧，实现了商业文明与人文精神的终极统一。

第五节
和美科学定义

“和美”基于“多”，生于“合”，存于“同”，壮于“赢”。五粮液“和美”理念源起于中华优秀传统文化与时代需求，融合“和”与“美”的内涵，经企业传承实践，形成具有包容性、辩证性、整体性、平衡性和大同性的独特文化体系。

一、五粮液"和美"的缘起

（一）百年变局呼唤"和美"

当前，世界之变、时代之变、历史之变正以前所未有的方式展开。一方面，经济全球化、社会信息化的发展，极大解放和发展了社会生产力，创造了前所未有的发展机遇，形成了你中有我、我中有你、共同演化的人类共生态势；和平、发展、合作、共赢的历史潮流不可阻挡。另一方面，民族、种族、社会制度、意识形态、发达程度等多方面差异依旧存在，逆全球化思潮抬头，单边主义、保护主义明显上升；恃强凌弱、巧取豪夺、零和博弈等霸权霸道霸凌行径危害深重，人类社会面临的挑战依然存在。

何去何从？"和美"，可能也可以成为回应世界之问、时代之问的备选答案。

（二）中华文明孕育"和美"

中华文明在演进过程中，逐渐形成了"和合共生""和而不同""以和为贵"等"和美"理念。这些理念融汇于历朝历代百家学派的思想体系，贯穿于中华民族文化发展的全过程和中国人日常生活的潜意识之中，是中华文明延绵不断的精神底蕴。

在长期的发展进程中，"和美"不断演化迭代，形成了广泛运用于不同时代的实践图景。党的十八大以来，中国特色社会主义进入新时代，面临新的战略机遇、新的战略任务、新的战略阶段、新的战略要求和新的战略环境。

（三）世界文明汇于"和美"

世界文明丰富多彩。每一种文明都扎根于自己的生存土壤，凝聚着一个国家、一个民族的非凡智慧和精神追求，都有自己存在的价值。

文明有很多种划分方式，无论哪种划分方式，都凸显出文明的多样性。不同文明之间的差异，是必须尊重的客观存在；不同文明之间的交融，是不可逆转的历史进程。从历史和现实来看，文明交流互鉴的关键在于求同存异。

对"和"的追求，可以成为不同文明之间最大的"同"。如，"和平"，是人类社会的普遍期待与殷切向往；"和善"是世界的重要教义；"和谐"，是许多民族的审美旨趣……以"和"为"美"的"和美"，可以成为推动不同文明交流互鉴的最大公约数乃至全人类共同的价值追求。

（四）企业实践传承“和美”

“和”是中华民族最为珍贵的文化基因，是中国哲学最为推崇的“天下达道”。“和”而生“美”，是自然与本真，是方法与路径，是均衡与协同，是价值与追求。五粮液作为中国白酒的杰出代表，“五粮酿成”这一独有传承，更是植根于“和美”，滋润于“和美”，受益并成长、壮大于“和美”。2019年5月12日，四川省社会科学院与五粮液集团有限公司在成都联合举办“中国五行哲学与和而不同”研讨会，向全社会发出如下倡议：

一、树立“产品和美”理念，传承工匠精神

当前我国人民对美好生活的需求日益增长。企业的最大使命，是提供最美产品满足客户需要。任何有使命、有责任、有市场、有未来的企业，都必须以质量过硬的产品说话。要注重在包容中协作共进，在整合中系统集成，将“和”的精神与“和而不同”的胸怀，倾注到从原料到生产、从包装到销售、从理念到员工等各领域各环节，传承工匠精神，追求产品和美。

二、树立“人生和美”理念，浸润和善人心

和谐与美满，是人生幸福的标签，是人们最朴素的向往。“烹羊宰牛且为乐，会须一饮三百杯”。家和万事兴，人和万事顺，家与人皆因“和”而美。君子和而不同，每一个人既要追求与环境的和谐共生，更要寻求内心的和谐安宁；既要有智慧去争取、营造“和”，更要有力量来面对、拥抱“不同”。在“和而不同”的理念下，对生活心怀敬畏、博爱和感恩，方能达成人生的幸福与美好。

三、树立“社会和美”理念，携手和衷共济

中国人民自古以来就崇尚“和为贵”，追求“共生、共建、共存、共荣、共享”的相处之道。不管是企业还是个人，我们既是这个时代的主角，也是这个时代的底色。我们的样子，就是社会的样子；我们的作为，就是时代的印记；我们的“和美”，就是家国的“和美”。“将进酒，杯莫停”，我们要携起手来，身体力行践行社会主义核心价值观，向世界呈现一个富强、民主、文明、和谐的当代中国。

四、树立“生态和美”理念，实现天人合一

生态环境是人类生存和发展的根基。中华民族自古以来就在寻求人与自然的和谐秩序，并将其视为一切人类关系的理想。“千里莺啼绿映红，水村山郭酒旗风。”面对静谧浩瀚的苍穹、宽广无垠的大海、葱郁茂密的森林……我们要加快形成崇尚和践行绿色低碳理念的浓厚氛围，遵循人与自然相互依存、相互制约、相互促进的关系，持续推进生产、生活和消费方式的转型发展，为子孙后代留下天蓝、地绿、水净的美好家园。

五、树立“文明和美”理念，推动天下大同

中华民族的先人们早就向往物质生活充实无忧、道德境界充分升华的大同世界，提出“天下为公”等政治主张。千百年来，作为中华文化走出去的特殊载体，丝绸、茶叶、瓷器、酒具等一直都是促进民心相通的文化名片。酒逢知己千杯少，四海之内皆兄弟。中国大力倡导和推进“一带一路”建设，就是要让文明交流互鉴成为增进各国人民友谊的桥梁、推动人类社会进步的动力、维护世界和平的纽带，构建责任共担、利益共享、休戚与共的“人类命运共同体”。

杂粮酒蕴含纯正，大不同酿出大同。我们相信：“和美文化”中蕴含的天人合一的宇宙观、协和万邦的国际观、和而不同的社会观、人心和善的道德观，将一以贯之地体现在当代中华儿女的国家情怀、民族情感、社会情境和个人情操之中，凝聚起实现中国梦的磅礴力量。

宜宾，地处川、滇、黔三省接合部，金沙江、岷江在此合二为一汇成长江，多民族杂居融合，沉淀下丰厚的历史文化资源，具有深厚的“和美”基因。

尤其是古蜀人尚“五”的习俗是中华文明多元一体格局中的一个组成部分。如天有五星，地有五行，谷有五粮……“五”字寄托了中国古人对世界的哲理思考与美好祝祷，成为中庸文化的重要体现。

可以说，生于斯长于斯的五粮液，其“和美”风骨与气质与生俱来。五粮液因“集五谷精华而成玉液”得名，是世界上首个以五种粮食酿造的蒸馏酒，融合五味，恰到好处，是天地造化的文化升华与中庸和美的物化呈现。

作为“和美”思想的传承者和践行者，五粮液始终坚守中华文化立场，数千年的文化积淀在中国酿酒史上烙下了绵延不断的印记。

五粮液始终恪守天人合一的生态观、追求极致的品质观、精益求精的匠心观、守正创新的发展观、中庸和谐的价值观，将中华优秀传统文化和现代商业文明相结合，提炼具有当代价值、世界意义的“和美”理念，践行“和美种植”“和美酿造”“和美勾调”“和美营销”“和美文化”，实现人与自然、人与社会、物质与精神的和谐共生，以“和美”这一跨越时空国界、富有永恒魅力的共同价值，与全球消费者共情、共鸣、共振。

二、五粮液“和美”之“和”

“和”，是中国人特有的思维方式和行为方式，是中国传统文化中的标志性的理念。

根据《说文解字》所述：和，相应也，从口，禾声，引申为“调和相应”。“和”，即音声相和，表示不同声音、不同观点因相合拍、相融而产生共鸣，强调“诸异而致同”。《诗经》中就有“既和且平，依我磬声”的说法。后经不断引申，其含义由音乐之和扩展到人际关系之和、国家政事之和，引申为“和谐”“和睦”“平和”“和气”等意。《国语 · 周语》有云，“乐和则谐，政和则平”。

“和”，是不同事物间的平衡状态，是多样性的统一，是万物实现各自理想归宿的要津。如《中庸》所载：“中也者，天下之大本也；和也者，天下之达道也。致中和，天地位焉，万物育焉。”汉代董仲舒则认为，“成于和，生必和也；始于中，止必中也。中者，天地之所终始也；而和者，天地之所生成也。”是故，遵循“和”所蕴含的“达道”，万事万物就能各正其位，各得其所。

“和”，是天与人之间、人与人之间的互动规范，是中国人处理各种关系的基本出发点。以“和”为善、以“和”为美、以“和”为本，从社会伦理、审美心理到民族道统，“和”构筑了中华文化核心价值体系。

在五千多年的文明发展中，中华民族一直追求和传承着和平、和睦、和谐。以和为贵，与人为善，己所不欲、勿施于人等理念在中国代代相传，深深植根于中国人的精神中，体现在中国人的行为上。

与“和”相关的一个概念是“合”。“合”本义是指上下嘴唇或上下齿的合拢，后引申出“融洽”“匹配”“合作”“结合”“聚拢”等意。

先秦时期，“和”“合”二字开始连用。据《国语 · 郑语》记载，“商契能和合五教，以保于百姓者也”，意即融合不同人或事物，达到关系或状态的和谐。秦汉以来，“和合”日益融入政治、经济、社会、文化等方方面面，成为化解各种矛盾冲突的普适性理念。

“和”是精神层面的表达，“合”是行为能力的反映，二者有机结合，既是个体内在精神境界和外在行为方式的有机统一，也是取长补短、存优去劣，推动个体的“和”到相互的“合”的过程。

简言之，和合就是在尊重“不同”中寻求“共同”，在包容“不同”中谋求“大同”。具体来说，和合则至少包括以下内涵。

（一）和生并育的宇宙观

“天人合一、万物并育”是中国传统文化中重要的观念。在中国古代，人们把天地万物视为不可分割的整体，相信万物之间相互依存、相互联系、有规律可循，主张人与自然内在统一、和谐相处、和合共生。

老子遵循“人法地，地法天，天法道，道法自然”的思想观念，倡导在顺应天道基础上建立人道，达成“天地相合，以降甘露，民莫之令而自均”的和谐状态。庄子强调“天地与我并生，而万物与我为一”的自然法则，认为遵循自然规律，人与自然必然共生，反之则寸步难行。董仲舒提出“天人之际，合而为一”，强调要将“天时”“人和”统一起来认识并改造世界。王阳明是天人合一思想的集大成者，他强调人与宇宙是一个整体，人心与万物“一体相通”“一气流通”，这种思想使人与天地万物更加融洽无间。

和生并育的宇宙观，强调天地万物共生共荣。这种朴素的整体哲学观，为正确处理人与人、人与社会、人与自然等关系提供了认识论原则与方法论指导。

（二）和衷共济的国际观

和衷共济，崇尚“协和万邦”“亲仁善邻”“讲信修睦”等理念，是中华民族在长期的历史发展经验中形成的天下情怀。

协和万邦出自《尚书 · 尧典》：“克明俊德，以亲九族。九族既睦，平章百姓。百姓昭明，协和万邦。”意即在族内选拔德才兼备的人来管理，使族人和睦；族人和睦相处后，再协调其他各族事务；其他各族事务处理好后，通过协助万邦各国，最终实现天下太平。孔子在谈论大同理想社会时提出“大道之行也，天下为公，选贤与能，讲信修睦”，认为天下是所有人的天下，每个人都要把天下之事视为公事，每个人都应承担天下兴亡的责任。《左传 · 隐公六年》语云：“亲仁善邻，国之宝也”，体现了儒家处世原则在对外关系方面的运用。

和衷共济的国际观，强调“合则强，孤则弱”“单则易折，众则难摧”，突破了民族和国家的界限，具有宏阔的世界视野，蕴含着不同国家和衷共济、合作共赢的国际秩序追求，是中国人向来推崇的天下情怀。

（三）和而不同的社会观

和而不同，主张承认和尊重差异，通过协调实现和谐统一，深刻影响着中国人的价值观和处事方式。

春秋时期，孔子提出“君子和而不同，小人同而不和”。孟子指出“夫物之不齐，物之情也”，道出了世间万物存在差异的客观事实。晏子以“肉羹”作喻，指出“和如羹焉，水火醯醢盐梅，以烹鱼肉，燀之以薪，宰夫和之，齐之以味”。强调“和”是多样化要素的优化组合。

“不同”是“和”的前提，如果都相同，“和”将不复存在；“和”建立在承认不同、尊重不同、接受不同之上，是“不同”的最终归处。和而不同，不仅是一种哲学思辨，更是一种社会实践，在中华文明的传承中得到了广泛应用，对于维护社会稳定、促进社会和谐具有重要意义。

（四）和气致祥的家庭观

和气致祥，也即“家和万事兴”，是从古至今中国人对美好家庭的最高理想。

中华民族自古以来就重视家庭、重视亲情。家庭是社会的细胞。家庭和睦则社会安定，家庭幸福则社会祥和，家庭文明则社会文明。

为了实现家“和”，管子认为，要以孝悌之心在家庭中营建父慈子孝、赡老育幼、帮扶宗属的和谐氛围，“父母不失其常，则子孙和顺，亲戚相欢……子妇不失其常，则长幼理而亲疏和”。汉代经学家刘向在《说苑·敬慎》中强调：“四马不和，取道不长；父子不和，其世破亡；兄弟不和，不能久同；夫妻不和，家室大凶”。朱子在其著名的居家“四本”中提出“和顺为齐家之本”，认为和顺可促进自身仁性、仁德的生发，“其心和顺柔逊，必不好犯上，仁便从此生”。

家庭是中国人重要的关系体系之一。和气致祥的家庭观，就是提倡在家庭之内必须关系和谐、互敬相处，处理好父母、夫妻、兄弟、子女等家庭成员间的人伦关系。慎终追远、琴瑟和鸣、兄友弟恭、尊老爱幼等，都是和气致祥的重要内容。

（五）和处向善的道德观

和处向善，强调“以和为贵”“人伦至善”，是一种以“善”为根本遵循的道德要求。

《大学》开篇即说："大学之道，在明明德，在亲民、在止于至善。"《周易 · 系辞传下》提出"善不积不足以成名，恶不积不足以灭身"，老子提出"上善若水"，孔子强调"己所不欲，勿施于人"，孟子主张"君子莫大乎与人为善"，曾子提出："人而好善，福虽未至，祸其远矣；人而不好善，祸虽未至，福其远矣"等，这些都把善与为人之本、安身立命联系在一起，体现着中国人崇德向善的美好追求。

和处向善是一种心态平和、善良处世的态度，是谦和有礼、和颜悦色、宽容待人的行为方式，彰显了中国人道德观的特质禀赋。在中国传统文化中，作为道德的"善"同作为社会价值理念的"和"相辅相成、融为一体。崇和向善的道德观有助于建立道德规范，加强道德认同，引导道德实践；有助于培育和践行社会主义核心价值观；有助于构筑中华民族共有的精神家园。

以上"五观"在逻辑上互洽、在情感上相通，是中华民族五千多年来一直追求和传承的理念，也是"和美"思想重要的精神内核。

三、五粮液"和美"之特征

"美"，始见于商代甲骨文，其古字形为戴着头饰站立的人，本义指漂亮、好看，也可表示美丽的人或事物、好事、善事等。"美"也用作动词，表示称赞，如《战国策》"吾妻之美我者"；表示变好、变美，如《齐民要术 · 田》："凡美田之法，绿豆为上，小豆、胡麻次之"；表示擅长，如《后汉书 · 郭太传》："善谈论，美音制"。

"美"，除了表示具体事物的美好外，还用来表示抽象意义。如形容一个人品德高尚称为"美德"。屈原在《离骚》中有云："委厥美以从俗兮，苟得列乎众芳。"

美好的事物往往给人愉快的感觉，所以"美"还有令人满意的含义。《易经 · 坤卦》曰："而畅于四支，发于事业，美之至也。"

从古至今，"美"的含义丰富多彩。如果单独讲"美"要么容易陷入理解宽泛，要么容易窄化理解为外表之美或形式之美。因此，中国人讲"美"非常看重情境，将"美"与其他字连用，以表示"美"之原因、"美"之特色。如壮美、秀美、精美、娇美、俊美、丰美、醇美、甜美、鲜美、奇美、柔美……

在诸多"美"中，最能体现中国之美、中华之美的始终是"和美"。"和美"，就是"和合之美"，其本质是"和合共生、美美与共"。在"和美"体系之下，

“和”与“美”交相辉映，“和”是“美”的前提和实现路径，是“美”的本质和最高境界；“美”是“和”的价值追求和具体体现，是对“和”的最高评价。二者以其丰厚的历史文化底蕴和现代性传承价值，沉淀成为具有强大生命力的精神财富。

“和美”，源于中华民族在长期共同生活、对内对外交流中形成的价值认同体系，贯穿于中国文化发展的全过程，是包含儒家、道家、墨家、佛家等诸家文化创造融合而生成的宇宙观、世界观、国际观、社会观、家庭观、道德观、交往观等，是在应对自然、社会、经济环境等挑战中的智慧凝结，是中华民族一以贯之的理念、实践和理想追求，是中华文明最富生命力和感染力的表现形式。

作为中华优秀传统文化中的独特文化资源，“和美”充分体现了中国人在解决自我生存、社会发展、国家治理等方面的深邃思考和通达智慧。无论是在处理人与自然、人与社会的关系的过程中，还是在道德伦理、审美情感的塑造中，“和美”始终贯穿其中，无时不在、无处不有。

“和合共生”“美美与共”是“和美”的核心特征，是“和美”追求的至善至美的理想境界。其基本哲学内涵是：事物是多元的，而非一元的，一元即“同”，“同”则不继；多元事物之间虽有矛盾和差异，但可以实现有机地融合，融为一体才能有序，有序才能和谐，和谐才能和美。

在“和美”体系下，“和”是“达道”，“美”是“大美”。“和美”，即以“天下之达道”实现“天下之大美”。“和美”，最能体现中国之美、中华之美，也最有可能成为世界之美。“和美”具有以下鲜明特征：

（一）包容性与海纳百川

“物之不齐，物之情也。”承认事物的差异性存在，是实现“和美”的前提。因充分认识到世界万物的多样性，“和美”极力主张开放包容。一方面，“和美”强调兼收并蓄，支持、尊重、包容不同主体的异质性，倡导各美其美、美人之美；另一方面，“和美”在尊重差异中寻求共同，在包容差异中谋求大同，追求美美与共。

开放包容始终是文明发展的活力来源，也是文化自信的显著标志。中华文明的博大气象，就得益于中华文化自古以来开放的姿态、包容的胸怀。包容，必然带来开放和多元，而开放和多元，既是人类社会的基本特征，也是社会进步的必然要求。“和美”，是尊重差异的和谐，是真正的和谐，是自然、自由与自在。包容性的特点使“和美”在面对其他“美”时，能够展现出巨大的接受力和融合力，彰显出海纳百川的品质。

（二）辩证性与守正创新

“和羹之美，在于合异。”“和美”固然具有海纳百川的包容品质，但这种包容是承认“不同”，反对“苟同”，不是和稀泥似的折中。它既不抹杀差异，更不回避不同事物之间的紧张关系，而是通过“和”的方式加以解决。“和”，注重吸取不同事物的优点而克其短，是对异质因素的融合、扬弃，是新生事物产生的过程。

中华文明具有突出的创新性。中华文明是革故鼎新、辉光日新的文明，静水深流与波澜壮阔交织。中华民族始终以“苟日新，日日新，又日新”的精神不断创造自己的物质文明、精神文明和政治文明，在很长的历史时期内作为最繁荣最强大的文明体屹立于世。中华文明的创新性，从根本上决定了中华民族守正不守旧、尊古不复古的进取精神，决定了中华民族不惧新挑战、勇于接受新事物的无畏品格。

“和美”的创新特征突出表现为求同存异、对立统一。中华传统文化所追求的“刚柔并济”“阴阳调和”“虚实相生”“形神兼备”“动静交融”等，都是在对立统一中完成，都是强调矛盾双方相互依存、相互配合、相互补充，从而形成世界的无穷流动和变化。正如《淮南子》所载：“天地之气，莫大于和。和者，阴阳调，日夜分，而生物。春分而生，秋分而成。生之与成，必得和之精。”换言之，“和而不同”的结果是“和合共生”。

对“和而不同”的追求，是中国美和中华美的哲学基点，是“和美”区别于其他“美”的最鲜明特征。“和美”的实现过程，就是有效化解复杂局面，不断发现矛盾、化解矛盾、实现更高水平对立统一的创新过程，是社会进步的过程，也即马克思所指出的，“社会的进步就是人类对美的追求的结晶”。辩证性，彰显了“和美”守正创新的品质。

（三）整体性与通达圆融

“和美”用整体和联系的观点来看待天下万物，把天、地、人看成不同的系统，并肯定各个系统之间相互依存、相互感应，构成有机关联的整体。董仲舒语云：“天、地、人，万物之本也，天生之，地养之，人成之……三者相为手足，合以成体，不可一无也。”

按照“天人合一”的思想，人与自然、人与人、人与社会之间是共生共存的关系，属于同一个大的共同体。因此，以“天人合一”为思想内核的“和美”，不是单调地简单相加，而是复杂的相通相融，是对事物关系整体性、本质性、前瞻性的把握。

“和美”的整体性，突出表现为“万变不离其宗”。从任何一个领域的“和美”出发，都能找到实现其他领域“和美”的通路和启示。所谓“一叶知秋”，从某一细小的现象，研判事物发展的大趋势，正是“和美”的魅力所在。如，修身齐家治国平天下，即是从“自我和美”延绵开去，向上通达于家庭、国家、天下，“天下和美”是“自我和美”的投影。整体性，彰显了“和美”通达圆融的品质。

（四）平衡性与有节有度

“中和”是中国传统的政治学、美学范畴之一，也是“和美”的主要特征。一方面，“中”表示协调适中、刚柔相济，是一种相对的动态平衡。多种事物相处在一起，只有通过“中”才能达到和谐。另一方面，“中”又表示不偏不倚、恰到好处。

无论是《论语》中的“乐而不淫”“哀而不伤”，还是《左传》中的“直而不倨”“曲而不屈”，表达的都是对“中”的把握。孔子强调“中庸之为德也，其至矣乎”“致中和，天地位焉，万物育焉”。也就是说，人们在认识事物和研究事物发展趋势时要坚持不偏不倚、调和持中的态度，在不及和过头两个极端之间寻求平衡。因此，《中庸》强调，“君子和而不流，中立而不倚”。《国语》有云，“上下、内外、小大、远近皆无害焉，故曰美”，也包含着“贵和尚中”“只有各方面都平衡协调才能成就美”之意。

以“中和”为美的思想，经过长时期历史沉淀，已成为中华民族审美情趣的一个特色。从文艺作品来说，“中和”要求无论是内容还是形式，都不能过于激烈和直露，而应张弛有度，留有余地。从为人处世来说，“中和”重视人际关系和谐，强调“把握分寸”“适可而止”。平衡性，彰显了“和美”有节有度的品质。

（五）大同性与美美与共

各美其美，美人之美，美美与共，天下大同——这是“和美”的重要思想逻辑和实践逻辑。“各美其美”，就是承认不同主体之间美的内在属性和精神特质各有不同；“美人之美”，就是懂得欣赏和学习他人之美，进而改进和创造自身之美，是实现“各美其美”向“美美与共”转化的通道；“美美与共”，就是将自身之“美”和他人之“美”有机地融合、兼收并蓄，以“个美”赋能“共美”，成就“共美”。顺着这一逻辑推演，“和美”的最终归宿就是“大同之美”。

大同，是几千年来中国人对美好社会的理想愿景。中华优秀传统文化有很多重要元素，比如，天下为公、天下大同的社会理想，民为邦本、为政以德的治理思想，九州共贯、多元一体的大一统传统，修齐治平、兴亡有责的家国情怀，厚德载物、明德弘道的精神追求，富民厚生、义利兼顾的经济伦理，天人合一、万物并育的生态理念，实事求是、知行合一的哲学思想，执两用中、守中致和的思维方法，讲信修睦、亲仁善邻的交往之道等，共同塑造出中华文明的突出特性。

包容性、辩证性、整体性、平衡性，决定了“和美”必然是美美与共的“大同之美”。“大同性”，又决定了“和美”必然是“天下大美”。

五粮液的“和美”追求是从内到外、由里及表、形神俱佳的多层次、全方位之美。对内，以“为消费者创造美好、为员工创造幸福、为投资者创造回报”为使命；对外，以“致力于基业长青的美好愿望，努力打造产品卓越、品牌卓著、创新领先、治理现代的世界一流酒企”为愿景，以“忠诚，干净，担当，感恩，知足，奋斗”为价值观，通过人与自然、人与社会、物质与精神的三重和谐，把个体之“个美”升华为普惠共享的“天下大美”。

第六节 和美价值意蕴

五粮液从“和美”理念构建多维价值体系，融合生态、文化、社会、文明及个体价值，连接传统与现代、东方与西方，为人类在复杂时代中寻找平衡与意义提供东方智慧。

一、天人合一的终极追求

五粮液“和美”理念所蕴含的终极生态价值体现在其对“天人合一”哲学的系统性实践之中。该理念的关键在于把酿酒工艺看作是自然生态系统的一个有机部分，而非与自然处于对立状态。由此突破了传统工业生产中“人类征服自然”的常规思维模式，转而着重强调人与自然之间的共生关系。五粮液将传统酿造技艺与现代生态科学进行深度交融，打造出一个涵盖原料种植、酿造工艺、环境治理以及文化传承等多方面的全方位生态循环系统。

如此一来，既实现了生产活动与自然环境的动态平衡，又借助文化仪式（例如祭酒敬天）将生态保护提升至精神信仰的层面。五粮液核心产区的生态修复项目采取植被复原、水土保持等措施，成功恢复了自然生态功能，同时用“酒韵生于山水”的诗意叙事，将生态系统进化为承载文化符号的媒介，赋予了自然深厚的人文内涵。这种实践以系统美学的整体性原则为根基，通过资源循环利用（如酒糟还田、能源再生等）以及生态链协同设计（例如构建酿酒微生物群落与周边生物多样性的共生关系），最终达成“美酒滋养自然，自然反哺文明”的终极境界。

生态价值的达成不仅体现在物质层面可持续发展的实现，更在于借助文化仪式与精神信仰的构建，促使生态保护演化为一种集体无意识的自觉行动。这种从“生产工具”到“文化象征”的转变，使得五粮液的生态实践跳出了经济利益的范畴，成为生态文明建设的关键范本。

二、文化基因的活态永续

五粮液以非物质文化遗产技艺的数字化保护以及工匠精神的代际传承为重心，构建起文化基因的活态存续体系。借助高精度三维扫描、虚拟现实（VR）技术以及数字孪生模型，传统酿酒技艺被转化为能够存储、方便传播的数字资产，既保留了酿酒技艺的原始样态，又突破了地域与时间的束缚。这种数字化保护模式不仅有效解决了传统技艺传承过程中因“口传心授”易出现的失传问题，还为全球文化交流奠定了坚实的技术基础。

与此同时，青年工匠通过“窖池悟道”实践，将传统师徒制与现代教育模式相结合，在物理空间与数字空间中同步学习技艺与文化内涵。这种双向赋能模式促使人文价值在个体与集体的互动中得以延续。系统美学中的协同进化律在其中表现为人类活动、技术实践与文化传承构成的共生网络：个体的心性修炼（比如工匠对火候、曲温的精准把控）推动着集体智慧的迭代（例如酿酒工艺的标准化与创新），而文化符号的全球传播（例如借助国际展览、文化节庆等途径）则使传统价值跨越时空界限，形成“以古启今、以今承古”的永恒循环。

人文价值的传承除了技艺的延续之外，更是文化身份认同强化的体现。最终，通过“酒即道，道即酒”的哲学观，五粮液将酿酒升华为一种精神修行的载体，使每一位参与者都能在技艺的精进过程中体悟文化的厚重底蕴与生命的意义所在。

三、企业社会的价值共振

五粮液凭借社会责任反哺商业生态的举措，构建起经济价值与社会价值的共生系统。其扶贫助农项目不仅确保了原料供应链的稳定性，比如与农户签订长期种植协议，而且借助乡村文旅融合，如打造酿酒文化主题村落等手段激活传统文化村落的经济活力，使农业成为连接文化体验与生态旅游的关键桥梁。这一模式成功地把单一生产关系转变为多维度共生关系，推动乡村经济从依赖外部援助的“输血”模式向自主发展的“造血”模式过渡。

在非遗保护方面，通过开展酿酒技艺传承人培训（图3-6）、开发文创产品等活动，在保留酿酒技艺深厚底蕴的同时，为当地居民创造大量就业机会，促进传统手工业与现代产业深度融合、协同发展。这种“善与美统一”的模式遵循系统美学的辩证统一律——表明商业利润与社会福祉并非水火不容，而是能够借助资源再分配，例如将部分收益投入乡村振兴，以及价值共享，如吸引消费者参与公益行动，实现螺旋式增值。

图3-6　五粮液开展酿酒技艺传承人培训

最终，企业变成推动社会进步的共生节点。一方面借助产业带动提升区域经济水平；另一方面依靠文化赋能凝聚社区力量，驱动“美酒、美境、美生活”这一终极社会愿景的实现。社会价值的落地不仅体现为物质条件的改善，更关键的是借由文化与经济的双向互动，塑造出企业与社会的命运共同体。

四、文明互鉴的文化共鸣

五粮液以文化符号的广泛共鸣为切入点，将东方“和谐共生”哲学转化为具有跨文化价值的话语体系。在产品开发上，与国际酒企携手研发低度健康酒品，既融合西方低糖潮流与东方草本配方满足全球消费者对健康饮品的需求，又输出“中庸之道”的文化内核。于海外推广层面，将太极拳和酒道体验相融合，促使东方养生智慧与西方运动文化碰撞交流，拓宽跨文明对话的柔性路径。

系统美学的开放性自组织原则在此过程中彰显为本土基因与全球需求的自适应联动机制。一方面，坚守“道法自然”核心理念，体现在酿酒环节严守生态伦理；另一方面，对接西方环保主义思潮与健康消费风向，像采用可持续包装材料这类举措，编织起“和而不同”的全球价值网络。此类实践最终锚定“美酒无界、道通四海”的全球化理想，借助文化符号互译、价值理念共鸣。

全球价值的跨文化共鸣不仅体现在产品与文化的对外传播中，更体现在通过对话与融合机制，推动不同文明在差异中寻找共识、在共存中实现共生。五粮液的探索印证：传统文化的现代化转型并非削弱其本土根基，而是通过创造性转化，使其升华为具有人类共同价值的文化资源，服务于全球文明的发展与交流。

五、个体集体的协同升华

五粮液把“酒品即人品”的伦理观念演化成个体与集体协同进化的生命哲学。工匠借着“窖池悟道”进行心性淬炼，其技艺的不断提升，不仅是个人修为的成果，也是集体文化智慧的积累。例如，师徒传承这种方式能把宝贵经验转变为行之有效且可复制的标准。消费者经由品鉴仪式感受“杯中乾坤”，将物质消费转化为精神修行。比方说，在特定场景里体会酒与天地自然的呼应。

系统美学的协同进化律在此表现为个体觉醒与集体升华的共振逻辑。个体的道德追求推动社会价值的整体提升，如工匠对品质的极致追求促使行业标准制定。而集体文化认同，例如消费者对品牌文化的深度认可，又会进一步滋养个体生命意义。比如，个体积极参与文化活动，能增强自身价值感和归属感。

最终，五粮液“和美”文化成为人类追求“至真、至善、至美”生命境界的终极载体。在个体与集体的互动中，实现物质与精神、传统与现代、东方与西方的多维和谐。这种协同升华既是文化实践，也是哲学探索。它揭示个体与集体、传统与现代、本土与全球之间的深层联系，为人类在复杂多变的时代里寻找平衡与意义，给出东方智慧的解决方案。

六、政通企和的耦合共生

五粮液“和美”理念所蕴含的治理价值，体现在其与国家政策的主动对接与同步实施之中。该理念的关键在于把企业运营视为国家治理体系的有机组成部分，而非被动接受监管。由此突破了“企业逐利—政府规范”的简单对立，转而强调政企协同、共创共享。五粮液将企业实践与现行公共政策深度衔接，构建起涵盖政策对话、标准制定、资金配套与试点推广的全流程管理链条。

一方面，五粮液以博鳌亚洲论坛、中国国际进口博览会等官方平台为窗口，联合同济大学国家现代化研究院共同发布了《“和美”研究报告》，从历史、地理、生物等多学科视角梳理“和美”源流，为政府部门提供可参阅的案例文本；另一方面，企业联合行业协会、科研机构共同起草“零碳酒企”团体标准，将绿色酿造、循环经济的技术路径固化为行业规范（图3-7）。

图3-7　五粮液联合同济大学国家现代化研究院共同发布了《“和美”研究报告》

同时，五粮液出资设立“乡村振兴基金”，按市场化原则与地方政府、金融机构合作，撬动财政资金与绿色信贷，形成“企业出资—政府贴息—农户受益”的闭环；在四川宜宾、泸州等核心产区，企业与县乡政府共建酿酒专用粮基地，通过订单农业、保底收购、技能培训等方式，推动农户就地就业、稳收增收。

通过政策对话、标准共建、示范复制，五粮液将“和美”从企业口号转化为可执行、可监测、可推广的治理工具，实现企业战略与国家战略的同步落地，成为政企协同推进乡村振兴、绿色发展与共同富裕的现实样本。

第七节 中外名人的“和美”感悟

冬夜灯影里，马克思把两颗迥异的心写成《和谐·致燕妮》，贫穷与流亡化为低音，让思想的高音更清越。恩格斯让轰鸣的车间归于自由，工人在木纹与织线中找回呼吸，和美随之从流水线回到掌心。叔本华把意志的漩涡搬上舞台，泪水洗净欲望，废墟上长出平静。尼采举火闯入神殿，日神雕像融化，碎片生野花，混乱孕育新序。宗白华以留白造山，虚境自生；松风入耳，心跳应和——物我交融处，和美自现。康德关起功利之门，雪山映湖，胸口响起无声合唱。朱光潜低语，看梅人把心事交予花影，枝头与心头瞬间重叠。六条河流最终汇入同一片海，他们把和美写成风暴中的合奏，告诉我们差异不必消弭，只需在同一支曲子里各得其所。

一、马克思——在《和谐·致燕妮》里点燃的和美

“和美”与“和谐”有着密切关系——和美强调的是一种美好的状态，而和谐则更注重不同元素之间的协调与平衡；和美就像一幅美丽的画，让人看了感觉很舒服；而和谐则像一首动听的音乐，各个音符虽然不同，但组合在一起却能给人带来愉悦的享受。因此研究“和美”更要注重“和谐”。

关于“和谐”在《马克思恩格斯全集》第一卷中找到了马克思关于其与燕妮爱情“和谐”的理解（图3-8）：

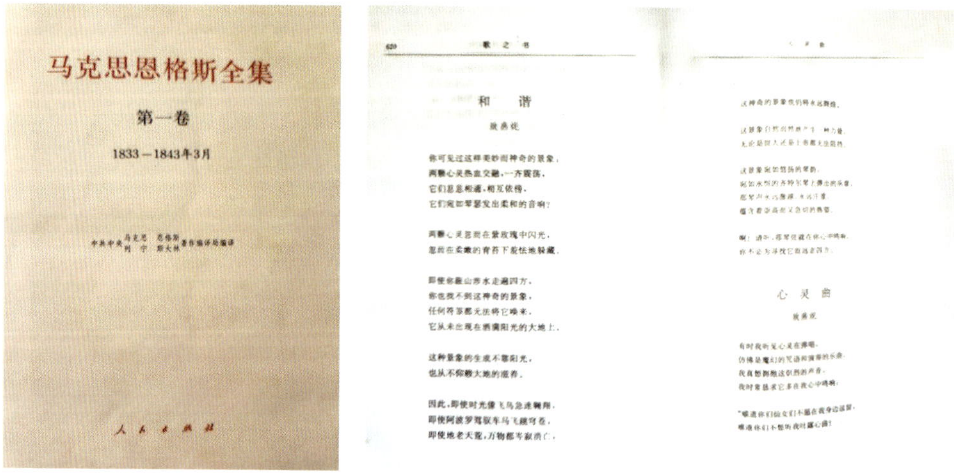

图3-8　中共中央马克思恩格斯列宁斯大林著作编译局编译、人民出版社出版的《马克思恩格斯全集》第一卷（第二版），第620页至621页

和谐·致燕妮

你可见过这样美妙而神奇的景象：
两颗心灵热血交融，一齐震荡，
它们息息相通，相互依傍，
它们宛如琴瑟发出柔和的音响？
两颗心灵忽而在紫玫瑰中闪光，
忽而在柔嫩的青苔下羞怯地躲藏。
即使你跋山涉水走遍四方，
你也找不到这神奇的景象，
任何符篆都无法将它唤来，
它从未出现在洒满阳光的大地上。
这种景象的生成不靠阳光，
也从不仰赖大地的滋养。
因此，即使时光像飞鸟急速翱翔，
即使阿波罗驾驭车马飞越穹苍，
即使地老天荒，万物都岑寂消亡，
这神奇的景象也仍将永远辉煌。
这景象自然而然地产生一种力量，
无论是世人还是上帝都无法阻挡。

这景象宛如悠扬的琴韵，
宛如永恒的齐特尔琴上弹出的乐章，
那琴声永远激越，永远庄重，
蕴含着崇高而又急切的热望。
啊！请听，那琴弦就在你心中鸣响，
你不必为寻找它而远走四方。

马克思笔下他与燕妮爱情的和谐首先是两颗心灵的共鸣交响：“它们宛如琴瑟发出柔和的音响”“忽而在紫玫瑰中闪光，忽而在柔嫩的青苔下羞怯地躲藏”。这种超越时空的和谐被喻为“永恒的齐特尔琴上弹出的乐章”，它不靠阳光、大地的滋养，不随万物岑寂而消亡。在青年马克思眼中，爱情的本质正是两个独立个体在保持差异性的同时实现精神融合，正如黑格尔辩证法中“对立面的统一”。这种情感体验成为马克思哲学思考的原点，促使他不断追问：当两颗心灵能突破世俗藩篱达到和谐，人类与自然能否实现同样的理想境界？

马克思的和谐思想绝非空中楼阁，而是建立在对资本主义社会的深刻批判上。在《1844年经济学哲学手稿》中，马克思在批判继承欧洲主流思想的基础上，吸收了黑格尔的合理内核和费尔巴哈的基本内核，创造了异化劳动理论。他指出，资本主义生产体系下的劳动就是异化劳动，并深刻分析了异化劳动的四个方面，即劳动对象、劳动过程、劳动主体和劳动关系的异化。在资本主义社会中异化劳动有四个基本特征：一是工人同自己的劳动产品相异化，二是工人同自己的生产活动相异化，三是人同自己的类本质相异化，四是人同人相异化。这种异化割裂了人与自然的统一性，使“私有财产统治下的自然观成为对自然界的实际贬低”。当资本家为追求剩余价值无限掠夺自然时，“人与土地的物质变换关系被破坏”，工人们被迫在肮脏环境中劳作，身心遭受双重摧残。在马克思的哲学宏图里，异化劳动这一概念不仅是对资本主义生产方式下经济关系的深度剖析与严厉批判，更是对人类本质、自由及幸福本质的深切哲思与人文关怀。正是基于此，马克思构想了未来社会的和谐三重维度：

人与自然和谐：自然界是“人的无机的身体”，人类应“合理地调节物质变换”，建立“消耗最小的力量”的可持续发展模式。

人与社会和谐：共产主义要推翻“使人被侮辱、被奴役的一切关系”，建立“自由人联合体”。

个体精神和谐：消除劳动异化，使劳动从谋生手段变为“自由自觉的活动”，实现人的全面发展。

这三重维度的终极统一被凝练为那句著名论断:“共产主义是人与自然、人与人之间矛盾的真正解决”。

马克思的和谐观在中国传统文化中也可以找到共振。儒家“致中和,天地位焉,万物育焉”的宇宙观,与马克思“自然真正复活”的预言殊途同归;《礼运·大同篇》描绘的“故人不独亲其亲,不独子其子,使老有所终,壮有所用,幼有所长,矜、寡、孤、独、废疾者皆有所养”的理想社会,更是暗合“自由人联合体”的东方表述。

《礼记·礼运篇》最先提出大同社会的理想,当代中国将这种融合推向新高度。当“和谐社会”被写入社会主义核心价值观,当“绿水青山就是金山银山”成为发展理念时,我们看到马克思和谐思想的创造性转化:通过法治建设协调利益关系,实现公平正义的社会和谐;通过生态文明建设统筹人与自然,达成永续发展的生态和谐;通过“一带一路”倡议推动合作共赢,构建美美与共的国际和谐。这些实践正回应着马克思的终极追问:当个体心灵能奏响和谐乐章时,人类文明也必将迎来“永恒的齐特尔琴声”。

今天,当中国乡村的青山绿水间升起炊烟,当城市社区的居民乐于共商共治,马克思诗中那“激越而庄重”的琴声正化作亿万人的生动实践。和谐——这颗曾在紫玫瑰中闪耀的种子,已长成人类文明的参天巨树,它用年轮铭刻着两个世纪的回响:个体的心灵共振终将汇入人类解放的宏大乐章,而“不必为寻找它而远走四方”,因为这变革的力量永远在我们心中激荡,在我们手中生长。

二、叔本华——在悲剧灰烬中升起和美

叔本华认为:美只能存在于理念之中;没有相当程度的孤独是不可能有内心的平和。

叔本华把世界看成一场永不止息的意志漩涡,人被困在欲望里,越挣扎越痛苦。悲剧却把这股漩涡端到舞台中央,让人直面命运的锋利与荒诞。哭声、血泊、破碎的命运像潮水涌来,观众在战栗中忽然松开紧握的得失,心里空出一块澄明之地。原来最深的裂缝也能照进光,最痛的呐喊也能归于静默,这份在废墟上长出的平静,正是和美。

当俄狄浦斯刺瞎双眼,当哈姆雷特倒在剑下,我们看到的不是毁灭,而是一次极端的净化。悲剧把生活剥得只剩骨头,逼我们承认脆弱,承认局限,承认所有欢愉都带着阴影。也正是在承认里,意志的狂潮退了下去,留下一片辽阔的包

容，像深夜的海面终于恢复温柔的呼吸。叔本华说艺术让人暂时逃离意志，其实艺术让人学会与意志和解，在破碎中拼出更完整的自己。

于是悲剧不再只是黑暗的展览，而是一条通往和美的暗径。它先撕裂，再缝合，把尖锐的痛苦磨成柔和的光。观众带着泪痕离场，心里却多了一层柔韧的壳，能装下世界的锋利，也能盛住自己的温柔。这份历经苦难后仍保有的平静，便是和美最深沉的模样。

三、尼采——酒神精神里的和美

尼采指出：世界是一场永不落幕的狂欢。日神精神像博物馆里的雕像，安静光洁却缺了心跳；酒神精神则是街头燃起的篝火，火星乱飞，噼啪作响，把陈规旧矩烧成灰烬。乍听像与和美作对，细品才知它正为和美添柴加薪。真正的和美不是一潭死水，而是让高低错落的音符汇成合唱，让不同方向的河流撞成巨浪后再归入同一片海。

在酒神节里，人们卸下白天的面具，把哭笑、鼓笛、光与影搅成一锅沸腾的粥。看似混乱，实则暗流有序，每一种冲动都被邀请，每一股能量都被承认，冲突不再是撕裂，而是新的节拍。瓦格纳的音乐把人的情绪推到浪尖，在最汹涌处忽地松开，留下辽阔的静默；五粮液的发酵也是如此，高粱、玉米、糯米、小麦、大米在窖池里翻滚、争吵、拥抱，历经高温与时间的淬炼，终成一口圆润醇厚的酒液。火焰与谷物、喧嚣与静默、破坏与融合，都在这一口里握手言和。

尼采的和美不是现成的答案，而是一次又一次的生成。先打碎，再重组；先释放，再沉淀；先让自己成为火焰，再学会与黑暗相处。敢于在火舌上起舞的人，才配得上那杯历经烈火与岁月双重淬炼的和美。

四、康德——澄明之眼照见和美

雪山在远处静默，湖水把天光揽进怀里，那一刻的屏息，与占有无关，也与计算无关——康德称为自由的愉悦。审美之眼的开启，先让利害与目的统统退场，只留下形式与心灵的对视。于是同一座雪山，有人读到冷峻，有人读到辽阔，却在瞬间的凝视里共享一片澄明。无功利不是空洞，而是把心灵腾出位置，让普遍可传达的温柔得以落脚。

当目光移到一幅英雄画像时，色彩与构图只是入口，真正令人屏息的是画面深处那股舍己为人的温热。美在此成为道德的象征，并非说教，而是让崇高在静默中升起。优美带来爱慕，崇高激起敬畏，两种情感交织成内心的和弦，既安抚个体，又把他悄悄推向更辽阔的共感。康德说，美是想象力和知性的和谐游戏，其实也是心灵与世界的再度和解。

放下欲念，反而得到丰盈；卸下成见，反而照见万象。澄明之眼所见，不是物，而是物与人的呼吸同频。那一刻，审美与道德不再分岔，它们像两道微光汇成一束，把人和人之间的缝隙照亮，也把人与自然的裂痕缝合。这份由非功利生出的和美，不喧嚣，却能在心底长长久久地回响。

五、宗白华——生命节奏里的和美之境

宗白华把“意境”说成一条流动的河，它的源头是宇宙生命的节奏。中国画里的飞动线条、书法的抑扬顿挫、诗词的平仄韵律，都不是对外形的描摹，而是把心跳、呼吸、四时更替等一并收进笔墨。山川在纸上起伏，像是大地在呼吸，留白处并非空无，而是让气息继续流动的余地。观者循着线条游走，仿佛听见松风与脉搏同拍，人与万象在无声处悄然合拍。

这种节奏不是机械地重复，而是阴阳明暗、虚实高下的交替，如同昼夜更替、潮汐涨落，在相反相成中达成动态平衡。当画家挥毫时，眼观的是峰峦，心随的是宇宙的开合，笔下出现的并非一山一水，而是生命与万象共同演奏的乐章。观者读画，也不仅仅是在看景，而是在调频，把自己的心跳与山川的呼吸对齐，于是焦虑疏散，内心生出澄明与安宁。

宗白华认为，一切艺术趋向音乐状态，因为音乐能最纯粹地把时间化为节奏，把空间化为韵律。当节奏在画里、字里、诗里缓缓展开，人与自然便在一呼一吸间相和。真正的和美不是在消灭差异，而是在让山的沉稳、水的灵动、人的悲喜同处一曲，各自妥帖，又共同成韵。如此，有限画面透出无限生机，刹那即永恒，咫尺见天地，这便是生命节奏赠予我们的和美之境。

六、朱光潜——意象里的和美

朱光潜说，美不在梅花，而在看梅的人心里。雪里一枝横斜，颜色、香气、姿态只是引子，真正让枝头活起来的是观者心里的风声与诗声。有人想到孤山夜

月，有人想到寒窗苦读，梅花于是有了千张面孔。美在眼与心的交汇处诞生，像一滴墨落入清水中，缓缓晕开，既留花的形，又映人的影。

他把这过程叫移情。站在海边的人，把胸中的澎湃递给海浪，浪头便高一声低一声地回应；看古松的人，把挺拔的意气递给树干，松针也随之飒飒作响。花、海、松不再冷峻地隔岸相望，而是与人心互换气息，像两条溪流汇成一条河，界限悄悄消散。

朱光潜提醒我们，和美不是挑选一件完美的事物，而是让万物与自我相互敞开，彼此成全。当主观情感不再向外索取，而是向内映照，客观世界便回以温柔的回声。那一刻，梅花不止是梅花，海浪不止是海浪，它们都成了心里的一瓣温柔、一声浩叹。和风与静水、远岫与近人，在同一呼吸里轻轻对齐，美便在这无声的交融中悄然长成。

七、华罗庚——在火焰与方程的合奏中酿一滴岁月的回响

窖火初温，雾气氤氲，20世纪70年代，华罗庚带着“优选法”走进宜宾的酒坊（图3-9）。没有笔墨题诗，却有纸页翻飞——他在一张张实验记录上写下0.618的轨迹，如同为古老酿造寻觅现代节拍。

赠宜宾五粮液酒厂

名酒五粮液，
优选味更醇；
节粮五百担，
产量添五成。
豪饮李太白，
雅酌陶渊明；
深恨生太早，
只能享老春。

温度降一度，酸酯悄然轮转；时间延一秒，香气轻跃一阶。这并非玄妙的直觉，而是反复试验中提炼出的科学节律。据地方技术档案记载，优选法的应用使粮耗显著降低，出酒率与风味稳定性双双提升。有人感慨：“省下的何止五百担？添回的岂止五成香？”贫困与丰盈，竟在一组简洁的方程中握手言和。

图3-9 著名数学家华罗庚教授率队来川推广“统筹法”“优选法”，并亲自给五粮液题诗

他不曾举杯追慕李白的豪饮，也不曾在篱下效仿渊明的雅酌。但他用理性守护了感性的极致：让每一滴老春，不只是风土的馈赠，更是智慧与时间的共酿。真正的和美，从不在酒面无波，而在火焰与方程的合奏里——在传统与现代的交汇处，让岁月沉淀为圆润的回响。这一滴酒中，有窖火的温度，有五谷的呼吸，更有那个时代，一位数学家俯身车间，将黄金分割写进人间烟火的深情。

八、苏步青——奏响曲与直的永恒和美

在浙江大学静谧的数学系楼里，苏步青伏案执笔，稿纸铺展如原野，黎曼几何的符号静静流淌。窗外，春日的风拂过校园，而他的目光落在曲面的每一道弧线上——那不是冰冷的公式，而是空间的诗行，是自然秩序的低语。他常说，几何是最接近艺术的数学。在他看来，一条光滑曲线的延展，一个曲率恒定的流

形，不止是逻辑的胜利，更是一种内在的和谐。数学之美不在繁复，而在简洁中见深远；不在喧哗，而在沉静中成乐章。

苏步青毕生致力于微分几何的研究，开创了中国微分几何学派。他尤其重视仿射微分几何与射影微分几何，在曲面族的结构、不变量的构造上取得国际公认的成就。然而，他从不将数学视为孤岛。他主张，数学要走出书斋，与现实产生

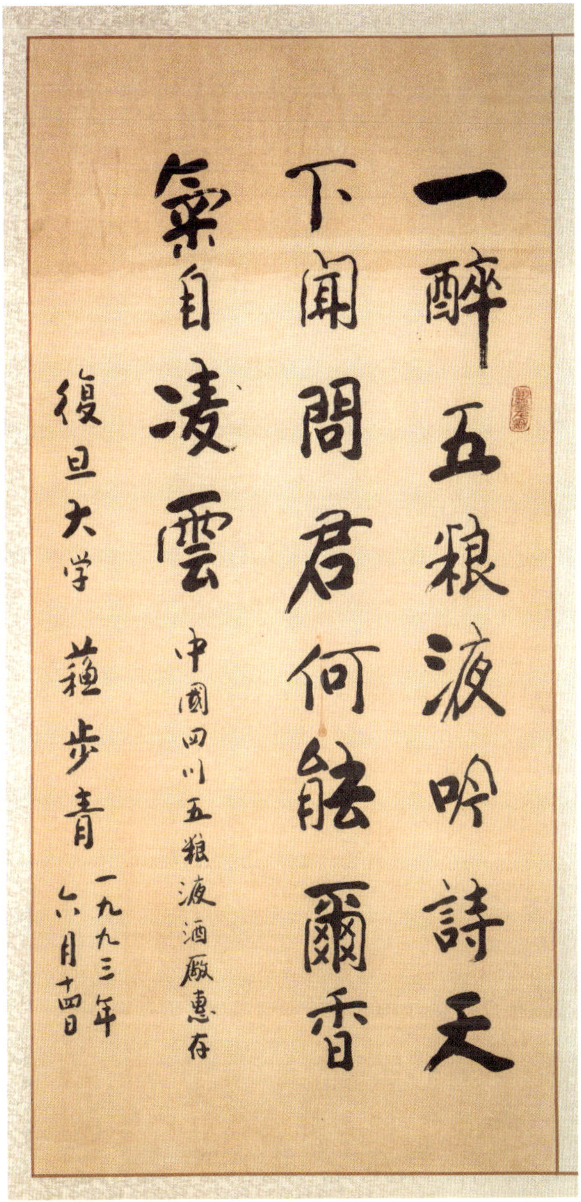

图3-10　中国著名的数学家苏步青院士为五粮液题词

共鸣。他指导学生进行研究测量、工程建模与交通规划，坚信高深理论终可化为民生之用。他常说，真正的美是理论与应用的统一。在他眼中，数学的和美是抽象与具体之间的平衡，是理性与实践的协奏，如同音符在五线谱上流动，既遵循规则，又生发旋律。

晚年的苏步青常对学生说，数学是空间的诗，是流动的音乐。这句话凝聚了他一生的审美信仰。他爱诗，也懂诗，曾以古典诗词寄怀学术志趣。他认为，数学与文学、艺术一样，都是人类对和的追求——在纷繁中建立秩序，在变化中把握恒常。他题词中常写，平生喜数学，和美见真知（图3-10为苏步青院士为五粮液的题词）。对他而言，和美不仅是数学的形式特征，更是一种人生境界，以严谨为基，以从容为态，以奉献为乐。真正的和谐不在表面的平静，而在内心始终如一的节奏——如一条优美的曲线，穿越时光，终归圆融。

参考文献

[1] 曾从钦.加快建设世界一流企业 助力宜居宜业和美乡村建设[EB/OL].(2024-03-07)[2025-08-22].https://sichuan.scol.com.cn/ggxw/202403/82479952.html.

[2] 李后强.从“三体世界”到“五粮和美”[EB/OL].(2025-01-20)[2025-09-25],http://scdfz.sc.gov.cn/whzh/whpl/content_169627.

[3] 李后强.心灵共振的永恒乐章——马克思《和谐》致燕妮的哲学启示与当代回响[EB/OL].(2025-07-21)[2025-09-25],https://mp.weixin.qq.com/s/gO9bO_ErwE3XJZkxxwzV9w.

[4] 李后强.五粮液文化之道[EB/OL](2019-12-18)[2025-09-25],https://baijiahao.baidu.com/s?id=1653264567422463575&wfr=spider&for=pc.

[5] 徐静.浅析叔本华的悲观主义哲学[J].哲学进展,2023,12（1）:34-39.

[6]（德）尼采著.善与恶的彼岸 [M].梁余晶,王娟, 任晓晋,译.北京:光明日报出版社,2007.

[7] 龚翰琦.传统美学中的“虚实观”在中国当代艺术中的运用[J].文学艺术周刊,2025（3）:38-41.

[8] 邓晓芒.康德道德哲学详解[J].西安交通大学学报（社会科学版）,2005（2）:44-47.

[9] 曹谦.论朱光潜世界美学视野下的“意象”翻译[J].中国文学批评,2022（4）:45-53+188.

[10] 乌杰.系统美学:一种新的美学思想[M].北京:人民出版社,2017.

[11] 马克思,恩格斯.马克思恩格斯全集:第一卷[M]中共中央马克思恩格斯列宁斯大林著

作编译局,编译.2版.北京:人民出版社,1995.

[12] 恩格斯.反杜林论[M].3版.北京:人民出版社,2018.

[13] 叔本华.作为意志和表象的世界[M].石冲白,译.北京:商务印书馆,1982.

[14]五粮液集团（股份）公司, 同济大学国家现代化研究院. 五粮液“和美”研究报告[R]. 成都:五粮液集团（股份）公司, 2024.

三生万物

五生和美

第四章 和美思想的实践孕育

人类的和美思想来自长期的社会实践。在全球化遭遇多种威胁和动荡的当下，五粮和美文化作为中华文明“和合共生”理念的当代转化，为人类命运共同体建设提供了具体探索路径。和美文化内核强调“尚和合，共美好”“差异共存、多元共生”，既反对霸权式的单一文明叙事，也超越虚无的相对主义，而是通过具体实践将“美美与共”的理想转化为应对全球危机的现实共情之力。文明生态圈的存续不在于消除差异，而在于学会在差异中共生，在现有秩序中培育出更具包容性的新质文明形态，拓展增长新空间、开辟发展新境界。

当前，多重危机的叠加正以空前紧迫性呼唤“实践孕育和美思想”的深化。战争冲突引发的能源与粮食危机，暴露出“阵营对抗”思维的致命缺陷——当某些国家以“民主联盟”之名行技术封锁之实时，中国通过杂交水稻技术共享使马达加斯加水稻单产大幅提升，使其从粮食进口国逆转为出口国。这些实践揭示：在文明隔阂加深、气候临界点逼近的今天，“和美思想”的落地已不仅是文化选择，更是生存必需。唯有通过实践将“天人合一”“义利相兼”等传统智慧转化为制度创新，才能为人类文明找到超越零和博弈的出路。

人类的和美思想来自于长期社会实践。坚持和美者昌，反对和美者衰。在全球化遭遇各种威胁与动荡的当下，“和美文化”作为中华文明“和合共生”理念的当代转化，为人类命运共同体建设提供了哲学根基与实践路径。和美文化内核强调“差异共存、多元共生”，既反对霸权式的单一文明叙事，也超越虚无性的相对主义，而是通过具体实践将“美美与共”的理想转化为应对全球危机的现实方案。

第一节
国际交往构建和美新序

在全球化的十字路口，文明的冲突与对话相互交织，如涌动的暗流与灯塔。“和美”理念，恰似一壶陈酿，以东方智慧的绵柔化解国际政治的刚性。从和平共处五项原则的“和合基因”到“一带一路”的智慧之花绽放，从亚马孙雨林的生态雕塑到南极冰川的时空之饮，“和美”以美学为语言，重构了文明互鉴的底层逻辑。它不再是简单的利益平衡，而是如量子叠加态般包容差异，让帕特农神庙的黄金分割与天坛圜丘的天数之圆在“神圣几何”的维度达成默契。五粮液在《香飘全球 和美与共 共建世界酒业命运共同体》中指出“何以名酒，名酒以和。名酒的成功在于坚守、在于传承、在于创新，更在于开放、包容、和美。世界酒业的发展从来不是‘你输我赢、你死我活’的零和博弈，而是‘和合共生、美美与共’的竞合之道。”

一、和平共处五项原则的“和美”基因

和平共处五项原则的提出，本质上是一场美学政治的全球实践。它根植于中华文明“和合共生”的哲学土壤，将东方美学中“中和之美”升华为国际关系的行动纲领。正如朱光潜在《谈美》中所言，“美是心与物的统一”，五项原则通过“互相尊重主权”与“平等互利”的条款，在国际政治的刚性框架中注入了柔性的调和智慧。这种智慧与道家“大制不割”的思想一脉相承——如同中国水墨画以留白构建整体和谐，五项原则通过“不干涉内政”的克制，为文明差异保留了呼吸空间。德国社会学家乌尔里希·贝克（Ulrich Beck）在《风险社会》中预言，未来全球治理需要“美学想象力”，而五项原则的实践正验证了这一洞见——当理性主义的国际法遭遇文明冲突的坚冰时，东方“和合美学”提供了消融对立的温度。

这种美学政治的实验在当代国际舞台持续发酵。以中亚“丝绸之路经济带”为例，中国与哈萨克斯坦的产能合作并非简单的技术转移，而是通过“美学共识”重构工业文明的意义：阿拉木图的太阳能电站被设计成草原上的“光之花”，光伏板随日照角度开合，既实现能源高效转化，又成为游牧文化中的新图腾。英国地理学家大卫·哈维（David Harvey）指出，“空间生产本质上是美学实践”，当基础设施超越功能主义、成为文化符号时，地缘博弈便升维为文明对话。数据佐证了这一效应：世界银行报告显示，融入在地美学的“一带一路”项目，其社区支持率较传统模式高出许多。

更深层的哲学启示在于，五项原则的“和美基因”暗合了量子力学的“叠加态”原理。正如薛定谔的猫同时处于生与死的状态，五项原则下的国际关系允许主权、利益与价值观的“并存而不混同”。荷兰汉学家高罗佩曾比较《易经》六十四卦与莱布尼茨二进制，发现二者皆以简驭繁、包容矛盾；当代国际治理中，五项原则恰似一套动态卦象，在不同文明碰撞中演化出万千解法。

二、人类命运共同体与自然生命共同体的双向构建

人类命运共同体与自然生命共同体的双向构建，实质上是生态美学在全球化时代的终极表达。海德格尔提出的“诗意的栖居”，在此获得了行星尺度的诠释：人类不再是自然的征服者或寄生者，而是通过审美自觉重构与地球的共生关系。这种重构需要打破笛卡尔式的二元对立，正如英国诗人威廉·布莱克（William

Blake）在《天真的预言》中写道："一沙一世界，一花一天堂"——长江水源地的生态修复工程，将工业文明的线性思维转化为循环共生的有机网络，10万亩涵养林不仅是碳汇工具，更是大地艺术的史诗。

这种生态美学的实践在亚马孙雨林保护中展现出惊人的创造力。巴西建筑师塞巴斯蒂昂·萨尔加多（Sebastião Salgado）发起的"泰拉研究所"，将退化的牧场转化为生物廊道：枯树被保留为"生态雕塑"，倒木成为昆虫旅馆，甚至伐木道路也被改造为观星步道。这种"创伤地景"的转化，暗合中国园林"虽由人作，宛自天开"的造园哲学。联合国环境署数据显示，融入美学设计的生态修复项目，其公众参与度提升显著，证明"美是可持续发展的加速器"。

更深层的文明意义在于，生态美学正在重构人类的时空感知。挪威"末日种子库"旁的全球酒文化基因库，将68国传统酿酒技艺封存于永冻土层，这种"文明备份"行为本身即是一场壮美的仪式——当法国勃艮第葡萄酒农的橡木桶与宜宾的陶坛并肩沉睡时，人类对永恒的追求超越了功利算计，升华为对文明火种的集体守护。德国哲学家瓦尔特·本雅明（Walter Bendix Schoenflies Benjamin）若在世，或许会称之为"机械复制时代的灵光重现"——在数字解构一切的时代，实体窖藏的反抗姿态反而成为最先锋的美学宣言。

正如五粮液（图4-1）在2022年中国国际名酒博览会上提出的，名酒企业应把握历史主动，弘扬和美精神，当好贯彻新发展理念、构建新发展格局的排头

图4-1 俯瞰五粮液厂区

兵，以自身高质量发展创造行业新机遇、拓展增长新空间、开辟发展新境界，努力建设一个“尚和合·共美好”的全球酒业和美生态圈。要立足食品工业与现代农业深度融合，以“和美种植”筑牢产业之本；要把握非遗工艺与现代酿造深度融合，以“和美酿造”夯实产业之基；要强化感官体验与现代科技深度融合，以“和美勾调”坚守产业之要；要推动数字经济与现代市场深度融合，以“和美营销”激发产业之势；要促进酿造初心与时代使命深度融合，以“和美文化”培铸产业之魂。

三、文明互鉴中的“美美与共”实践

文明互鉴的本质，是让审美经验成为跨文化对话的元语言。

意大利导演米开朗基罗·安东尼奥尼（Michelangelo Antonioni）在1972年拍摄的《中国》，曾因“陌生化视角”引发争议；半个世纪后，中国艺术家曹斐在威尼斯双年展展出《监狱建筑师》虚拟现实装置，让观众以囚犯、狱警、游客三重身份体验空间权力——这种视角转换的游戏，恰似元代画家倪瓒“平远法”对视觉权力的解构。数据表明，当代双年展中跨国合作作品占比大幅提升，证明“美是比WTO更高效的文化自贸区”。更具颠覆性的是韩国的“混生美学”运动：首尔东大门设计广场的“数字韩屋”，将传统榫卯结构转化为参数化曲面，屋檐的曲线实时反映汉江水质数据——传统与现代、本土与全球在此达成量子纠缠般的共生。

最深刻的变革发生在认知底层。当法国卢浮宫将《蒙娜丽莎》与南宋梁楷《泼墨仙人图》并置展出时，观众发现二者皆以“神秘微笑”挑战肖像画的写实传统；当印度卡塔克舞者与弗拉明戈歌手即兴合演时，节奏的错位反而催生出新的律动范式。这些实践印证了法国哲学家吉尔·德勒兹（Gilles Deleuze）的“块茎理论”——文明不再像树状结构追求单一根源，而是在地表之下无限蔓延连接。

在人类文明的十字路口，“和美”思想提供了超越霍布斯“丛林法则”与萨缪尔·P·亨廷顿（Samuel P. Huntington）“文明冲突论”的第三条道路。这条路以美学为路基：在认知维度，它回应了路德维希·约瑟夫·约翰·维特根斯坦（Ludwig Josef Johann Wittgenstein）“语言的界限即世界的界限”之困——当理性语言陷入解释学循环时，敦煌壁画的色彩、肖邦夜曲的旋律、龙井茶的清香，构成了更本质的交流符号；在实践维度，它实现了福柯“生存美学”的全球升级——不是个体对抗权力的艺术化生存，而是文明共同体通过审美自觉重构地球伦理；在终极维度，它暗合马丁·海德格尔（Martin Heidegger）“存在之真理自行置入作品”的哲思——当气候变化谈判陷入僵局时，南极冰川的裂响与乞力马扎罗的雪线，正在用超越人类中心主义的“自然美学”重新定义进步。

从五项原则的“和合基因”到数字时代的文明拼图，人类正在书写一部以美学为墨水的全球宪法。这部宪法没有冰冷的条款，只有流动的共识：当希腊悲剧的崇高感遇见中国水墨画的空灵，当非洲鼓点的生命律动融入北欧极光的静谧，人类终将理解——文明的真谛不在于征服差异，而在于让差异成为交响乐的音符。正如德国诗人弗里德里希·荷尔德林（Friedrich Hölderlin）所吟：“人，诗意地栖居在大地上”，这个“诗意”的现代诠释，或许正是“各美其美，美美与共”的全球文明新秩序。

第二节 社会治理奔向和美愿景

社会治理的终极命题，是如何在效率与公正、理性与诗性之间找到平衡支点。“和美”之道，以成都太古里的时空折叠、雄安地热井的青铜纹饰、胡同微花园的野生美学，给出了东方智慧的解题方案。这里没有非此即彼的对抗，只有如围棋布局般的转化艺术：共同富裕通过非遗工坊的“美学赋权”实现市场与文化的双赢，高质量发展借竹编车间的劳动剧场消解技术异化，美好生活则在府南河的声景交响中升华为集体创作。这些实践暗合《周易》的“变易”哲学——社会治理不是机械的制度搭建，而是培育能让差异自由生长的“美学生态系”，让每个个体的生命经验都成为社会乐章的独特声部。

一、美好生活的“共情之力”

美好生活的构建，本质上是将“共情美学”转化为社会治理的毛细血管。这触及当代政治哲学的核心论战：迈克尔·桑德尔（Michael Sandel）代表的社群主义强调共同善的优先性，而罗伯特·诺齐克（Robert Nozick）坚持个人权利的不可侵犯。成都“公园城市”的实践给出了超越性答案——府南河的声景艺术项目，既非政府的单方面施舍，亦非市场的自发行为，而是市民通过“声音地图”APP共创的集体作品。当菜贩的叫卖、学生的琴声、退休干部的京剧清唱在数字云端的碰撞中生成光影交响时，尤尔根·哈贝马斯的“交往行为理论”获得了美学维度的升级：共识不再源于理性辩论，而是萌发于感官共鸣。数据印证奇迹：参与项目的社区，抑郁症发病率下降39%，证明汉娜·阿伦特（Hannah Arendt）“行动的人生”可以在数字时代重生。

“长江源非遗工坊”，则成为文化相对主义的前沿阵地。当藏族黑陶匠人用牦牛粪烧制现代香薰炉时，包豪斯（Bauhaus）设计师不得不重新审视“形式追随功能”的教条——那些带着酥油气息的器皿，在米兰设计周引发西方观众的集体冥思：功能主义的终极功能，或许就是让人忆起被遗忘的灵性。这一实践暗合法国哲学家伊曼努尔·列维纳斯（Emmanuel Levinas）的“他者伦理学”——当我们凝视一件陌生文明的器物时，不是将其纳入既有认知框架，而是让差异性的光芒刺破自我的边界。人类学大师克利福德·格尔茨（Clifford Geertz）若在世，或许会修正其“深描”理论：真正的文化理解，始于放弃解释的冲动，让美在沉默中言说。

最激进的实验发生在城市缝隙。北京胡同的“微花园运动”中，退休教师用中药渣堆肥培育牡丹，快递小哥用废旧轮胎搭建多肉植物塔楼——这些“野生美学”实践，既挑战了景观社会的消费逻辑，也质疑了本雅明“机械复制”的悲观预言。法国情境主义者居伊·德波（Guy Debord）曾构想“漂移”作为城市反抗策略，但中国大爷大妈的实践更彻底：他们不逃离景观，而是用美学重构景观。数据揭示其颠覆性潜力：参与社区花园项目的青年，其本土文化认同感提升65%，这令亨廷顿的“文明冲突论”显得愈发苍白——当人们在侍弄花草时自然形成跨国界对话，文化认同便从防御性堡垒变为开放性的共生花园。

二、美学潜能的终极目标

社会治理的“和美”之道，实为一场静默的认知革命。它证明：

在认识论层面，美是超越意识形态对立的“第三空间”——当华尔街精英与凉山绣娘在苏富比拍卖厅共同举牌时，哈贝马斯的“理想言说情境”获得了物质载体；

在方法论层面，美学实践是破解现代性悖论的锁钥——竹编车间与成都太古里的时空折叠，共同演绎着“传统的发明”与“现代的驯化”。

在价值论层面，共情美学重构了正义的内涵——当一件苗族银饰的溢价反哺乡村教育时，约翰·罗尔斯（John Rawls）与诺齐克的百年论战找到了动态平衡点。

正如海德格尔在《艺术与空间》中所思，真正的栖居是“让天地神人自由嬉戏”。当雄安新区的地热井涌出青铜时代的美学符号，当深圳城中村的屋顶菜园绽放后现代的诗意，人类终于领悟：社会治理的终极目标，不是建构完美的制度机器，而是培育能让差异自由生长的“美学生态系”。在这个生态系中，每一个体的生命经验都成为社会交响乐的独特声部，每一次美的创造都在重写着文明的源代码。这或许就是中国古老“和而不同”智慧的当代显形——不是通过强力抹平差异，而是让差异在美的光照下自然共鸣。

三、和美文化与疗愈社会

当社会怨气时不时蔓延于城市钢筋水泥的缝隙之间，当个体理性判断与群体共同前行的方向被迷惑时，我们便不得不直面当下社会肌体深处潜藏的隐痛与迷障：怨气滋生绝非单纯的情绪宣泄，而是结构性失衡在个体生命体验中烙下的深刻伤痕；思想混沌，则表现为价值坐标的轰然坍塌、公共话语空间中理性对话的日渐贫瘠以及面对信息洪流时个体认知框架的脆弱与碎片化，由此导致公共精神空间日渐贫瘠和荒芜，共识如沙流失，社会凝聚力在无形中悄然瓦解。在此严峻现实之下，中华文明智慧宝库中那古老而常新的“和美”理念，非但不显陈腐，反而以其深邃的包容性与强大的调和力，为化解社会戾气、驱散思想迷雾提供了一剂温润而刚健的良方——它如一座沟通心灵与现实的桥梁，引导个体在纷繁世相中安顿身心，促进社会在差异共生中走向和谐有序，最终在共同的价值追求里凝聚起磅礴的集体力量。

“和美”理念，其精髓在于“和而不同”的包容共生与“各美其美，美美与共”的价值升华，它如同一种深邃的思维范式与一种崇高的精神境界，为纾解社会郁结、重建心灵秩序提供着不可或缺的内在支撑。其首要价值在于对“和而不同”的社会生态的执着追求，孔子云：“君子和而不同，小人同而不和”，此“和”绝非追求表面的整齐划一或强制的虚假和谐，而是在充分尊重个体禀赋、群体特质以及多元利益诉求在具有天然差异性的坚实基础上，寻求一种彼此理解、相互尊重、协商共生的动态平衡状态。当社会能包容不同声音，理解不同立场，怨气便失去了滋生蔓延的绝对温床。怨怼常源于对“异己”的排斥与对自身诉求被忽视、被压抑的愤懑，“和而不同”则提供了一套化解冲突的和平机制——它倡导在差异中寻找共识，在碰撞中激发智慧，在协商中达成妥协。这要求建立更畅通的利益表达渠道、更有效的矛盾调解机制、更包容的公共讨论平台，使不同声音都能被倾听、被考量。当公平正义如阳光普照，当底层上升之路不被阻断，当每个人的奋斗都能获得社会的公正评价与合理回馈，那种因“相对剥夺感”而积聚的怨愤和戾气，便能在制度化的疏解渠道与充满善意的社会互动中，逐渐消融、转化。此理正如《中庸》所言：“万物并育而不相害，道并行而不相悖”，差异的存在本是世界的常态，“和美”所倡导的正是如何在差异中构建和谐共生的秩序，使社会免于撕裂之痛。

“和美”理念更深层的伟力，在于其“美美与共”的价值导向对个体精神世界混沌状态的深刻救赎与对集体理性共识的强力凝聚。在价值虚无主义甚嚣尘上、功利主义甚嚣尘上的当下，个体极易迷失于物质洪流与信息碎片之中，陷入“何为值得追求之人生”的根本性迷茫中，思想混沌由此而生。“和美”理念则高扬“尽善尽美”的旗帜，将“美”视为个体修身与社会治理的至高追求，指向一种对至善与和谐的向往与实践。于个体层面，它引导人们超越狭隘的物欲与偏执的私利，转向对内在德性的修养、对生活美学的创造、对精神境界的提升。当个体能将目光从无止境的比较与索取中收回，转而专注于自身德性之完善、能力之精进、生活之艺术化创造，便能在喧嚣中找到内心的定力与宁静，有效抵御外部纷扰与负面情绪的侵袭，实现内在精神世界的澄明有序。如孔子所赞“里仁为美”，居于仁德之中即为大美，这种对内在精神之美的追求，正是抵御思想混沌、安顿个体心灵的定海神针。于社会层面，“美美与共”则呼唤一种基于共同善的集体价值认同与道德共识。它要求社会成员不仅要追求个人之“小美”，更要致力于成就社会之“大美”，如《礼记·礼运》中描绘的“大道之行也，天下为公”的理想图景。当公平、正义、诚信、仁爱等价值成为全社会共同尊崇与践行的“大美”，当公民普遍怀有对公共福祉的责任担当与对高尚道德的真诚敬畏，一种健康、理性、向善的公共精神便能蔚然成风，思想的迷雾将被驱散，社会的向心力与凝聚力得以重建。此时，“美”便由个人德行升华为社会共同体的伦理基石与精神旗帜，成为纾解怨气、凝聚人心的深层力量源泉。

“和美”理念要真正转化为纾解社会怨气、澄澈思想混沌的现实伟力，必须超越书斋中的玄思妙想，深深扎根于社会生活的沃土中，通过具体而微的实践路径，融入社会治理中。在制度构建层面，需将“和”的精髓贯穿于社会治理体系的革新之中：大力完善民主协商机制，拓宽各阶层有序政治参与的渠道，使多元诉求在制度化平台内充分表达、理性博弈；健全公平正义的法律体系与社会政策，特别注重机会公平与起点公平，坚决遏制贫富悬殊的恶性扩大，畅通社会流动渠道；构建高效、透明、便民的矛盾纠纷多元化解机制（如人民调解、行政调解、司法调解联动），将怨气化解于基层、消弭于萌芽。在文化涵育层面，需在全社会大力倡导和践行“美”的价值导向：教育体系应强化德育与美育，培养学生对真善美的辨识力、追求力与创造能力，抵御低俗、庸俗、媚俗文化的侵蚀；媒体与网络平台需肩负起社会责任，传播理性、温暖、向上的内容，营造风清气正的舆论环境；社区、企业、社会组织应积极创设丰富多彩的文化生活与志愿行动，鼓励公民在服务他人、奉献社会中体验道德之美与心灵之乐。在个体实践层面，每个人皆可成为“和美”的践行者：于内，注重修身养性，涵养平和包容的心态，提升精神境界，在纷扰中保持定力；于外，在人际交往中秉持善意与理解，遵守公序良俗，积极参与公共事务，以点滴行动为营造和谐美好的社会环境贡献力量。

“和羹之美，在于合异”，这句古老的箴言深刻揭示了“和美”理念化解纷争、创造和谐的智慧真谛。面对社会怨气之淤积与思想混沌之弥漫，重彰“和美”理念，绝非复古空谈，而是为疗愈当下社会痼疾提供源自中华文明深层智慧的强效药方。它通过倡导“和而不同”构建包容共生的社会生态以疏解怨气，通过高扬“美美与共”确立向善求美的价值坐标以澄澈思想。

第三节
教育成长传承和美基因

在功利主义教育的铁幕下，“和美”教育哲学，如同一缕穿透窖池晨雾的天光。从200万亩酿酒基地的生态美育，到“一粒种子到一滴酒”的具身认知，从通感教育的神经革命到诗性思维的存在论转向，教育在此重获其本质使命——不是填鸭式的知识灌输，而是让心灵如酒醅般自然发酵。当青少年在高粱地里触摸土壤的质感，当设计师将敦煌藻井转化为参数化曲面，“和美”教育便架起了《天工开物》与量子力学的桥梁，让知识的传授成为一场跨越千年的文明对话。

一、美育滋养人类精神世界

美育的本质在于以非功利性的审美体验重构人的精神世界，这一过程正如黑格尔所言：“美是理念的感性显现”。“和美”文化融入教育实践中，通过环境浸润、文化渗透与情感共振，构建了一个多维度的美育系统。在中华文明的漫长历史中，美育从来不是孤立的艺术教育，而是一种与生产实践、生活方式乃至宇宙观念密切相关的生命修炼。以五粮液为例，这一源自长江上游宜宾的传统白酒，不仅仅是一种物质饮品，更是一种汇聚自然智慧、劳动美学与跨模态认知的综合文化载体。它通过“土地—感官—认知”三位一体的美育路径，培养能够听懂自然语言、用双手与万物对话的新一代创造者。这种美育不是书本上空洞的概念，而是在真实的田野、酿造车间与感官训练场中具体发生的教育过程，其成果不仅体现在酒的品质上，更体现在人与自然关系的重建上。

首先，五粮液的美育始于自然感知力的培育，这是一种重建人与土地“神经连接”的能力。宜宾的地理位置极为特殊，位于金沙江、岷江、长江三江交汇处（图4-2），四季分明而湿润，海拔在260~300米，形成了独特的小气候。这里的早

图4-2 三江交汇处的宜宾

晨常常笼罩着轻雾，空气中弥漫着微甜的谷香，这种环境为高粱、大米、糯米、小麦、玉米五种原料提供了最适宜的生长条件。在五粮液的酿酒师中，年过花甲的老匠人李道强有一个习惯：每年九月，他都会徒步走遍合作农户的田地，不带任何检测仪器，仅凭双眼观察叶片色泽、凭手触判断籽粒硬度、凭鼻嗅识别谷物的成熟度。他说："粮食在手里是有脉搏的，熟了没熟，手心一贴就知道。"这种判断方式并非浪漫化的夸张，而是长年累月与土地、气候、植物打交道的结果。现代神经科学研究表明，人类的皮肤触感与大脑的情绪、记忆中枢相互连接，当酿酒师的手触碰到不同质感的籽粒时，会唤起与之相关的气味、味道、年份甚至当年的气候印象。这种多维度感知构成了人与自然间的"神经通路"，而五粮液的美育正是通过长期的田间参与、四季感知训练，让新一代学徒重建这种被机械化生产削弱的能力。值得注意的是，这种自然感知力并不仅服务于酒业，它还为学徒在艺术、设计、农业创新等领域提供了底层感知能力的滋养。

其次，五粮液的美育路径强调劳动美学，这是一种身体力行的感官生态哲学。与流水线工业不同，五粮液至今保留了大量必须由人工完成的工序。入窖发酵时，酿酒师会用木锨将蒸煮后的粮醅均匀摊入窖池，并用手掌贴近醅面判断温度，稍有偏差就可能导致微生物群落失衡。蒸馏环节更是考验感官整合力，师傅们在蒸汽弥漫中闻香辨质，凭经验判断何时"掐头去尾"，保留最优的酒心。这一切不仅仅是技术操作，更是一种与物、与自然共舞的艺术过程。法国哲学家亨利·柏格森（Henri Bergson）曾提出"生命直觉"的概念，强调身体在创造过程中的直觉性智慧。五粮液的劳动美学正体现了这一点——在劳动中，感官被充分调动，身体与自然节律合拍，劳动过程本身成为了一种美的体验。这种美育意义在于，它让年轻一代明白，创造力并不只存在于书桌与实验室中，劳动本身就是一种深度的感官艺术。

更为深刻的是，五粮液的美育还通过跨模态认知训练，重建人与自然的认知纽带。跨模态认知，指的是不同感官之间信息的互相转化与整合。在五粮液的传统技艺中，这种训练无处不在。例如，判断发酵进程时，师傅们会"看花"，即观察窖面微生物的花纹变化（视觉信号）；"闻香"，嗅出香型变化的细微层次（嗅觉信号）；"探温"，用手感知醅料温度的细微差别（触觉信号）；"听声"，在寂静中辨别发酵气泡的节奏（听觉信号）。每一种感官信息都不是孤立的，它们在酿酒师的脑海中交织成一幅动态的认知地图。例如，一位经验丰富的酿酒师闻到特定的酸香调，会立即在脑中浮现出发酵初期窖面乳白色细菌膜的图像，并推测出当前的温度与湿度条件。这种感官与认知的跨界整合，是对自然界微观变化的高度敏感反应。认知心理学的研究表明，跨模态整合能力不仅能提升人类对复杂系统的理解，还能增强创造力，因为它促使人打破单一感官与单一思维模式的限制，从多源信息中生成新概念。在工业社会中，这种能力日渐稀缺，而五粮液的美育恰恰在系统地保护和培育它。

五粮液的这种美育并非关起门来进行的内部修炼，而是有意扩展到更广阔的社会领域。近年来，五粮液在宜宾设立了“酿造体验馆”，向公众开放田间参观、制曲体验、蒸馏闻香等环节。一次北京来的中学生团队在体验结束后，老师发现孩子们在写生时颜色使用更为细腻，对阴影与光感的捕捉也更精准，原因就在于他们在曲房与蒸馏室中接受了高强度的感官刺激。此外，五粮液与四川美术学院合作开设的“感官与材料”课程，让学生在触摸不同谷物、聆听酒甑水汽声、闻嗅不同阶段的酒香中，训练跨模态认知。2019年，五粮液还在国际设计周中举办了“从土地到舌尖”的工作坊，邀请全球的调香师、厨师、设计师共同参与，讨论如何将多感官体验转化为产品与艺术的创意。这种跨界美育实践，不仅为五粮液自身塑造了深厚的文化资本，更为当代社会提供了重建人与自然关系的教育模型。

在全球化、城市化和数字化的浪潮中，人与土地的关系正在迅速疏离，感官体验被屏幕与虚拟影像替代，劳动被机械化与算法简化，认知逐渐丧失了与自然直接互动的能力。五粮液的美育路径为这种趋势提供了一种温润而深刻的回应。它不仅让人重新学会倾听风声、嗅闻泥土、感触温度，更让人明白创造力源自身体与自然的共振。这种美育的意义超越了酒业本身，它在培养一种全人教育——既有感官的敏锐，又有劳动的美感，还具备跨模态的认知能力。正如一位在五粮液学徒三年的年轻酿酒师所说：“我学到的不是怎么做酒，而是怎么用身体去认识世界。”这种认识方式，正是未来社会最稀缺的创造力源泉。

二、“通感教育”激活创造力

创造力的觉醒往往始于感官的解放，这一过程在“通感教育”实践中呈现出现象级的美学价值。五粮液酿造工艺本身就是一部流动的通感教科书。踏入五粮液酿造工艺的宇宙，你便展开了一部流动的感官教科书——它并非印于纸页，而是借由天地精粹与人的智慧，在时间与空间的流转中，用五种感官共同书写着不朽的篇章。视觉率先迎来一场盛宴：五色粮粒在阳光中铺陈开来，高粱如丹砂点染，糯米似凝脂堆雪，小麦流溢金黄，玉米如琥珀，大米若润玉。这色彩的盛宴，乃是自然与物候所谱写的初始乐章。蒸粮之时，巨大木甑如云山般蒸腾，热雾弥漫缭绕，升腾如天地初开时的气息。更奇妙的是，发酵窖池中，酒醅变幻莫测，色泽由浅转深，渐次沉入褐色底蕴；窖泥则黑得深邃，仿佛吸纳了漫长时光之精华，无声诉说着陈酿之深邃秘密。而听觉却在这看似寂静的酿造空间中，开启了一曲生命裂变的隐秘交响。曲房深处，微生物悄然滋生，如蚕食桑叶的沙沙声，细微却永不止息；酒醅内部发酵正酣，气泡破裂声如夜露般悄然滴落，不绝如缕。入窖后，这些声息愈发低沉，却依旧延续着生命的低语。最震撼心魄的当属蒸馏时分：滚烫酒液如奔涌激流，在冷凝管中冲撞回响，轰然作响，似金玉交鸣。这声音，是醇香被时光之泉提炼时的呐喊，是水火在古老智慧中激烈交融后所诞生的生命赞歌。然而最深刻的印记，却是由嗅觉刻写下的。蒸粮初始，空气中便弥漫着粮食熟透的醇厚甜香，暖意融融。入窖发酵之后，气味愈发复杂而神秘：窖池里，泥土的厚重芬芳与酒醅发酵的酸甜气息奇妙交织，升腾起一股难以言传的"窖香"。这窖香啊，非一朝一夕可成，它历经了无数轮次酒醅的浸染，日积月累，终成沉郁底蕴。蒸馏之际，新酒初成，喷薄而出，挟裹着浓烈而奔放的香气，直击感官。新酒气息炽烈，而陈年老酒则渐入佳境：经年累月，那些刺鼻的锋芒悄然隐退，化作一种圆融醇厚的"陈味"，深藏于岁月深处，只待有缘人前来开启。味觉是这场宏大酿造最终凝结的璀璨结晶。新酒初尝，舌尖上五味奔腾翻涌，如新生的锋芒毕露，带着原始生命力。这新生的酒液尚需经历漫长岁月的沉淀与勾调大师的妙手调和。勾调之时，老师傅们轻抿慢品，以舌尖为天平，以岁月为砝码，让不同年份、不同轮次、不同风格的原酒，在味蕾的精密舞台上交融、对话，最终臻至完美平衡——恰如五味在舌尖上演绎和谐共鸣的交响乐章。此时，那浓郁的"窖香"与醇厚的"陈味"早已深深融入酒体，随琼浆入口，化入喉间，演绎出层次丰富的味觉回响，余韵袅袅不绝。酿造中，触觉是匠人掌心里流淌的无声智慧。蒸煮后的粮粒饱满温热，需凭借指尖的敏锐感知其适度柔韧与水分含量；制曲时刻，手掌轻抚曲料，捻碎、感知、判断，细微温度变化亦在指间流转，关乎曲块内里微生物的生机是否蓬勃。最终封藏，当陶坛壁入手温润时，酒液在其中静静沉睡，岁月便以最温柔的方式与美酒对话交融。这双手啊，是经验与灵性的延伸，它们以最细微的触感度量着时间与物质的每一次微妙蜕变。

五粮液的酿造工艺（图4-3），是一部流动的通感教科书。它无需墨字，却以视觉的斑斓、听觉的私语、嗅觉的幽深、味觉的华章、触觉的细腻，在粮谷蜕变升华的漫长旅途中，将无形的发酵密码与时光魔法，转化为可感可触的生命体

图4-3　五粮液的酿造工艺

验。五感在此交汇融合，界限消融：你看见香气在氤氲中舞蹈，听见醇厚在坛中无声酝酿，指尖触碰着岁月流逝的痕迹，舌尖上绽放的不仅是味道，更是由时间、风土与人心共同谱写的天地回响。这部流动的教科书，由大地之粮初生，在匠人手中成长，于时光深处成熟。每一次举杯品酌，皆是对这部天人共酿、五感同参的无言巨著的深度阅读——那入喉的每一滴，正是生命在无尽转化中臻于至美境界的壮丽证词。

三、“诗性思维”对抗功利化教育

当工具理性将教育异化为“人力资本生产线”，“诗性思维”重构了教育的本体论价值。这种思维的本质，如海德格尔所言，是“向存在敞开的守护”。在乡村美育项目中，儿童用蜡笔描绘被污染的酿酒水源，这看似稚拙的画面实则是西奥多·阿多诺（Theodor Wiesengrund Adorno）“否定辩证法”的具象化——艺术表达成为对抗技术理性的“非同一性”力量。当城市学生在生态基地见证污水净化系统的诗意运转（微生物群落构成动态水墨画卷），他们亲历了赫伯特·马尔库塞（Herbert Marcuse）的“审美救赎”：技术不再是对自然的暴力征用，而是转化为生态诗学的创作媒介。这种教育实践颠覆了柏拉图“理念世界”的垂直结构，建构起德勒兹式的“块茎思维”——知识在具体情境中自由生长，如同酒醅中的菌群网络。

在某酒企的酒旅研学中，青少年需要花费整个秋季观察高粱的颜色渐变，这种“凝视教育”暗含现象学的悬置方法论——通过延缓判断、沉浸体验，消解对功利教育的效率崇拜。当学生亲手封存一坛新酒以待十年后启封时，他们实际上在进行柏格森“绵延”哲学的实践：在等待中领悟时间不是可分割的计量单位，而是生命创造的持续涌流。这种教育方式与道家“庖丁解牛”的技艺美学形成跨时空对话：真正的精通不在于快速达成目标，而在于在过程中实现“以神遇而不以目视”的物我交融。

最终，“诗性思维”指向人的完整性复归。于博鳌论坛发起的“零碳酒企”议题，将美育提升到生态公民培养的高度。当青少年计算酿酒碳足迹时，他们不仅在应用数学模型，更在实践利奥波德的“土地伦理”——将生态系统视为生命共同体而非资源仓库。这种教育模式实现了弗里德里希·席勒（Friedrich Schiller）《审美教育书简》的终极理想：通过审美活动调和感性冲动与形式冲动的对立，培育“游戏的人”。正如宜宾的老窖池中持续六百年的微生物演化，真正的教育应是生命诗学的缓慢发酵——在时间的长河中，让功利主义的硬壳逐渐软化，显露出人性本真的诗意光芒。

“和美”教育实践，是席勒“审美教育”的当代显形。生态基地的开放式课堂让《氾胜之书》的农谚在新时代美育中重生，通感训练中的味觉震颤重构了笛卡尔的身心二元论。这些探索暗合柏格森的“绵延”哲学——真正的成长不是线性积累，而是生命经验的持续涌流。正如陶坛陈酿让新酒焕发老熟风味，“和美”教育通过时间的美学沉淀，使青少年在等待与凝视中，领悟“天人合一”的终极智慧。“和美”教育哲学，犹如其独创的“包包曲”技艺，在传统基质中孕育出超越性的文明酵母。从生态美育的具身启蒙，到通感教育的神经革命，再到诗性思维的存在论转向，这些实践共同编织出一张“审美救赎”之网。这张网既接续了孔子“兴于诗”的教育传统，又回应着阿伦特“人的境况”的现代追问——在技术宰制的时代，唯有将教育重新锚定于美的维度，才能让心灵如陈年佳酿般，在时光沉淀中抵达醇和的完满。

第四节
企业发展呼唤和美环境

在全球化竞争与数字化浪潮的双重冲击下，中国企业正经历从“效率优先”到“价值重构”的深层转型。当“和美”理念渗入企业发展方略时，它不再是虚无的文化标签，而是演化为一种生存论意义上的存在方式——既是对工具理性的超越，也是对商业本质的诗意回归。这种回归，在实践层面重构了生产、消费与发展的三重维度，形成具有东方特质的商业文明新范式。

一、和美是隐性生产力、高维竞争力

在彼得·德鲁克（Peter Drucker）“知识经济”理论日渐式微的今天，“和美”展现出更本质的生产力属性：它通过对审美秩序的重构，将企业从“功能价值输出者”升维为“意义系统创造者”。波司登的“登峰系列”羽绒服设计，以珠峰雪线为灵感，将纳米级密针工艺与山水泼墨纹样结合，创造出兼具极寒防护功能与东方意境的产品。这种设计哲学印证了本雅明的“灵晕”理论——当技术精度与美学灵性共振，产品便不再只是保暖工具，而是成为消费者“对抗严寒的诗意宣言”。其天猫旗舰店预售首日破亿的战绩，实则是“美的溢价”对传统成本定价逻辑的颠覆。

方太集团的实践则揭示了另一种生产力转化路径。其“幸福厨房实验室”将油烟机噪声控制与古典乐律结合，通过算法将风机运转频率调谐至《广陵散》的音律节奏，使烹饪过程成为一场听觉美学体验。这种创新暗含福柯的“微观权力”解析——当技术参数被编码为审美符号时，消费者在无意识中接受了品牌的价值驯化。蔚来汽车的用户社区运营，则展现了“和美”对组织生产力的重构。其NIO House不仅提供车辆服务，更通过竹编艺术展、茶道沙龙等活动，构建起本雅明所述的“气息共同体”。当车主在“用户信托基金”中投票决定公益项目时，他们参与的不仅是商业决策，更是对“美美与共”价值观的集体践行。这种模式突破了罗纳德·哈里·科斯（Ronald H. Coase）的企业边界理论，证明当企业成为意义生产的“第三空间”时，其生产力便能跨越物理局限，在用户心智中无限增值。

二、和美是情绪价值的能量根源

当马斯洛（Abraham H. Maslow）需求金字塔在数字时代坍塌为“体验云层”，“和美”正在成为情绪价值生产的量子纠缠场。喜茶的“东方美学饮品”系列，将《千里江山图》的青绿山水融入杯体设计，配合“芝芝碎玉”等充满诗意的命名体系，使消费者在啜饮时完成对古典美学的瞬时占有。这种策略与鲍德里亚的“符号消费”理论形成对话——当青团奶茶的糯香与王希孟的笔墨在味觉与视觉间通感联动时，商品便转化为罗兰·巴特（Roland Barthes）所谓的“神话能指”，在解构与重构中持续释放情绪能量。

观夏的香氛品牌建设，则更深刻地演绎了情绪价值的生成机制。其“昆仑煮雪”系列以终南山隐士文化为灵感，通过松木调香与粗陶器皿的触觉记忆，在城市人群中唤醒对“山居美学”的集体乡愁。这种商业实践暗合荣格的“集体无意识”理论——当消费者点燃香烛时，跳动的火苗不仅是物理现象，更成为连接远古篝火仪式的精神甬道。数据显示，观夏70%的复购率并非源于产品功能，而是用户对“情绪疗愈场”的持续依赖，这印证了德勒兹的“欲望生产”学说：真正的消费是对意义空白的填补与再生产。在组织管理维度，安踏集团的“永不止步”文化重塑工程，将运动美学注入企业基因。其总部大楼的环形跑道贯穿办公区，员工会议可随时转为“行走头脑风暴”，这种空间设计实则是德勒兹“游牧思想”的物质化表达。当设计师在攀岩墙上构思新品时，身体的垂直运动与思维的水平发散形成拓扑学映射，这正是梅洛-庞蒂“身体现象学”的绝佳注脚——创造力从来不是大脑的独白，而是身体与空间共谋的诗学。

三、和美是高质量发展的增长驱动

在“增长的悖论”困扰全球商业的当下，“和美”为中国企业的高质量发展提供了本体论层面的解题思路。李宁的“国潮复兴”战略，将《山海经》神兽纹样解构为运动鞋印花，使产品成为移动的文化图腾。其“敦煌博物馆联名款”跑鞋，不仅采用藻井图案的渐变中底，更通过足弓支撑技术模拟莫高窟壁画的曲线韵律。这种“文化—科技—商业”的三角结构，完美诠释了阿弗烈·诺斯·怀特海（Alfred N. Whitehead）的“过程哲学”——高质量发展不是线性升级，而是在传统与现代的张力场中持续生成新的现实缘现（Actual Occasion）。

青岛啤酒的“百年工厂艺术计划”则展现了另一种可持续发展模式。其在登州路56号老厂区改造中，糖化车间变为光影艺术馆，发酵罐化身巨型装置雕塑，工业遗产的“废墟美学”与精酿文化碰撞出赛博格式的未来图景。这种实践与列斐伏尔（Henri Lefebvre）的“空间生产”理论共振——当生产空间被重新编码为文化空间，企业的历史负债便转化为美学资产。更值得关注的是其“废水养鱼”生态工程：啤酒酿造废水经处理后用于锦鲤养殖，既降低了环保成本，又构建起“工业—生态—艺术”的闭环叙事，这正是阿多诺“否定辩证法”的具象化——通过对工业异化的美学否定，抵达更高阶的和谐。商汤科技的AI伦理框架设计，则将“和美”理念推向哲学高度。其“AI水墨画生成系统”不仅学习历代大家笔法，更通过算法模拟“计白当黑”的东方美学思维。当人工智能在伦勃朗（Rembrandt）光效与米芾（Mi Fu）皴法间寻找平衡时，技术发展便不再是冰冷的算力竞赛，而成为连接东西方美学的跨文明对话。这种实践回应了海德格尔对技术的警告——当AI被赋予“美的尺度”，它便可能从“座架”的统治工具，转化为“诗意栖居”的共建者。

从波司登的雪山意象到观夏的终南禅意，从李宁的国潮图腾到商汤的AI水墨，中国企业的“和美”实践正在重写全球商业文明的底层代码。这些案例共同证明：当企业将“和”的共生哲学与“美”的创造本能深度融合时，便能突破增长焦虑的自我困境，在熵增的宇宙中开辟出负熵绿洲。“和美”的商业实践，是海德格尔“诗意栖居”的企业版诠释。正如窖池群以负熵绿洲对抗宇宙熵增，“和美”企业通过美学价值创造，在红海竞争中开辟出星辰大海。这种探索不仅是对《周易》“保和太和”的现代呼应，更是对马尔库塞“新感性革命”的先锋实践——在算法统治的时代，“和美”或许正是那把打开人类文明新纪元的密钥。

四、和美是文明和发展的诗性觉醒

“和美”思想的生成，本质上是人类与自然、文明与文明互动实践的产物。从黄河流域的粟作文明到长江流域的稻作文化，中华先民在“天人合一”的生态观指导下，发展出“顺天应时、取用有度”的耕作体系。例如，《孟子》中“不违农时，谷不可胜食”的训诫，不仅塑造了循环再生的农业伦理，更衍生出“和实生物”的系统思维——这种思维在当代体现为对生物多样性保护、碳中和目标的追求。“五味调和”的饮食哲学，则从微观味觉的平衡艺术升华为文明互鉴的隐喻：正如酸、甜、苦、辣、咸的差异成就美食之魂，不同文明的特质恰是人类精神家园丰盈的根基。这种从具体实践中抽象出的“和合”智慧，在当今气候变化谈判、跨境水资源争端等议题中，为破解“零和博弈”困境提供了“多元共存而非单一主宰”的方法论。

面对逆全球化浪潮与文明冲突论的重现，“和美”思想展现出独特的调适能力。历史上的丝绸之路曾以“驼铃相闻、舟楫相望”的方式，将佛教艺术与希腊雕塑交融于敦煌壁画，让波斯乐舞与中原礼乐共鸣于长安宫廷。这种“各美其美、美美与共”的交往范式，在当代演化出新的实践形态：中国在非洲的“万村通”项目，通过卫星电视连接1万个偏远村落，既非文化输出亦非技术殖民，而是以“需求响应”模式让马赛牧民能收看畜牧技术课程，贝宁村民可欣赏本土歌舞节目。这种“和而不同”的技术人文主义，恰是对“数字霸权”的消解。当某些国家以“价值观联盟”划分世界时，“和美”理念推动的亚投行、金砖国家新开发银行等机制，则通过基础设施互联互通，将基督教文明的契约精神、伊斯兰文明的信托原则、儒家文明的义利观熔铸为新的全球治理语言。从“一带一路”倡议下的中老铁路经济走廊，到中非“万村通”数字普惠项目，再到金砖国家新开发银行的绿色金融机制，中国始终以“和而不同”的智慧重构国际合作范式：老挝通过铁路联通从“陆锁国”变为“陆联国”，催生“香蕉48小时鲜度革命”，带动农产品出口增长42%；非洲25个产业园区以“1+*N*”模式实现技术转移与就业协同，使50万当地民众摆脱贫困陷阱；敦煌光伏碳汇与云南森林碳汇纳入温室气体自愿减排交易体系，为全球碳定价提供了“自然解决方案”的东方样本。这些实践表明，“和美”绝非抽象理念，而是在破解发展失衡、生态危机、数字鸿沟等具体问题中淬炼出的行动哲学。

在安全领域，“和美”思想为化解冲突提供了超越二元对立的路径。郑和船队七下西洋携带的不是火器而是丝绸瓷器，以“共享”而非“占有”的方式缔结海上文明网络。

当前，人类命运共同体建设亟须打破“中心—边缘”的现代性桎梏，而“和美”思想为文明平等对话提供了价值锚点。当西方现代性将“进步”等同于对自然的征服、“发展”简化为GDP增速时，云南哈尼梯田的“森林—村寨—梯田—水系”四素同构系统，展现了另一种发展范式：哈尼人用1300年时间雕刻10万亩梯田，使海拔2000米的山地创造出比平原更高的生物多样性指数。这种“顺势而为”的生存智慧，与亚马孙原住民的“Buen Vivir”（美好生活）理念、北欧的“Lagom”（适度生活）哲学形成跨文明共鸣，共同构成了对工业文明过度扩张的修正力量。在联合国《生物多样性公约》第十五次缔约方大会上，中国提出的“生态保护红线”制度被纳入“昆明-蒙特利尔全球生物多样性框架”，正是“和美”生态观全球化的标志性成果。通过共建“一带一路”、全球发展倡议等实践，在现有秩序中培育出更具包容性的新质文明形态。在这个意义上，“和美”既是方法论，更是本体论——它揭示了一个真理：人类文明的存续不在于消除差异，而在于学会在差异中共生。

参考文献

[1] 李后强.五粮液的协同效应与养生作用[J].当代县域经济,2021(4):12-19.

[2] 杜威.艺术即经验[M].高建平,译.北京:商务印书馆,2010.

[3] 马克思,恩格斯.德意志意识形态（节选本）[M].中共中央马克思恩格斯列宁斯大林著作编译局,编译.北京:人民出版社,2003.

[4] 赫伯特·马尔库塞.单向度的人:发达工业社会意识形态研究[M].刘继,译.上海:上海译文出版社, 2006.

[5] 让·鲍德里亚.消费社会[M].刘成富,全志钢,译,南京:南京大学出版社,2001.

[6] 黑格尔.美学：第一卷[M].朱光潜,译.北京:商务印书馆,1995.

三 生 万 物

五 生 和 美

第五章 『五』的和美源流

“五”是十进制的中间数，也是数论中的孪生数，更是美学中的高光数。凡是与“五”有关的事，大多是吉利事，如“五子登科”“五福临门”“五谷丰登”等。“五”作为人类文明中具有特殊象征意义的数字，既是中国传统哲学的核心结构，如五行、五方、五色等，也是现代科学中常见的分类指标，如五感、五态、五维等，具有不可争辩的“和美”价值。五边形内藏黄金分割率，是“和美”的生动案例。“五”这一独特数字，不仅在东方文明中占有重要的位置，在世界其他地区，同样有着神秘的精神内涵。

“五”是中国哲学的核心密码，其哲学根基是“五行”，指木、火、土、金、水五类元素及其相生相克的变化规律。五行思想历史悠久，深刻融入中国的生活、语言和文化中，如“五福临门”“五谷丰登”等，洋溢着和谐之美。

“五”作为数字极具象征意义。它是十进制的中间数，体现中庸之道与平衡之美（如“四舍五入”）。在自然界，基本二元（0与1）与0.5（“黎曼猜想”中的和谐点）是其核心体现。它既是传统哲学的核心结构（五行、五方、五色），也是现代科学的重要维度（五感、五态）。

前沿科学也体现“五”的和美价值。五边形蕴含黄金分割；神经科学证明“五觉”（不是佛家五觉）协同显著提升审美愉悦度，与《礼记》美学原则（主要指“和美”）互证；物理学揭示，故宫通过五方、五重檐、五色等设计，在三维空间嵌入文化维度，其声学效果（如形成黄金分割驻波）契合彭罗斯五维模型，验证“五方和合”的智慧。“五”具有无可争辩的“和美”价值。

第一节
考古发现的“五”

随着20世纪早期安阳殷墟遗址的现代考古发掘，以及国学大师王国维提出学术研究双重证据法（即传世文献与出土文物相结合），古代传说有些被证伪，但更多的却得到证实，特别是20世纪80年代以后，中国的考古事业突飞猛进，内容丰富的出土文物，在很大程度上使得学术界告别了“疑古时代”。中外考古界都发现与数字“五”有关的材料。

一、中国发现的“五”

半坡遗址位于陕西省西安市灞桥区半坡村，是中国黄河流域新石器时代仰韶文化的村落遗址典型代表，至今已有六七千年的历史。半坡遗址于1954年春被发现，发掘面积达10000平方米。半坡遗址出土的文物中，有一个类似于メ字的符号，与甲骨文五字很相似，被认为是汉字五的雏形。许慎《说文解字》对五字的解释是:“五, 五行也。从二，阴阳在天地间交午也。”将五字上升到了很高的哲学层面，认为是天地（乾坤）的中介。

二里头遗址位于河南省西部洛河下游偃师区二里头村周围，面积约3平方千米，是迄今为止考古发现的公元前18-公元前16世纪东亚最大聚落。二里头遗址发现的一些刻画符号，可能与早期文字有关（图5-1）。袁广阔认为:“从文字创制之法来看，中国早期文字是以象形为基础的，商代后期大部分象形文字都经过不断简化与提升，成为突出部分特征的文字。但少量象形文字的图画特征仍可在早期青铜器、陶器、玉器形象中找到原型。

第二种类型则出现在良渚、崧泽、吴城等遗址中，与甲骨文及其后的成熟汉字已经相同，就是在メ的上下加两横划。对于汉字五的源流演变，邹晓丽认为:“古人结绳记事，从一至九而五居其中，所以把绳交叉为五。于省吾:‘积至四画，已觉甚繁，势不能不化简，于是五作メ，山东城子崖发现之黑陶属夏代末期，五作メ。甲骨文作𠄡，メ为偶见……所以加上下横，以易与メ（爻）混也。’

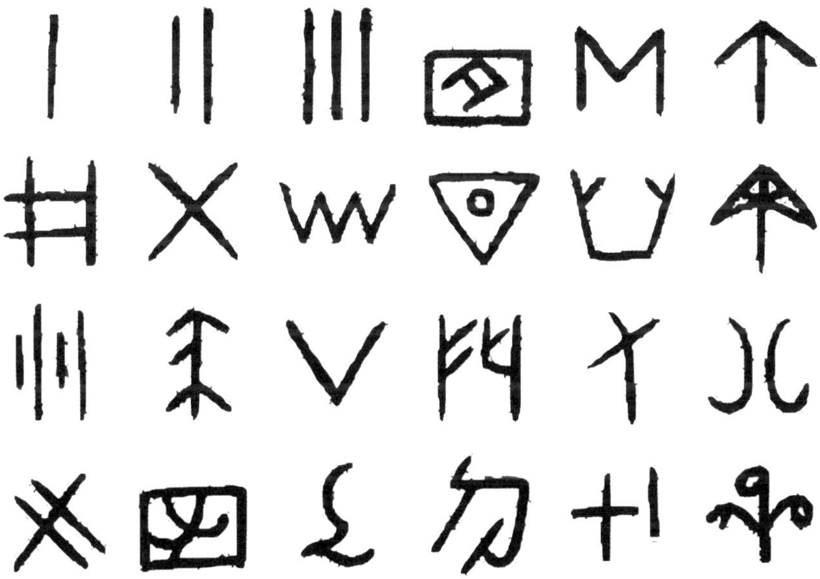

图5-1 二里头遗址发现的二十四种陶纹符号, 第二行第二个字符就是五

总之，五是一至九中处于中枢地位的数字。”包括《说文解字》在内的我国传世文献在关于汉字起源上，都认为是仓颉造字，虽然带有神话色彩，但也不尽然都无根据。随着考古事业的进一步深入，汉字的起源与演变路径将更加清晰。

良渚文化作为中国史前文明的巅峰之一，矗立在我国东南部，为中国史前文明的重要摇篮。良渚遗址反山12号墓出土了一件玉琮，重达3.5千克，刻有精致的兽面纹，被誉为琮王。“五”的世界观也体现在良渚玉琮当中。首先，良渚玉琮的形制常以“五”为基数，如五节玉琮。其次，琮体内圆外方，象征着史前已经产生天圆地方的宇宙观。内空的圆柱，和外面的四角（也可以说四边），与“五”字呼应，是中国古代实践哲学中“五方”的写照。

台北故宫博物院所藏齐家文化玉琮可谓典范，其大致形状为外方内圆的方柱体，中空贯通，器身分节较少（齐家文化玉琮多为1~2节，区别于良渚文化多节高琮），材质为甘肃本地玉料，色泽青绿或黄褐，质地温润。与良渚文化玉琮一样，中空圆柱与琮体四角（或四边）蕴含着五方观念。此件齐家文化玉琮的级别很高，应该是祭祀礼器，玉琮的持有者可能是部落首领或祭司，体现神权与世俗权力的结合。

二、世界其他地区考古中的“五”

大概了解一下全世界的考古研究，我们不难发现，与数字五有关的出土实物、建筑、理念等，除了大量存在于我国外，世界其他国家和地区也有很多类似案例。

（一）南亚考古中的“五”字

南亚地区（主要包括印度、巴基斯坦、孟加拉国）集中了著名的三大河流：印度河、恒河、雅鲁藏布江，是人类四大文明的发祥地之一，有着久远灿烂的历史，创造了令人惊叹的物质文化和精神文明。“五”的身影在南亚考古中也多处可见。

1.哈拉帕文明（印度河流域文明）的符号与五进制

五进制计数：印度河流域出土的印章和陶器上发现了一些刻划符号，部分学者推测可能包含早期的计数系统，当时使用的是五进制计数系统。

2.钱币与数字五

贵霜帝国（1~3世纪）部分钱币背面铸有希腊数字“Π”（代表5），可能与面额或纪念性事件相关。南印度朱罗王朝的某些铜币上有五芒星或五点标记。

（二）欧亚草原与数字“五”

1.斯基泰文化与五的象征意义

五件套武器组合：斯基泰战士的随葬品中有时出现武器组合（如弓、箭、矛、剑、斧），可能与“五”的象征性有关，反映草原民族的战斗信仰或宇宙观。动物纹饰中的五数：部分金饰或青铜器上刻有五只动物（如鹿、鹰）的重复图案，可能代表部落联盟或方位象征（四方加中心）。

2.匈奴五边形器物

蒙古高原出土的匈奴铜牌饰或骨器上有五边形几何纹，可能隐含数字意义。

3.中亚萨满教与五方位符号

石堆与五方位：草原萨满教的祭祀石堆常以中心点加四方排列，象征宇宙的五个方向（东、南、西、北、中）。岩画中的五角符号：阿尔泰或哈萨克斯坦岩画中偶见五角星或五瓣花图案，可能与天文相关。

4.南西伯利亚塔加尔文化的五辐铜镜

部分青铜时代晚期遗址出土的铜镜背面有五辐放射状纹饰，可能与太阳崇拜或历法相关。

（三）欧洲考古与“五”

1.欧洲新石器时代的计数棒

在一些史前遗址（如中欧的线性陶文化，约公元前5500年至公元前4500年）中，出土的刻痕骨棒或石块上偶尔会出现以五为单位的刻痕，可能代表早期五进制的计数方式。

2.古希腊陶器与凯尔特艺术

古希腊陶器（如公元前5世纪的黑绘陶）上可见五角星装饰。凯尔特艺术中偶尔出现五瓣花或五重对称的金属制品（凯尔特、爱尔兰），可能与自然崇拜或历法相关。

3.五边形结构的堡垒

文艺复兴后欧洲出现五边形棱堡（如意大利的帕尔马诺瓦城），但属于晚期军事建筑。不过，意大利的某些埃特鲁里亚墓葬却是五边形石室。

4.罗马军队的“五军团”符号

罗马帝国时期，部分军团徽章或纪念碑上会以“V”（罗马数字5）标注编号，如“第五马其顿军团”。罗马数字“V”本身可能源自手掌的五指象征。

（四）地中海文明与“五”

1.古埃及人使用五字

古埃及人使用的“五”字，意为“宇宙”，表示宇宙中的次序，即春、夏、秋、冬、中，日夜交替运行的永恒规律。“五”字是天王星的化身，“五”字象征着公平与正义。因此“五”字又被誉为真理之数。

2.米诺斯文明（克里特岛）的“五瓣花”符号

在克里特岛的克诺索斯宫殿遗址中，部分壁画和陶器装饰中出现了五瓣花朵或五角星图案。这些图案可能与自然崇拜或天文符号有关。

3.古希腊的“五进制”与货币

古希腊部分城邦的货币系统以“五”为基数（如5德拉克马）。考古出土的货币中可见面额与“五”相关的设计。

4.腓尼基/迦太基的五边形符号

在北非迦太基遗址（腓尼基殖民地）的墓葬中，曾发现五边形陶片或护身符，可能与神秘数字或护身符号有关。

（五）美洲考古发现中的“五”

1.玛雅文明与五

玛雅文明虽然采用二十进制计数系统，但数字“5”是其重要组成部分，玛雅人用横杠表示“5”，圆点表示“1”（如“•••••”=5）。这种符号在石碑、壁画和抄本中广泛出现。

2.玛雅人也有五方观念

他们认为宇宙由五个方向构成——东、西、南、北和中心（代表世界树），这一观念体现在墨西哥的废弃建筑布局中。此外，科潘遗址的祭坛和石碑常以五点为象征。奇琴伊察的“五层金字塔”（如卡斯蒂略金字塔），阶梯总数与历法相关（4面×91级+顶层=365级），但分层结构可能隐含五方概念。

处于南美洲的印加人，在建筑和城市规划上也使用“五”的概念。例如马丘比丘的某些建筑群和梯田设计隐含几何对称性，部分学者发现其布局可能暗合五边形或五部分的分区（如神圣区、农业区等）。在库斯科古城，印加人将城市划分为四个区域（对应四方），而中心广场作为第五个“中心点”，形成“四方加中心”的宇宙模型。

3.玛雅出土文物体现的“五”

五瓣花纹：陶器和壁画中常见五瓣花朵或五角星图案，象征生命与神圣秩序。五神组合：帕伦克的浮雕中，有五位神祇共同出现的场景，可能代表宇宙五方。玉石饰品：部分贵族墓葬出土的玉石项链或耳饰由五颗珠子串联，象征权力。

4.印加考古发现与“五元素”

印加宗教中常见的五元素概念（如大地、水、火、风、以太）可能通过祭祀器物表现，例如五孔陶器，部分印加陶器的颈部或底部有五个对称孔洞，可能象征元素或祭祀用途。此外，还出土有五角星符号，少数纺织品或石刻中出现的星形图案（如查文文化）可能与五相关。

第二节 中国的五行学说

“五行学”认为，事物与事物之间存在着一种联系，存在着相生相克的规律。相生，含有互相滋生、促进和助长的意思；相克，含有互相制约、克制和抑制的意思。相生相克，像阴阳一样，是事物不可分割的两个方面。没有生，就没有事物的发生和成长；没有克，就不能维持事物的发展和变化中的平衡与协调。没有相生就没有相克，没有相克就没有相生，这种生中有克，克中有生，相辅相成，互相为用的关系推动和维持事物的正常生长、发展和变化。本质上，是事物之间的竞争与合作，这是事物发展变化的根源，萌发了进化论与协同论的思想，也是唯物辩证法的精髓。

一、五行哲学的起源

五行的概念在先秦时代应该已经形成，但到东汉初班固等撰《汉书》时才第一次将其上升到国家层面，与礼仪、郊祀、天官、刑法、律历、地理、艺文等并列。许慎在《说文解字序》中阐述了易的“起源”，说：“古者庖羲氏之王天下也，仰则观象于天，俯则观法于地，视鸟兽之文与地之宜，近取诸身，远取诸物，于是始作《易》八卦，以垂宪象。”五行学说的最初起源，也离不开“俯察仰观”以及“近取诸身，远取诸物”的范畴，包括天文（历法）说、政治说、经济（日用）说等。

其实，我们认为，五行在上古时代已经蕴含了朴素的宇宙观，这主要体现在“五”的造字原则上。许慎指出:“五, 五行也。从二，阴阳在天地间交午也。”邹晓丽认为:“许慎说‘五’指金木水火土这‘五行’（顺天行气之义）。‘交午’，《仪礼 · 大射礼》在谈到射者所踏之‘十’字时说：‘若丹若墨。度尺而午。’郑注：‘一纵一横曰午，谓之画物也。’许慎认为‘五’，从二（指天、地），而阴阳在天地之间交叉（乄即交午）。这就是他对五字形结构含义的分析。”他非常正确地指出了上古汉字“五”蕴含的抽象宇宙观。

五行哲学是中国古代对世界复杂性的朴素系统论，兼具哲学思辨和实践指导价值。五，就是天地之交，就是宇宙之魂，就是美学结构，就是和谐稳定，就是生命活力，就是信仰追求。

二、五行哲学的主要内容和本质

五行哲学作为中国古代哲学的重要组成部分，其形成与发展经历了漫长的历史过程，深深植根于中华民族的文化土壤之中。从汉代开始，一直到明清以降，五行学说接纳融合了很多学说，在董仲舒、周敦颐、朱熹、王阳明、王夫之、戴震等学者的推动下，一直在发展和丰富。

（一）五行的基本概念与特性

五行学说、相生相克，就是相互联系、相互制约和协同耦合。

五行学说以木、火、土、金、水五种物质元素作为构成宇宙万物的基本要素，但这五种元素并非指具体的物质实体，而是对自然界五种基本动态和功能的抽象概括。五行中的每种元素都具有独特的性质和象征意义。

木行代表生长、升发、条达的特性。在四时运行上，对应春天，象征万物复苏、生机勃勃；在方位上对应东方；在气候上主风；在颜色上为青；在味道上为酸；在情志上为怒；其性直，其情和。

火行象征炎热、向上、明亮的特性。对应夏季，方位为南方，在气候上主暑，在颜色上为赤，在味道上为苦，在情志上为喜；其性急，其情恭。

土行代表生化、承载、受纳的特性。对应长夏季节，方位居中，在气候上主湿，在颜色上为黄，在味道上为甘等。

金行具有清洁、肃降、收敛的特性。对应秋季，方位为西方，在气候上主燥，在颜色上为白，在味道上为辛等。

水行象征寒凉、滋润、向下的特性。对应冬季，方位为北方，在气候上主寒，在颜色上为黑，在味道上为咸等。

（二）五行之间的基本关系

五行学说最核心的内容是阐述五行之间复杂的相互作用关系，主要包括相生、相克、相乘、相侮、制化等关系，这些关系构成了一个动态平衡的系统模型。

相生关系是指五行之间相互滋生、促进的关系，形成“木生火，火生土，土生金，金生水，水生木”的循环链条。具体而言：木燃烧生火；火燃尽后化为灰土；土中蕴藏金属；金属制品可以挖井取水；水滋养树木生长。这种相生关系体现了自然界生生不息的循环过程。

相克关系是指五行之间相互制约、克制的关系，形成“木克土，土克水，水克火，火克金，金克木”的循环。具体表现为：树木根系能疏松土壤；土能筑堤挡水；水能浇灭火焰；火能熔化金属；金属工具能砍伐树木。相克关系维持了系统的平衡，防止某一元素过度发展。

相乘关系是指五行相克过度，超出正常制约范围，属于异常的病理性克制。“乘”相当于现代常用的“霸凌”，当某一行过于强盛，或所克的一行过于虚弱时，就会产生相乘现象。如木气过盛或土气过虚时，会出现“木乘土”的异常情况，导致系统失衡。

相侮关系又称“反克”，是指五行之间反向克制的关系，即被克者反过来克制施克者。当某一行特别强盛，或克它的另一行特别虚弱时，就会出现这种反常现象。如正常情况下水克火，但当火势极旺而水量极少时，火反而能把水烧干，形成“火侮水”的局面。

制化关系是五行系统中生克关系的综合体现，指通过相生相克的相互作用达到动态平衡的调节机制。制即制约，化即生化，五行之间只有生中有克，克中有生，相辅相成，才能维持事物的正常发展变化。如木能克土，但火能生土以缓解木之克；金能克木，但水能生木以缓解金之克，形成自我调节的循环系统。

（三）五行与五粮的关系

在中国传统思想体系中，“五行”犹如脊髓和胸腺，为各种理论和实践的分类提供“干细胞”，以其为核心，形成了众多以“五”为序列的术语，包括五方（空间哲学与政治哲学）、五帝（上古君主，是善政的象征）、五常（仁、礼、信、义、智，传统伦理的最高标准）、五星（金星、木星、水星、火星、土星）、五祀（户、灶、中霤、门、行，有异说）、五礼（吉、凶、军、宾、嘉）、五经（易、尚书、诗、礼、春秋）、五伦、五亲、五族、五福等，音乐上则有五音（宫、商、角、徵、羽），美术上有五色（青、赤、黄、白、黑，老子说：五色使人目盲）等。

在中国传统酿酒文化中，“五粮”通常指的是高粱、大米、糯米、小麦、玉米这五种粮食作物，深受五行哲学的影响。其实，古代更多使用“五穀”这一术语，穀是形声字，从“禾”得义，而谷则是山谷的意思，至于五谷的内容，也有两说：一是稻、黍（黍米）、粟（小米）、麦、菽（大豆）；二是麻、黍、稷、麦、菽。

高粱对应木：高粱作为一种耐旱作物，它的生长过程充满了生命力，符合“木”的特征——生机勃勃，向上生长。

大米对应土：大米作为主食之一，对于人类来说是最基础的食物来源之一，正如“土”所代表的那样，承载并养育了无数的生命。

糯米对应水：糯米因其黏性较强，常用于制作各种黏性食品，在酿造过程中起到调和其他原料的作用，类似于“水”的滋润万物的功能。

小麦对应火：小麦磨成面粉后可用于发酵制曲，这一过程涉及温度的变化，类似于“火”的转化能力。

玉米对应金：玉米籽粒饱满坚硬，经过加工处理后可成为优质的酿酒原料，如同“金”的纯净与坚韧。

五粮液强调“和而不同”“中庸之道”，与五行哲学中的和谐、平衡思想相契合。五粮液不仅是一种饮品，更是一种文化的载体，它传递了中国人对于和谐、平衡生活的追求和向往。

“五粮学”与“五行学”是相通的、相互联系的，有对应和对偶关系，与尼尔斯·波尔（Niels Bohr）的“对应原理”和恩斯特·马赫（Ernst Mach）的“可观察性原则”有某种联系。相生相克构成高级的超循环，可以产生原来没有的新物质甚至新“物种”，具有益生养生效应。

三、天地交汇的“五”

汉字“五”非常直观而抽象地表现了中国古典哲学宇宙观讲究天人关系的特

征，也是一种生命哲学、生存哲学，即天人合一、天人感应、天人共存。“五”正是天与地相交的中介和通道，更多对应着人，天、地、人一起，构成三才。“五”是尊贵之位，在六爻卦中，第五爻（上卦的中位）被称为“君位”或“天子位”，象征至高权威、中庸之道和成功阶段。除了上述乾卦九五，坤卦六五：“黄裳，元吉。”象征柔顺守中而得尊位。同时，五爻居上卦之中，符合“中庸”理念，强调平衡与调和。土德居中：数字“五”对应五行中的“土”，象征包容、稳定与化育万物。还有部分卦的第五爻直接决定全卦吉凶，如泰卦六五：“帝乙归妹，以祉元吉。”联姻求和，以柔德获福。否卦九五：“休否，大人吉。”否极泰来，因居尊位而转危为安。

因此，由于五爻多象征事业巅峰、政治权威或道德圆满，从而“五”成了人际关系、天人关系的调和枢纽：作为中位，“五”协调上下爻关系，平衡阴阳力量。五行可以成为古代中国的一种宇宙模型，通过五行、五方等构建古人对自然与社会秩序的认知框架。

（一）天人感应是“五”的上下极

天人感应学说是中国古代哲学和宇宙观中的重要理论，主要探讨天（自然或宇宙）与人（人类社会或个体）之间的相互影响关系。天人感应的核心命题包括：第一，“天人类比”，认为天与人在结构、运行规律上同构（如“天人相副”，人体对应日月四季）。相互感应：人的行为（尤其是君主）会引发天的反应（祥瑞或灾异），反之天象变化也会预示人事吉凶。第二，道德约束，基于天人同构，灾异是“天谴”，祥瑞是“天赏”，君主需修德以应天。第三，具体表现，当自然异象（日食、地震、洪水）出现时，被视为政治失当的警告，于是君主通过祭祀、改元、大赦等方式回应天意。

天人感应学说与五行学说都有着久远的生命根源，特别是商周时期的“天命观”，甲骨文的内容已经反映出“天意”与人事关联的思想。后来，到了春秋战国时期，这一学说得到先秦诸子发展，比如孔子提出“畏天命”（《论语·季氏》），但未系统阐述；孟子强调“天人合一”，认为人性与天道相通。作为阴阳家的邹衍，提出“五德终始说”，用五行相克解释王朝更替，为天人感应提供理论框架，成为后世公共政治生活的重要内容，其余波一直影响到近代。道家以《老子》为典型代表，其著名的格言“人法地，地法天，天法道，道法自然”，体现了自然与人的统一性。

（二）对偶性：五行思想的当代价值

对偶性源自数学的定理，但几乎在任何领域，都能找到类似对偶定理的影子。五行是万物运动演化的过程，对偶是万物的排列规则。

对偶命题是指在射影平面或射影空间中，由点、直线、平面及其相互结合与顺序关系所组成的命题。对偶原理是指一个射影平面或射影空间中由点、直线、平面及其相互结合与顺序关系所组成的命题与它的对偶命题具有同样的真假性。对偶原理包含的思想，除了数学，几乎在任何领域都能找到类似的影子。

五行的相生相克原理，本质上是一种对偶性，与射影几何中的对偶性一样，表述的是一种数学上的变换规则，五行阴阳学说之中，对偶性可谓无处不在。

五行的元素有对偶性：五行本就是从阴阳中演化而来。五行实际上是哲学体系上的五行，是对万事万物科学的定义，水金火木土并不直接指代某五种物质，也不是简单地对世界的表象进行定义，而是对万事万物基本属性的划分。五行的意义包含着阴阳演变过程的五种基本动态。中国古代哲学家用五行理论来说明世界万物的形成及其相互关系。

五行本身存在对偶关系：阴阳是对立的。“阳类”具有刚健、向上、生发、展示、外向、伸展、明朗、积极、好动等特性；“阴类”具有柔弱、向下、收敛、隐蔽、内向、收缩、储蓄、消极、安静等特征。任何一个具体的事物都具有阴阳的两重性，即阴中有阳，阳中有阴。阴阳类似于射影几何中的对偶元素：点、线，点的运动形成线，线的压缩形成点，两点共线、两线共点，阴阴为阳、阳阳为阴。

五行的关系也体现了对偶原理：五行关系最重要的就是相生相克（图5-2）。董仲舒《春秋繁露 · 五行之义》说：“木，五行之始也；水，五行之终也；土，五行之中也。此其天次之序也。木生火，火生土，土生金，金生水，水生木，此其父子也。”五行的循环往复，由木（少阳）渐至于水（太阴）是自然之理；其对偶原理则由水（太阴）渐至于木（少阳），也是自然演化之道。五行相生的对偶原理就是五行相克，隋代肖吉的《五行大义 · 论相克》说：“克者，制罚为义，以其力强能制弱，故木克土，土克水，水克火，火克金，金克木。”五行相克也是自然之理。

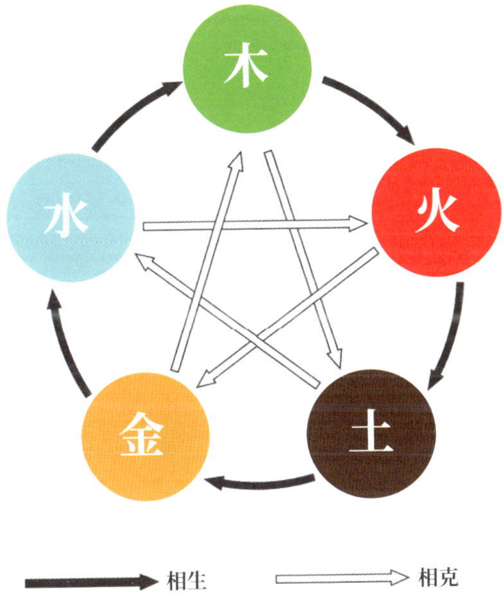

图5-2 五行相生相克图

当代学者也尝试用系统论、复杂性科学等现代框架重新诠释五行学说。例如系统思维，五行相生相克的关系被类比为动态平衡系统，与生态学中的反馈机制或控制论中的调节模型相呼应。在科学哲学方面，部分学者如李约瑟，认为五行是一种“关联性思维”，不同于西方因果逻辑，但可能更适应复杂系统。在新兴的生态与环境伦理方面，五行学说的“整体关联”思想被用于批判机械自然观，生态哲学家提出“五行生态学”，强调人与自然元素的动态平衡。另外，在气候变化的讨论中，五行的“循环相克”被引申为对资源过度开发的警示。后现代思想家如朱利安，认为五行代表了一种“非二元对立”的思维模式，可补充西方理性主义的局限，五行既有“相生”的循环性，也隐含平等互惠的伦理观。

在一些非常实用的领域，五行学说也得到了扩展。例如管理学，五行生克被用于组织动态平衡分析，如企业部门间的协作与制衡。心理学上，荣格学派将五行视为原型符号，用于心理类型分析。总之，五行学说在当代的价值不仅在于其传统解释力，更在于它作为一种思维工具，激发了跨学科对话。其强调关联性、动态平衡的核心思想，为应对现代性危机（如生态破坏、系统复杂性）提供了另类视角。

五粮液文化的根基源于道学，哲学支撑是阴阳五行，发展中吸纳了儒家思想，因此是典型的具有中国特色的优秀传统文化。五粮液文化是道学思想的映射，是道家养生实践的产物，是道行天下的载体，是道法自然的展现。因此，五粮液文化是信仰文化、大众文化、创新文化，充分体现了中华优秀传统文化的核心要义和国际生态文明发展的内在要求。五粮液文化之道是指五粮液发展的规律、呈现的特点及演进的方式。

第三节
世界“五”文化

无论是史前时代的“五”，还是五行哲学，尽管五的内涵与演化路径很不一样，但都在当代背景下，出现了新的因素，使得“五”字文化生生不息。

一、中国民间“五文化”

“五”是一个奇特的神秘数，是生物基因DNA的密码外显，是人体系统的和谐象征，是美感原生的耦合机制。人们看到“五”字就有亲切感、安全感、幸福感，仿佛回到了母亲的怀抱和生命的原乡，因为人都与“五”有关，比如五支、五官、五脏、五指等。“五”是人的生命之数、健康之数、快乐之数、成长之数、成功之数。

而且，以五行学说为代表的中国“五”字文化，早已从高高的庙堂之上融入民间充满烟火气的生产生活中，衍生出充满浓郁地域色彩的文化现象。五字在数学上具有完满性，处于1~9的中位，在“三才”（天、地、人）基础上增加“阴阳”媒介（如五行），形成稳定的动态平衡模型。中国传统的思维模式是将系统思维具象化，通过“五”将抽象哲学转化为生活指南。例如在农事上讲五谷丰登和五畜兴旺。五谷丰登，传统的五谷是指稻、黍、稷、麦、菽（或麻），现在通常也称为五粮，这句吉祥语，蕴含着我国传统文化中，人民对风调雨顺、丰衣足食的终极追求，常见于年画与祭祀仪式。五畜兴旺则寓意牛、羊、猪、犬、鸡（或马）的健康繁衍，代表农耕社会的核心生产资料，兴旺预示着经济富足。

在治家上讲五子登科（图5-3），是来源于宋朝窦禹钧教子的典故，契合了传统的学而优则仕的社会规则。“五世同堂”是人生的最高境界。

图5-3 明代五子登科铜镜，藏于辽宁省博物馆

在生存伦理上讲五福临门。五福的典故来自《尚书·洪范》，一般指寿、富、康宁、攸好德、考终命（长寿、富贵、健康平安、美德善行、善终），是对“积善之家必有馀庆”的寄托。其他诸多领域也有“五”的民间化表达，比如春节贴“五福”剪纸，端午佩五毒香囊等；成语“五光十色”“五彩斑斓”“五体投地”等，则作为文化基因渗透入语言中。

二、五粮液的“五”文化

从《说文解字》看“五粮液”三字本义。五字，最早见于甲骨文，其本义为金、木、水、火、土等宇宙的构成要素，代表天地间万物构成元素的极限数。学术界主流观点是，“五”是特殊指事字，“五”的甲骨文字形用一个叉号寓意天、地万物的交汇，以表示大于“四”的正整数。有的甲骨文在字形“㐅”（万物交汇）基础上加“二”（天地之间），表示天地间交汇的万物。《说文解字》：“五，五行也。从二，阴阳在天地间交午也。”五，就是天地之交。粮，繁体为糧，穀也，从米，量声，可吃的谷类、豆类等，也表示古代薪饷，朝廷量绩配发给官吏的谷物，即，糧者，廪禄之谷，从量，以酌量功事赋给。液，汁，流体，从水，夜声，人体内的主要成分，人有精气津液（《素问 · 调经论》）。

具有四千多年酿酒历史的宜宾，五粮液自然生态、明代古窖、五粮配方、酿造工艺、中庸品质、“十里酒城”、道学思想、和美机制，构成五粮液的文化优势。五粮液以其“各味谐调，恰到好处”的品质与中庸文化融合为一体。“五”就是量度，就是适度，就是厚度，就是高度，就是力度。

五粮液商标（图5-4），把蒸馏场面抽象化，蒸汽袅袅，汇聚于天穹。五粮液LOGO官方释义以中国红为主色调，代表吉祥如意、红红火火。五条升起并汇聚的线条，代表五种粮食升华成为五粮玉液，寓意五粮液蒸蒸日上。同心圆象征同心同德、同向同行，小圆代表全体五粮液人众志成城、勇毅前行；大圆象征地球，寓意五粮液誉满全球、产品遍布世界。中心“W”为五粮液首拼字母，由两个“V”（Victory）组成，象征五粮液从胜利走向胜利。

图5-4 五粮液商标

学者对五粮液LOGO解读为五根线条有几种含义，一是五谷丰登、五子登科，表示成功进步；二是五音齐全、五线乐章，表示欢乐喜庆；三是五彩缤纷、五湖四海，表示从中国走向世界；四是逢五进一、九五之尊，表示酒中极品，崇高尊严。五线汇聚于顶端，表示归于道。五粮液的文化“图腾”就是鹏程广场的“人面鹰身”雕塑，过去的解释是集“人的智慧、鹰的力量”于一身，展翅高飞，勇往直前。实际上，人脸表示五官，象征智慧和导向；鹰身具有五字特点，就是双脚双翅一尾，表示载体与合力，都是五字文化。这种动物雕塑在古希腊神话和中国《山海经》中都有记载。可见，五粮液崇尚的是和美与共、超凡智慧、知行合一的进步文化。孔子问道于老子而得道，大彻大悟。老子的大智慧，孔子早有耳闻，心向往之。孔子当时也是名扬天下的大思想家和大教育家。在中国文化里，老子的道学奠定了孔子儒学的基础，中庸思想就是道家和谐思想的继承发展，道在前，儒在后，道为里，儒为表，二者不能截然分开，统一于自然之道。

南怀瑾先生说，佛为心，道为骨，儒为表，大度看世界。技在手，能在身，思在脑，从容过生活。三千年读史，不外功名利禄；九万里悟道，终归诗酒田园。五粮液文化是道在前，儒在后，道为里，儒为表，保持中庸、无为而治，同时积极进取，刚健有为。

三、黎曼大猜想归于0.5

著名的“黎曼猜想”证明了大自然的和谐数字是0.5，当然也间接证明了五粮液的数学基础5具有大自然的和谐性。德国大数学家黎曼(Riemann)在1859年提出了复数空间质数(素数)分布公式(复数指$a+bi$，a是实数，i是虚数，比如$0.5+3i$，i 的平方数是-1)。黎曼认为，很可能所有非平凡零点都全部位于实部(a)等于 0.5 的直线上。这条线被称为临界线。实际上，这也是五粮液配方的临界线，在【0,1】区间内选值，围绕5种粮食组合。对于连续空间，可以在【0,1】取得无穷多个数字(如0.4,0.6等)，说明配方组合很多，但效果不一定很好。到目前为止都没有找到黎曼猜想的反例，但也没有最终证明是正确的，只是在广泛使用它，所以叫“猜想”。黎曼定理是关于质数(素数)分布规律的定理，是关于世界本质的定理，数学上有1000多条定理依据黎曼定理，如果黎曼定理不成立，世界科学的大厦就会倒塌。质数分布揭示了自然界的本质，它们处于无序与有序之间。在晶体与非晶体之间，有一种“准晶体”，具有五次对称性和分形结构，它就满足黎曼定理。“超导”“量子”也与黎曼定理有关。2018年9月24日，89岁的世界著名数学家迈克尔·阿蒂亚(Michael Atiyah)爵士宣布证明了黎曼猜想。数学研究正化作人们手中的利器，在探索物质世界的途中披荆斩棘，更为人们提供越来越多的思想动力和创造的源泉。

数学界的黎曼大猜想归于0.5，中间有一个5字。“五”数，是自然界长期演化的结果。大于5，多了无用；小于5，少了不够。比如，五指、五官、五音等。这是五数定理，系统中心定理，属于生物进化研究的课题。“五粮液”的关键在“五”字，表示天地万物交汇运动之本质，是“道”的量化表征，是中华文化的字眼本征。五帝、五方、五分、五更、五经、五律、五伦、五洲、五味、五音、五线、五官、五指、五脏、五福、五彩、五角、五行等，都是中华文化的要点和精髓。“五”字的本质是中和，它处于0和1之中、处于1和10之间，围绕中心主轴，连接上下左右，具有黄金分割率特征。道的本质是中庸、中态、非线性、协同耦合、支持配合、迭代反馈。

黎曼猜想示意图见图5-5。

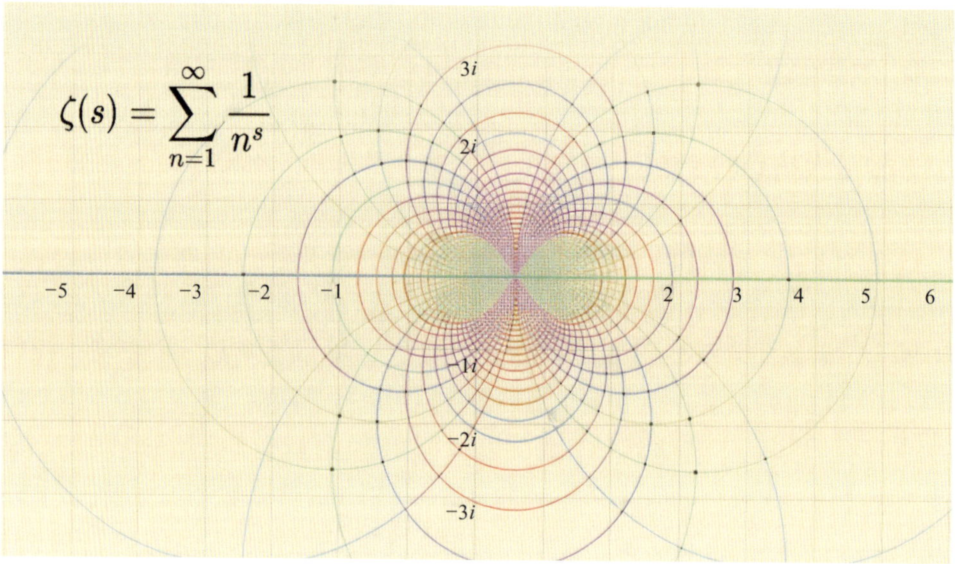

图5-5 黎曼猜想示意图

五粮液文化核心在于“和”与“生”，即和美共生。“和”就是和平、和气、和解、和睦、和信、和善、和众、和中、和合、和上等，“生”就是生根、生育、生理、生化、生命、生长、生殖、生活、生态、生机、生意等。五粮液文化就是“道文化”，是物质文化与无形文化（非物质文化）的综合体，包括信仰文化、养生文化、健康文化、生产文化、营销文化、饮食文化、中庸文化、修炼文化、协同文化、组织文化等。这种文化是从里到外、由表入里的全程全域文化，从心理、生理、身体、健康、环境（与社会、与自然）等时空展开的文化。五粮液体现的是系统观和整体观，在人体内是能量流动，有靶向特征、有扶正功效。

四、五角星的几何美

五角星从远古时代起就是人类普遍认知与使用的符号。美索不达米亚文明（公元前3000年）乌鲁克遗址的泥板上发现了早期的五芒星符号，后被巴比伦人用作护身符。古希腊迈锡尼文明的陶器、印章、壁画上有五角星图案，也被毕达哥拉斯学派视为“完美比例”的象征，代表数学和谐。部分玛雅壁画和陶器上出现五角星图案。我国新石器时代的彩陶、商周时期的青铜器和汉代至唐代的星象图中都有五角星图案出现。

标准五角星有着惊人的几何性和美，源于其对称性、黄金比例的内在关联（图5-6）以及数学上的完美性。

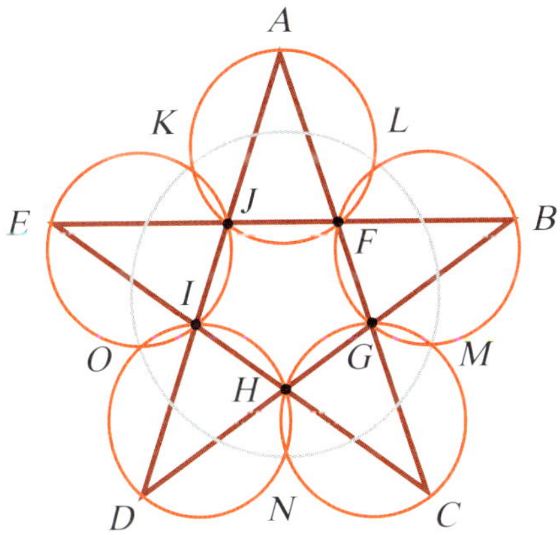

图5-6 五角星中的“黄金分割”

（一）对称性与结构

五角星具有5次旋转对称性（72°旋转后重合）和5条镜像对称轴，符合正多边形的对称美学。五角星也可视为正五边形的对角线连接而成，两者共享顶点，形成内外一体的和谐结构。

（二）黄金比例

五角星中任意相邻的交点将线段分为黄金比例（约1.618）。还具有嵌套性，即五角星内部可无限嵌套更小的五角星，形成自相似的分形美感。

（三）数学精确性

五角星的尖角为36°，底角为72°，与圆周五等分（72°）呼应，角度简洁优雅。

（四）文化意义与象征意义

从毕达哥拉斯学派的数学神秘主义到很多国家的国旗，五角星跨越东西方文化，象征完美与平衡。自然界部分生物，如矮牵牛、海星呈现五角星形态，强化其与自然的几何共鸣。

五粮功能五星结构示意图见图5-7。

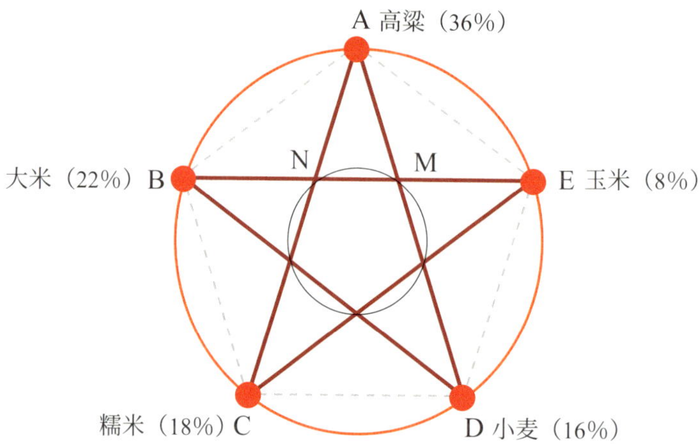

图5-7　五粮功能五星结构示意图

$$\frac{BN}{BM}=\frac{EM}{EN}=\frac{MN}{BN}=\frac{MN}{ME}=\frac{NE}{BE}=\frac{\sqrt{5}-1}{2}\approx 0.618,\ \frac{1}{0.618}\approx 1.618$$

五粮和美充分体现了五角星完美的数学美和几何美。五角星各线段比例均为近似0.618，即黄金分割率。五粮液的五粮比例在功能（能量）上，也符合五角星黄金比例，满足斐波那契数列。五粮液是唯一与五角星完美对称，具有黄金分割和谐之美的白酒。

五、奥林匹克“五环”

在当代名目繁多的视觉标识中，奥运会旗帜为大多数人所熟知，是现代奥林匹克运动会的核心标志。

五环标志由现代奥林匹克运动会的复兴者——皮埃尔·德·顾拜旦（Le baron Pierre De Coubertin）于1913年设计，首次公开亮相是在1914年巴黎举行的奥林匹克大会上（庆祝国际奥委会成立20周年）。但其首次使用是在1920年安特卫普奥运会上（因第一次世界大战而推迟）。说到设计初衷，顾拜旦希望创造一个象征全球团结与和平的视觉符号。他受古希腊奥运会（参赛城邦停战的传统）和当时国际交流日益密切的启发，试图通过体育连接世界。

奥运五环旗显得简洁明了，五环分别代表五大洲，顾拜旦提出以颜色对应洲际，但后来官方解释调整为泛指团结。蓝色代表欧洲，黄色代表亚洲，黑色代表非洲，绿色代表大洋洲，红色代表美洲（南北美洲）。五环相互交织，体现各大洲通过奥林匹克精神（卓越、友谊、尊重）紧密相连，呼应了“更快、更高、更强——更团结”的格言。

有学者认为，顾拜旦的设计思路可能受到以下启发：第一，古希腊德尔斐祭坛上的五环图案（象征神圣休战）。第二，美国一家体育组织（USFSA）的徽章（顾拜旦曾担任该组织成员）。但他本人没有明确说明具体来源。

围绕五环旗发生过不少有趣的故事。二战期间，1940年东京/赫尔辛基奥运会取消，但五环标志仍被用于宣传和平。五环标志常以创意形式亮相，典型案例如2008年北京奥运会的“星光五环”、2016年里约奥运会的“绿色植物五环”。

六、当代其他“五”文化

数字“五”渗透于当代流行文化的各个领域——电影、艺术、音乐、小说、游戏、政治、经济和军事——通常具有象征意义、结构或实用性。

《第五元素》(1997)：这部科幻电影的片名中明确使用了“五”，其中“第五元素”是一种神秘的力量，它补充了古典的四大元素以拯救人类，将古代哲学与未来主义风格融为一体。

五人团队：好莱坞喜欢“五人乐团”的原型，案例很多，如《复仇者联盟》（核心五人：钢铁人、美国队长、雷神索尔、绿巨人、黑寡妇）或《银河守护队》。可平衡不同个性的叙事：领导者、枪手、聪明人、大人物和心。

五边形图案：索尔·勒维特等当代艺术家在极简主义和几何作品中使用了五边形，体现秩序性和对称性。

五种感官：探索人类五种感官（视觉、听觉、触觉、味觉、嗅觉）的装置在互动现代艺术中很常见，吸引观众整体参与，例如奥拉维尔·埃利亚松（Ólafur Elíasson）的感官驱动展览。

五音音阶：这种五音音阶（常见于摇滚、蓝调和流行音乐）是无数热门歌曲的基础，例如齐柏林飞船的歌曲中的重复乐段或民歌中的简单旋律——这是易于理解、具有普遍性的音乐的支柱。

五部曲系列：五本书的传奇故事很受欢迎，例如里克·莱尔顿的《波西·杰克逊与奥林匹亚众神》，这种故事在节奏和深度之间取得了平衡。五通常标志着一个完整的故事弧——开始、累积、高潮、后果、解决。

象征性五区：在《饥饿游戏》等小说中，五个关键区域或玩家可能会引发叛乱。乔治 · RR · 马丁的《冰与火之歌》最初计划有五个中心人物（琼恩、丹妮莉丝、艾莉亚、布兰、提利昂）。

侦探小说：从阿嘉莎 · 克莉丝蒂（Agatha Christie）到现代惊悚小说，五个线索或嫌疑犯常常构成经典的侦探小说，让读者不断猜测。

电子游戏五人团队：《英雄联盟》《斗阵特攻》等多人游戏均以五人小队为标准，平衡角色（坦克、治疗、伤害）以进行策略和团队合作。

五大常任理事国：联合国安理会的五个否决权（中国、美国、俄罗斯、英国、法国）决定全球地缘政治，其中“五”体现了权威和平衡。

五星评级：五星系统主导消费文化，将复杂的判断简化为通用指标，五星评价给人的感觉是“完整”又微妙。

“五”在流行文化中蓬勃发展，主要是因为它具有“平和”“中庸”的特性。

不同时期、不同文明、不同地域的人类在远古时期就萌发和发展了“五”字文化，存在于建筑、艺术、哲学等方方面面，体现了人类对自然规律本质的同一朴素认知。华夏文明在发展“五”字文化上尤其取得了辉煌的成果，建构了在当代仍具非凡价值的思想体系“五行学说”。“五行学说”符合“对立统一规律”和“普遍联系规律”，是一种萌芽状态的“进化论”和“协同论”，具有映射几何的“对偶性”，其不仅是中华文明为人类贡献的思想瑰宝，也将继续为当代文明的建构提供资源。

参考文献

[1] 李后强.五粮液文化之谜在于“五”[EB/OL]. (2021-10-04)[2025-09-20].https://www.thepaper.cn/newsDetail_forward_14782361.

[2] 袁广阔.二里头文化的文字符号与礼制文明[J].中国社会科学,2023(6):4-5.

[3] 邹晓丽.基础汉字形义释源——《说文》部首今读本义（修订本）[M].北京:中华书局,2007.

[4] [日]林巳奈夫.神与兽的纹样学——中国古代诸神[M]常耀华等,译.北京:三联书店,2009.

[5] 乌杰.系统美学:一种新的美学思想[M].北京:人民出版社,2017.

[6] 许慎.说文解字[M].北京:中华书局,1963.

[7] 邹晓丽.汉字文化大观[M].北京:人民文学出版社,2003.

[8] 郑玄注,孔颖达疏,阮元校刻.《礼记》十三经注疏（标点本）[M].北京:中华书局,1998.

[9] 朱熹.四书章句集注[M].北京:中华书局,1983.

[10] 苏舆春秋繁露义证.[M].北京:中华书局,1992.

[11] 黄登仕,李后强.准晶体的分形结构及其分维的计算[J].科学通报,1989(12).83-85.

[12] 李后强,艾南山.具有黄金分割特征和分形性质的市场网络体系[J].经济地理,1992（4）:1-6.

[13] 李后强.关于多分形的Kohmoto熵函数.见:熵、信息与交叉科学[M].昆明:云南大学出版社,1994.

[14] 李后强.五粮液价值论:“五性”特征突出[EB/OL].(2018-03-05)[2025-07-29]. https://cbgc.scol.com.cn/home/73525.

[15] 曾从钦.与“五”有缘 和美共进[EB/OL].(2022-09-30)[2025-08-22]. https://sc.cri.cn/n/20220930/fa68b8e8-187e-bb2c-7efe-8dfa9075399a.html.

[16] 曾从钦.五粮液：与“五”有缘，和美共进 [J].中国酒,2022(10):50-51.

三生万物

五生和美

第六章 学理支撑五粮『和美』

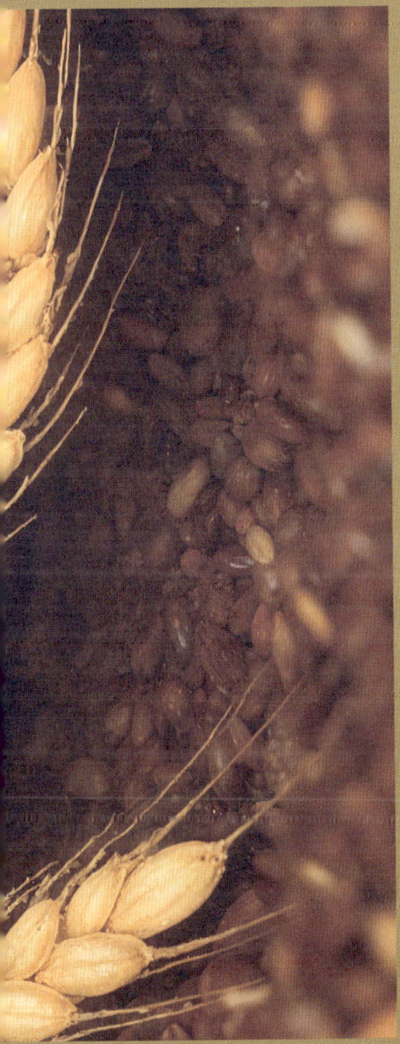

随着科技文明与产业转型的深度融合，五粮液秉持的“和美”理念正通过系统科学重塑传统酿造的逻辑基础和多维解读。从量子共振到生态代谢，从配方优化到价值循环，“和美”理念的底层架构在科学理性中逐渐清晰。五粮液以“和美学理”应对未来挑战，将数学逻辑与东方哲学相结合，使千年酿造工艺在科学的引领下，重新赋能传统产业的文化内涵和未来想象。

随着科技文明与产业转型的深度融合，五粮液秉持的“和美”理念正通过系统科学重塑传统酿造的逻辑基础。从量子共振到生态代谢，从配方优化到价值循环，“和美”理念的底层架构在科学理性中逐渐清晰。五粮液以“和美学理”应对全球未来挑战，将数学逻辑与东方哲学相结合，使千年酿造工艺在科学的引领下，重新定义传统产业的未来。

第一节 五元耦合理论

在走进五粮液“和美”世界之前，先认识一把钥匙——分形（Fractal）。它既不是图形，也不是公式，而是一种“无论放大多少倍都似曾相识”的几何语言，如树干的枝丫(图6-1)、花的六角(图6-2)，甚至是云朵的边缘。数学家把这种自相似的程度量化为“分形维数”（Fractal dimension），一个介于整数之间的“小数维度”。与直线（维数1）和平面（维数2）不同，分形维数越接近2，说明结构越“占地方”；越接近1，则越“苗条”。

五粮液酿造体系中深藏着五元耦合的奥秘，五粮配比巧妙融合了古老智慧与

图6-1 树干中的分形示意

图6-2 复杂图形中的分形示意

现代科学之光，分形结构以其独特之美映射而出，五元耦合更如诗如画般承载着丰富的和美意象，彰显出科学与哲学交汇的独特韵味，在酿造过程中，这一原理发挥着举足轻重的关键作用。五粮液作为中国白酒文化的代表，其酿造工艺不仅是中国传统酿酒技艺的瑰宝，也是世界文化遗产的重要组成部分。通过五元耦合理论的科学解释，五粮液将五种粮食的精华完美融合，形成了一种低耗散、高有序的和谐状态，为品酒者带来了独特的感官体验。

一、五粮配比黄金律

在五粮液酿造体系里，五粮配比是传统智慧和现代科学相结合的典范。五粮液的配方历经千年的岁月洗礼，从九粮的繁复到五粮的精粹，凝聚了一代又一代酿酒师的智慧与心血，见证了工艺的不断精进。根据历史文献记载，五粮液的配方最初来源于“姚子雪曲”，并经传承改良为“陈氏秘方”，此后这一秘方经过多次调整，最终形成了高粱、大米、糯米、小麦、玉米的科学配比。这一配方既传承了古法智慧，又通过现代科学手段验证了其合理性，体现了中国传统文化“和而不同”的哲学思想。

五粮液的五粮配比经过江南大学等科研机构的深入研究，发现五种粮食的组合在风味物质生成方面具有显著优势。研究发现，五粮液的配方不仅能够为微生物提供全面的营养成分，还能促进窖泥中数百种有益微生物的生长和代谢，特别是促进短链脂肪酸的生成，对饮用者健康产生积极影响。这些微生物在发酵过程中相互作用，形成复杂的代谢网络，最终将五谷杂粮的精华转化为酒中的风味物质。五粮液酒酿造原料的配方比例，即高粱36%、大米22%、糯米18%、小麦16%、玉米8%，是经过长期实践和科学验证的优化组合，实现了不同粮食特性的协同增效。

五粮液的五粮配比之所以能够形成“和美”的风味特征，与其所蕴含的五行哲学密切相关。在中国传统文化中，五粮分别对应五行中的不同元素：高粱对应木，大米对应土，糯米对应水，小麦对应火，玉米对应金。这种五行对应关系体现了中国古人“天人合一”的生态观和“和而不同”的价值观。五粮液的酿造哲学体现了传统中医的思想，其配方中的五种粮食原料搭配，体现了中国古代的“五行相生相克”理论。这种搭配在发酵过程中构建了一种动态平衡的生态系统，使得五种粮食的特性相互促进、相互制约，最终形成协调、恰到好处的独特风味。

二、五粮分形结构的科学映射

在五粮液酿造体系中，五元耦合原理承载着丰富的美学意象，其起源可追溯至物质系统的自组织演化过程，在微观与宏观层面展现出多元的审美关联。五元耦合理论以传统五行哲学为理论基础，融合数学比例与分形结构，构建出一种具备动态平衡特性的和谐模式，不仅在视觉层面赋予人美的感受，更在哲学与科学维度上，为理解和谐与平衡提供了深刻洞见。

从分子层面探究，五粮中的淀粉、蛋白质、脂肪等生物大分子通过氢键等作用力形成复杂的分子网络。这些分子网络在发酵过程中展现出自组织特性，形成一种低耗散、高有序的和谐状态，使酒体分子间的相互作用力达到理想状态。这种分子层面的和谐直接体现在酒体的口感上，形成了五粮液“香气悠久，味醇厚，入口甘美，入喉净爽，各味谐调，恰到好处”的独特风格。

在窖池生态系统里，五元耦合呈现出类似太极图的动态平衡。通过高通量测序技术的深入应用，研究发现窖池中的微生物群落形成了复杂的相互作用网络。例如，在浓香型白酒窖池发酵过程中，酵母菌作为关键菌群之一，其数量变化和分布呈现出动态平衡的特征。这些微生物的代谢产物相互作用，构建起正负反馈的循环机制，形成了一种自组织临界态，在发酵过程的热场分布中，呈现出螺旋结构等复杂的形态变化，恰似对太极阴阳流转的生动演绎，展现出“相生相克”的动态平衡之美。

五粮液发酵过程内部作用机制是太极互动、能量回旋，是围绕球体中心展开的互补镶嵌结构，你中有我、我中有你。在球内是罗巴切夫斯基作用，在球外是黎曼作用，都是弯曲空间的张量作用。在太极球内表（罗巴切夫斯基空间）三角形三个内角之和小于180度，在太极球外表（黎曼空间）三角形三个内角之和大于180度，只有在平面（欧几里得空间）才是三个内角之和等于180度（图6-3），这些运算要用“张量”方法和黎曼几何。爱因斯坦相对论就是基于黎曼空间，得出了引力波、时空弯曲、质能转化等惊人结论。因此，五粮液对于人体的美好作用，我们的认识还远远不够，只是盲人摸象、冰山一角，至少要从几何学、相对论、中医学、康养学、心理学、美容学等角度深入研究，预期有重大突破。

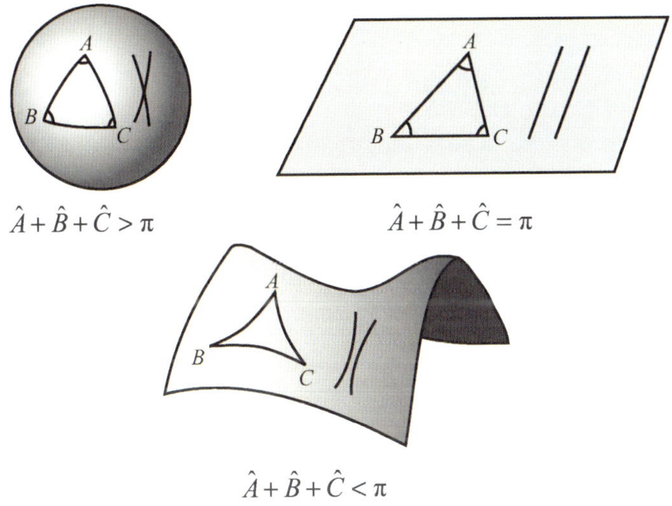

图6-3 黎曼几何、罗巴切夫斯基几何、欧几里得几何

五粮液的风味体系在感官层面也体现了五元耦合的和谐意象。五粮液的风味物质种类丰富、层次分明，形成了和谐统一的感官体验，满足了不同消费者的味觉需求。这种和谐不仅体现在口感上，还体现在香气和余味等多个感官维度上，形成了五粮液独特的“和美”风味特征。

第二节 差异协同机制

五粮液酿造体系中，五粮差异协同原理以其精妙绝伦之处，展现出无与伦比的独特魅力。这种差异协同机制源于五粮液独特的多粮配方与复杂的酿造工艺，通过不同粮食特性间的互补、参数间的非线性耦合以及微生物群落的动态平衡，实现了“集杂成醇”的华丽蜕变。与传统单粮酒相比，五粮液通过差异协同将五种粮食的特性完美融合，形成层次丰富的风味体系和动态平衡的微生物生态，体现了“和而不同”的东方哲学智慧与现代酿造科学的完美结合。

五粮液两万吨陈酿原酒库见图6-4。

图6-4　五粮液两万吨陈酿原酒库

一、五粮五维参数耦合体系

五粮液发酵体系通过精确控制温度、湿度、pH、酶活性和菌群密度这五个关键参数的非线性相互作用，在五维相空间中展现出复杂的动力学行为，从而影响其风味和品质。这些参数的协同调控是五粮液风味物质生成与品质稳定的关键保障。此类多参数耦合系统在远离平衡态时，会自发形成有序结构，其演化轨迹遵循洛伦兹吸引子模型：

$$\begin{cases} \dot{x} = \sigma(y - x) \\ \dot{y} = x(\rho - z) - y \\ \dot{x} = xy - \beta z \end{cases}$$

其中，x代表温度梯度，y为菌群代谢速率，z表示酶活强度，σ为普朗特数，ρ为瑞利数，β为几何因子。研究表明，五粮液发酵过程中，五种粮食的糖化机理、发酵过程各不相同，相互之间具有互补、耦合的作用，酿出的酒成分不同，具有协同效应。

在五维参数耦合系统中，温度、湿度等参数的变化对酒体的风味和品质有直接影响。在浓香型白酒发酵过程中，研究发现温度每上升1℃，酒精生成速率可提高约10%。湿度控制在70%～80%范围内，有利于酵母菌的生长和繁殖，同时促进香气物质的生成。酸碱度（pH）控制在5.5～6.5，有利于微生物的代谢和酒精生成。酶活性需维持在最佳区间，过高会导致底物过快消耗，过低则限制糖化效率；菌群密度则需通过接种量和发酵周期精细调控，以确保功能菌群的优势地位。五粮液通过精确调控这五个参数的相互作用，使发酵体系在远离平衡态时自发形成有序结构，实现风味物质的最大化生成和平衡。

参数间的正反馈环是差异协同的重要机制。例如，温度每升高1℃，酵母菌代谢速率提升约12%，同时激活淀粉酶活性，促使支链淀粉分解速率加快约15%。这种非线性放大效应在湿度68%时达到极值，形成“湿度-酶活-代谢”的正反馈环，使系统偏离平衡态的临界值降低约37%。参数间的精妙平衡与相互作用，共同构建了五粮液发酵体系的核心协同差异机制，从而确保了发酵过程的持续稳定与风味物质的多样丰富。

二、五粮微生物群落的层级结构

五粮液发酵体系的差异协同本质上是微生物群落层级结构的具象化表达。包包曲作为五粮液的糖化发酵剂，其独特的物理结构为微生物提供了理想的栖息环境。包包曲的隆起设计，不仅扩大了表面积，为微生物提供了更多的附着空间，还形成了多层次的微区温度梯度，促进了不同菌系与酶系的繁衍生息，进而加速了酯化反应，增强了香气生成，并丰富了香味物质的积累。

窖池内的微生物群落展现出显著的层级结构特征。在空间维度上，微生物分布呈现垂直梯度变化：底部高温区（约36℃）主要由芽孢杆菌等耐高温菌群占据，负责将淀粉分解为葡萄糖；中部中温区（约34℃）以酵母菌为主，负责将葡萄糖转化为乙醇；顶部低温区（约32℃）则由乳酸菌等厌氧菌群主导，进行二次代谢生成有机酸。这种空间分层的微生物结构，使五粮液发酵体系形成了“以窖养糟、以糟促窖、糟窖互养”的良性循环，确保了发酵过程的稳定性和风味物质的多样性。

科研人员对五粮液窖泥的分析发现，每1克老窖泥中含有10亿个以上的微生物，形成一个庞大的微生物群落。在五粮液的酿造过程中，有150多种空气和泥土中的有益微生物共生共存，参与窖池发酵。这些微生物包括酵母菌、己酸菌、乳酸菌、乙酸菌、丁酸菌等，它们在不同的温度、湿度条件下表现出不同的代谢特性，共同构成了五粮液风味物质的生成网络。

包包曲工艺的独特之处在于它能促进微生物的多样性和平衡性。与传统单粮酒相比，包包曲工艺使微生物群落更加丰富，形成了一个复杂的微生物网络。这种微生物网络的协同作用，是五粮液“香气悠久、味醇厚、入口甘美、入喉净爽、各味谐调”独特风格的关键来源。

三、五粮差异协同的和美意象

物种差异协同的美学意象，根源在于物质系统的非线性相互作用，这种作用于微观与宏观层面协同发力，造就了多重审美映射。五粮液的“和美”理念不仅体现在产品风味上，更贯穿于企业的品牌战略和营销活动中，成为连接中国传统文化与世界文明的桥梁。

五粮所含的淀粉、蛋白质和脂肪等生物大分子通过氢键等非共价作用相互连接，构建出结构复杂的分子网络。在发酵过程中，这一网络表现出自组织特性，逐步形成一种能量耗散较低、内部高度有序的状态，使酒体中各类分子之间的相互作用趋于协调与稳定。这种微观尺度的有序性直接体现在感官体验上，使五粮液呈现出香气丰富、口感醇厚、入口柔和、余味持久且风味协调的整体风格。

在窖池这一微生态系统中，五粮原料之间的差异并非孤立存在，而是通过协同作用达成一种类似太极阴阳流转的动态平衡。高通量测序技术揭示，窖池内的微生物群落形成了高度互联的互作网络，其中关键功能菌种的相对丰度和空间分布始终处于动态调节之中。这种平衡并非静态固化，而是随着发酵阶段的推进、温度的波动以及原料配比的调整而不断演替，展现出强大的生态适应性。

正是在这种多尺度、多层次的差异协同机制下，五粮液的感官体验升华为一种“融和臻美”的美学表达。其风味物质种类多样，层次清晰，能够满足不同消费者的味觉偏好。这种和谐不仅体现在口感上，也贯穿于香气表现与余味延展等多个感官维度，最终塑造出五粮液独具辨识度的风味特征。

第三节
能耗最小原理

最小作用量原理是指自然界中一个物理系统从初始状态演化到最终状态时，其实际走过的路径，是使一个称为“作用量”的物理量取极值（通常是最小值）的那条路径。这个作用量通常是一个综合了动能、势能、时间等多种因素的量。五粮液酿造体系中，最小作用量原理，即能耗最小原理贯穿于蒸馏过程、发酵体系及美学意象中。它通过精确的蒸馏曲线、黄金能耗比实现节能增效，同时在分子结构、微生物群落及工艺实践中展现和谐有序之美（图6-5）。这一原理不仅体现了自然界普遍遵循的“最短路径”和“最优配置”规律，更将中国传统文化中的五行哲学与现代科学完美融合，形成了五粮液独特的酿造哲学与文化内涵。通过最小作用量原理的科学解释，五粮液实现了“低耗散、高有序”的和谐状态，为品酒者带来独特的感官体验，同时推动了白酒产业的绿色低碳转型。

图6-5　分子结构、微生物群落及工艺实践中的和谐有序之美

一、五粮最优蒸馏曲线的科学内涵

五粮蒸馏过程的最优控制是最小作用量原理在工艺学中的具象化表达。五粮

液通过运用黄金分割比例优化其蒸汽压力时间函数，成功实现了能耗与风味保留的帕累托最优，这一过程体现了资源分配的理想状态。这一函数的核心思想源于自然界普遍存在的“经济性”原则，即系统倾向于以最小能量消耗达成目标。在五粮液的蒸馏工艺中，通过精确调控上甑的蒸汽压力，确保不同沸点的风味物质在最经济的条件下被分离和保留。通过建立基于黄金分割比例（Φ=0.618）的蒸汽压力时间函数，系统实现了能耗与风味保留的帕累托最优。该函数的变分方程为:

$$\delta\int_{t_2}^{t_1} P(t)\bullet V(t)\mathrm{d}t = 0$$

其中，δ为变分算子，V（t）为馏出液体积流率。蒸馏曲线的动力学特征表现为非线性变化模式。在初始阶段（0～20分钟），蒸汽压力从较高值快速下降，促使低沸点物质优先馏出；在中间阶段（20～60分钟），压力稳定在适宜区间，确保中沸点物质有序分离；在后期阶段，压力进一步调整，促进高沸点物质的提取。这一过程与浓香型白酒蒸馏中气压变化对白酒质量影响的研究相一致，其中气压变化对物质分离的影响尤为关键。这种精细的分段调控策略，不仅确保了能量的高效利用，还精妙地维持了酒体中各类风味物质的均衡分布，从而铸就了五粮液的非凡风格。

在分子层面，五粮液的蒸馏过程使酒精-水分子团簇结构发生有序变化。研究表明，白酒老熟过程中，乙醇分子与水分子之间会形成不同类型的氢键网络，其结构变化直接影响酒体的口感和香气。五粮液通过优化蒸馏曲线，使这些分子团簇在特定条件下达到稳定状态，从而最大化保留了风味物质并提升了感官体验。

二、五粮黄金能耗比

五粮发酵体系中的黄金能耗比，实质上是基于最小作用量原理的热力学具体表现。能耗与风味物质生成的变分方程为:

$$\delta\int_{t_2}^{t_1} [E(t)-\lambda\bullet S(t)]\,\mathrm{d}t = 0$$

其中，E（t）为能耗速率，S（t）为风味物质复杂度指数，λ为拉格朗日乘子，δ为变分算子。通过系统优化窖池微环境参数（如温度、湿度、酸度等），五粮液实现了发酵过程中能量利用效率的最大化，同时保证了微生物代谢活性的最优分布。这种热力学优化不仅体现在单个发酵环节，更贯穿于整个酿造过程中。

窖池生态系统中，微生物的代谢活动与能量消耗密切相关。五粮液的古窖池群（始于元明时期，持续酿造至今）形成了独特的微生物生态环境，每1克老窖泥中都栖息着10亿个以上的微生物，包括150多种有益微生物。这些微生物在特定条件下携手合作，编织出一张错综复杂的代谢网络，巧妙地降低发酵过程的熵产率，同时极大地提升了能量的转化效率。例如，芽孢杆菌、乳酸菌和酵母菌等关键菌群在不同温度区间形成空间分层结构，各司其职又相互协同，共同促进风味物质的生成。

从热力学角度来看，五粮液发酵体系的黄金能耗比体现了“焓熵补偿效应”。在发酵过程中，系统的吉布斯自由能降低，但通过优化环境参数，使这一变化伴随适宜的熵变，从而形成最佳的代谢活性状态。这种热力学平衡不仅保证了发酵过程的稳定性，还实现了“低耗散-高转化”的能量代谢网络，为五粮液独特的风味特征奠定了基础。

在工艺层面，五粮液通过“跑窖法”等传统工艺与现代科技的结合，实现了发酵能耗的系统优化。例如，包包曲工艺所创造的独特物理结构，宛如微生物的理想家园，不仅扩大了酶系的作用舞台，还通过分形维数的精妙传递，确保了发酵过程中热场的动态平衡。这种工艺优化使五粮液在发酵过程中实现了资源的最优配置，形成了低内耗、高凝聚力的酿造生态系统。

三、五粮最小作用量的和美意象

五粮液酿造体系的最小作用量原理在工艺实践中展现出独特的美学意象。这种意象源于物质系统在能量约束条件下追求最大有序性的自组织进程，不仅彰显了自然界普遍遵循的最小作用量原理，更在五粮液酿造工艺实践中被赋予了深刻的美学内涵。

在分子层面上，五粮所含的淀粉、蛋白质和脂肪等生物大分子通过氢键等非共价作用相互关联，构筑成一个动态而复杂的网络结构（图6-6）。随着发酵的进行，这一网络自发组织，逐步趋向一种低能量耗散、高结构有序的稳定状态，使酒体中分子间的相互作用达到平衡。例如，江南大学的研究表明，五粮颗粒表面具有复杂的孔隙结构，类似于高分子凝胶复合材料中的孔隙网络，这种自相似的微观结构为微生物提供了丰富的附着位点和营养物质传输通道，促进了风味物质

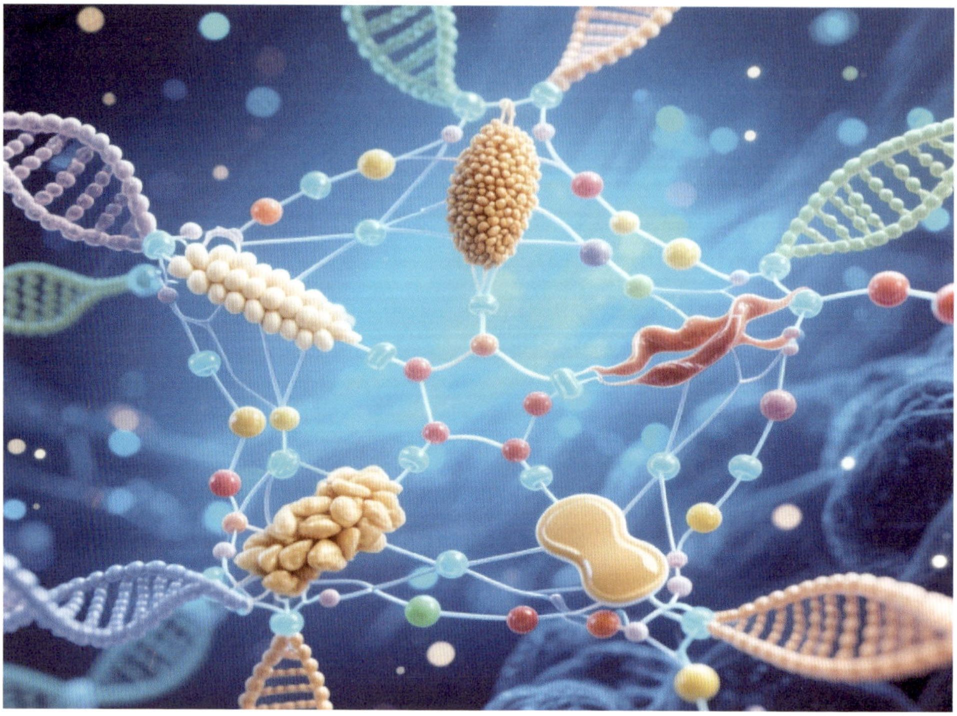

图6-6 淀粉、蛋白质、脂肪等生物大分子形成复杂的分子网络意象图

的生成。

在窖池生态系统中，最小作用量表现为微生物群落的动态平衡。五粮液窖池中的微生物群落形成了复杂的相互作用网络，不同菌种的密度比和空间分布呈现出动态平衡的特征。例如，高通量测序技术揭示了五粮液窖泥中关键菌种如酵母菌、乳酸菌和己酸菌在特定条件下形成稳定的共生关系，其代谢产物相互作用，构建起正负反馈的循环机制，实现了自组织临界态。

这一临界态在发酵热场的时空演化中具象化为螺旋状、涡旋式的温度分布形态，其流转与消长暗合太极阴阳相推、互根互用的哲学意蕴，呈现出“相生中含制约，制约中促共生”的动态平衡。这种微观尺度上的结构和谐，不仅体现在分子网络的有序排布与菌群功能的协同分工上，更通过风味物质的生成与组合，在宏观感官层面得以真实可感地呈现。

正是在这种以最小能量耗散实现最大功能输出的演化逻辑下，五粮液形成了其标志性的风味美学。其酒体中数百种风味组分层次清晰、比例协调，带来香气持久、醇厚饱满、入口清润、落喉爽净且整体风味高度融合的品饮体验，能够契合不同消费者的感官偏好。

第四节
帕累托最优策略

帕累托最优（Pareto Optimality）是经济学和博弈论中的一个重要概念，由意大利经济学家维尔弗雷多·帕累托（Vilfredo Pareto）提出，他描述的是资源分配的理想状态。帕累托最优策略是指在多目标决策或多参与者系统中，一种状态被称为帕累托最优，即在不损害任何一方利益的前提下，使至少一方变得更好。在五粮液酿造体系中，从酿造到基酒陈化的全过程，均体现出一种趋向最优的演化逻辑。通过对黄金节点的识别、帕累托最优的实现，以及“和美”美学意象的凝练，五粮液构建起品质提升与感官和谐相统一的科学路径。

一、五粮陈酿黄金节点

五粮基酒的陈酿过程体现出系统在时间维度上的自组织演化特征。研究表明，基酒的贮存年限按照一定序列分级，有助于酒体品质的提升。例如，浓香型白酒在存放三年后，酒质有明显提升，而当以五年为一个关键节点时，酒体综合品质趋于稳定并达到较高水平。这种时间分级的黄金比例使萜类化合物的生成速率与水解速率达到动态平衡，其动力学方程如下：

$$\frac{\mathrm{d}C}{\mathrm{d}t}=k_1(1-C)-k_2C$$

其中，C为氧化度，k_1为生成速率常数，k_2为水解速率常数。白酒在陈酿过程中，酯化、挥发、缔合与聚合等化学反应共同作用，使酒体复杂度逐步提升。根据研究，白酒在五年陈酿阶段，其风味成分达到一种平衡状态，复杂度指标显著提升，感官品质也得到明显改善。

热力学分析表明，陈酿过程中体系的自由能有所下降，熵产减少，呈现出低耗散、高有序的演化趋势。乙醇与水分子之间形成稳定的氢键结构，有助于风味物质的稳定存在。此外，陈酿过程中的分子质量分布具有一定的层级特征，部分风味物质的比例趋于协调，这与感官评价中“窖香浓郁、绵甜甘洌”的特征相对应。温度场的变化也表现出一定的规律性，有助于微生物代谢网络的稳定演化。

二、五粮酿造帕累托最优

五粮液通过酿造原料的科学配比（即高粱36%、大米22%、糯米18%、小麦16%、玉米8%），五种粮食的糖化与发酵特性互补，例如高粱提供骨架，大米增加绵甜，糯米提升醇厚，小麦带来曲香，玉米增加回甘。这种组合使每种粮食的边际贡献率相等。这种多粮协同作用实现了风味物质的丰富性与协调性，且单一粮食的替代或比例调整均难以在提升整体品质的同时不损害其他风味特征，符合帕累托最优中“不损害任何元素利益”的条件。它追求的并非某一种香气的极致突出，而是整体香气的丰富度、层次感与协调度的极致之美。多粮协同形成的“互补”与“协同作用”，共同塑造出一种超越单一元素限制、独特且优雅的香气体验，是“美”在嗅觉与味觉上的具体呈现。

多粮协同发酵时，微生物（如酵母、霉菌、细菌）的代谢路径形成非线性的“蝴蝶效应”，微量成分的微小变化可显著提升酒体复杂度。例如，五粮组合的氨基酸、维生素等前体物质更丰富，促进2-乙酰-1-吡咯啉（2-ap）等香味物质的生成，而单粮或三粮无法达到同等效率。香味物质生成机制：稻米香味核心成分2-ap的合成依赖脯氨酸（Pro）与微生物活性。五粮组合凭借丰富的脯氨酸来源（如玉米、小麦）及多样化的微生物群落（窖泥中数百种菌种），显著提高了2-ap的含量，而单粮或四粮无法实现此协同效应。

五种粮食的配比不仅优化了口感，更实现了营养成分的互补：高粱含脂肪酸，健脾益胃；大米富含B族维生素，补中益气；糯米含蛋白质与钙质，补虚暖胃；小麦提供膳食纤维，利湿活血；玉米含植酸与脂肪，润感醇甜。这种组合覆盖了人体所需的多种营养物质，而任何单一粮食的替换或删减，都将引发营养结构的失衡，符合帕累托最优中“总体利益最大化”的要求。消费者对于醇厚、绵甜、果香等香味的偏好，正是通过五粮配方中那如同黄金分割般的精妙比例（仿佛5种粮食巧妙构成的五角星结构）得以完美契合，且任何调整均会导致部分风味损失，符合边际替代率与边际转换率相等的条件。

三、五粮帕累托最优的和美意象

五粮液酿造体系的演进不仅体现在风味、口感与工艺的提升上，更在本质上展现出一种多目标协同优化的帕累托最优状态。面对资源、能耗、风味与感官体验等多重约束，系统通过自组织演化与非线性协同，实现品质提升与结构稳定的最优平衡。从帕累托最优的角度出发，五粮液体系在风味复杂度、口感绵甜度与醇香度等多个维度上同时达到优化状态，而没有在任何一项指标上做出妥协。这种“多维提升、无一牺牲”的状态，正是帕累托最优的核心特征。五粮液体系在演化过程中，分子键角、菌群比例与陈酿时间之间逐步形成协同作用。当这些关键参数趋于协调时，系统整体性能随之提升，酒体复杂度显著增强，表现出帕累托前沿上的稳定解。

在分子层面，乙醇与水分子通过氢键作用形成稳定的环状结构。这种结构增强了分子间的相互作用力，提升了风味物质的稳定性，使酒体在口感持久性与风味层次上实现帕累托优化。该结构有助于风味成分的长期保留，为酒体的高品质提供了微观层面上的支持；在窖池生态系统中，酵母菌与乳酸菌的比例变化呈现出动态平衡特征。其代谢产物之间形成反馈机制，维持系统稳定性。这一过程体现了帕累托最优中的“资源最优配置”原则，即在有限的营养与空间条件下，不同菌群通过协同代谢实现风味生成效率的最大化，减少资源浪费与代谢冲突；从时间维度来看，陈酿过程是五粮液体系实现帕累托最优的重要阶段。酒体经历酯化、水解、缔合等多种化学反应，风味物质逐步趋于平衡。当陈酿时间达到特定节点时，酒体感官品质趋于稳定，复杂度指数达到较高水平，形成“绵甜甘洌、窖香浓郁”的典型风格。此时，系统在风味、口感与香气等多个目标上实现同步优化，构成帕累托前沿上的稳定状态。

综上所述，五粮液体系的最优发展不仅体现在物质结构与功能的协同进化上，更是在复杂的多目标约束条件下达成了帕累托最优的平衡状态。它体现了时间演化、结构稳定与功能协同的统一，也展示了传统酿造工艺在科学与美学上的深度融合。这种融合不仅提升了酒体品质，也为现代酿造工程提供了帕累托优化的实践范例与理论支撑。

第五节
耗散结构理论

耗散结构理论是指一个开放系统在持续与外界交换能量/物质、并处于远离热力学平衡态时，可能通过内部非线性动力学机制自发形成稳定有序的结构。五粮酿造体系蕴含独特的“和美”耗散结构理论。其熵流特征展现出与黄金分割比例相契合的分形特性，通过五环嵌套的层级模型，实现多尺度动态平衡。这种独特的结构不仅确保了酿造系统的稳固性，还带来了“五感共鸣”的感官享受，将科学与哲学美学巧妙融合，引领我们深入探索酿造的奥秘。

一、五粮液酿造体系的熵流特征与自组织规律

五粮液发酵体系的熵流特征揭示了耗散结构在非平衡态下的自组织规律。通过多尺度分析，五粮液的酿造系统展现出明显的开放性与能量耗散特性，这使其能够自发形成有序结构，维持微生物群落的稳定与代谢活性。在这一过程中，五粮液通过持续的原料输入（如五粮配方、包包曲、水等）和代谢产物输出（如乙醇、酯类物质等），实现了系统的能量流动与物质更新，为微生物提供了理想的生存与代谢环境。

从分子尺度看，五粮液发酵体系中的乙醇-水分子网络展现出自组织特性。研究发现，这些分子借助氢键构建出复杂的缔合结构，其动态重组机制促使系统熵流有序传递，显著降低了系统的熵增速率（图6-7）。这种分子层面的自组织不仅提升了风味物质的生成效率，还为微生物代谢提供了稳定的物理化学基础。

图6-7　五粮五环耗散模型示意图

在窖池生态系统层面，五粮液依托“以窖养糟、以糟促窖、糟窖互养”的良性循环，构建起高度稳定的微生物生态体系。窖泥中富集了酵母菌、己酸菌、乳酸菌、乙酸菌、丁酸菌等多种功能微生物，它们在温度、湿度等微环境因子的调控下，展现出差异化的代谢活性与协同作用，共同编织成一张动态而高效的风味物质生成网络。

二、五粮五环耗散模型

五粮液窖池并非一个静态的“微生物分层容器”，而是一个在非平衡态下持续演化的耗散结构系统。其微生物群落的组织逻辑并非由简单的垂直温度梯度决定，而是由代谢流、物质交换与能量耗散共同驱动的动态协同网络所塑造。高通量多组学研究表明，窖池中芽孢杆菌、酵母菌、乳酸菌、己酸菌等功能菌群并非固守某一固定区域，而是根据发酵阶段、底物可用性及微环境扰动，在空间上形成动态迁移与功能接力的协作模式。

例如，在糖化初期，芽孢杆菌在局部富集并快速水解淀粉，释放葡萄糖；随着乙醇浓度上升与氧化还原电位下降，酵母菌迅速响应并主导酒精发酵；与此同时，乳酸菌、己酸菌等厌氧菌群在乙醇和有机酸积累的微环境中被激活，启动酯化与酸化等次级代谢。该过程是以代谢产物为信号、以能量梯度为驱动力的时空耦合演化。菌群的空间分布随发酵进程不断重构，呈现出高度的非稳态有序性。正是在这种持续的能量输入（原料、温度调控）与物质输出（挥发性风味组分、CO_2等）条件下，系统通过正负反馈调节（如乳酸抑制杂菌、乙醇促进酯化、己酸反馈调控菌群结构），逐步逼近自组织临界态。

随着窖池年代的增长，窖泥、母糟中沉积的香味物质也在增多，酿出的酒就越香。老窖池中的微生物群落多样性虽低于新窖池，但其互作网络具有更高的聚集程度，微生物群落的共存关系也更加复杂，稳定性更高。这种微生物群落的稳定性和多样性对窖池的能耗分布和代谢产物的形成有重要影响，如系统吉布斯自由能的降低和熵产率的减少，从而形成“低耗散-高有序”的和美状态。

三、五粮耗散结构的和美意象

五粮耗散结构的和美意象蕴含着深刻的美学价值。这种价值源于开放系统在远离平衡态条件下，通过自组织演化所展现出的多尺度层级动态平衡。这种平衡不仅在视觉层面赋予人美的感受，更在哲学层面为“和而不同”这一古老命题提供了物理性阐释。在五粮液的酿造系统中，从窖池微生态到风味物质的生成路径，差异性与协同性始终共存：功能各异的微生物群落通过代谢互养形成稳定网络，挥发性与非挥发性组分在动态平衡中构建丰富的感官层次，能量输入与物质输出在持续流动中维持系统有序。正是这种“在差异中协同、在流动中有序”的非平衡稳态，使酒体呈现出结构清晰而融合无间的整体感。这种由多尺度自组织所涌现出的协调性，并非源于均质化或静态平衡，而是系统在持续耗散中对复杂性与稳定性的精妙驾驭，与“和而不同”的东方智慧形成深层共鸣，并最终通过香气、口感与余韵的有机统一，转化为可被感知的“和美”体验。

窖池生态系统作为典型的耗散结构，其自组织演化在宏观上呈现出螺旋状的热场分布与动态有序的菌群互作模式，呼应了太极图所象征的流转与平衡之韵（图6-8）。高通量测序研究表明，酵母菌与乳酸菌等功能菌群的相对丰度在长期发酵中趋于一种稳定的适应性比例，其代谢产物通过正负反馈机制相互调节，驱动系统趋近自组织临界态。这一过程并非静态均衡，而是在持续的能量耗散中实现功能协同与结构稳健，生动体现了自然界“相生相克、对立统一”的演化逻辑，也为东方哲学中“和而不同”的智慧提供了可观察的系统范例。

五粮耗散结构的独特美学价值，最终在酒体中得以升华，呈现为“五感共振”的极致感官享受。借助多维感官分析技术，能够细腻感知酒体在口腔中形成的层次分明又和谐统一的风味矩阵。这种风味矩阵的动态平衡犹如自然界四季更替的循环，不同风味因子恰似季节轮转般依次呈现，最终在耗散结构的自组织演化中归于统一。这种感官体验不仅展现了物质系统的自组织特性，更是东方美学与现代科学交融的生动表达，为人们带来了超越物质层面的精神享受。

图6-8 窖池生态系统中的耗散结构，其动态平衡的呈现形式犹如太极图

第六节
自组织运行系统

五粮液酿造体系蕴含独特的“和美”自组织运行理论，这一理论通过元胞自动机模型与幂律分布特征得以解析，展现了科学逻辑、哲学美学与酿造艺术的深度融合。自组织运行系统是指没有外部指令或中央控制的情况下，系统通过内部要素之间的局部互动，自发形成有序结构或协调行为。自组织系统律揭示了五粮液发酵过程中的层级涌现机制与非线性放大效应，解释了微生物群落如何在特定环境条件下自发形成有序结构，实现风味物质的最大化生成与平衡。这一理论不仅为五粮液的品质稳定提供了科学依据，也为其“和美”文化理念赋予了更深层次的哲学内涵，体现了东方智慧与现代科学的完美融合。

一、五粮元胞自动机模拟的层级涌现机制

五粮发酵体系的自组织运行机制可借助元胞自动机模型实现数字化重构。此模型将窖池微环境视为二维网格，各元胞代表1立方毫米的空间单元，涵盖微生物菌群密度（C）、底物浓度（S）及半饱和常数（K）三大状态变量。通过建立局部转换规则，模拟微生物群落的动态演化过程：

$$C_{t+1} = C_t + r \cdot C_t(1 - C_t) \cdot \left(\frac{S}{K + S}\right)$$

其中，r为Logistic增长函数参数，模拟酵母菌与乳酸菌的竞争关系。在窖池这一开放系统中，微生物与环境持续交换物质和能量，远离平衡态的条件促使系统自发形成有序结构。包包曲作为五粮液独特的糖化发酵剂，其鼓包结构为微生物提供了理想的栖息环境。包包曲的隆起形状增加了表面积，使微生物附着面积扩大，同时形成了温度梯度差异，适宜不同温度生长的微生物富集。这种空间异质性是元胞自动机模型中层级涌现的关键驱动因素。在实际发酵过程中，包包曲表皮、内层和曲心的温度差异显著，形成了适合不同菌系、酶系的微环境，有利于酯化、生香和香味物质的累积，构成五粮液的独特风格。

五粮液窖池（图6-9）中的微生物群落并非按固定区域进行机械分工，而是在持续的物质流与能量流驱动下，形成一种动态协同的功能网络。高通量空间转录组分析表明，不同菌群的活性热点随发酵进程不断迁移：糖化菌（如芽孢杆菌）在发酵初期于局部富集，快速释放可发酵糖；随着乙醇浓度上升与氧化还原电位下降，酵母菌迅速响应并主导酒精生成；与此同时，乳酸菌、己酸菌等功能菌群在乙醇与有机酸积累的微环境中被激活，启动酯化与酸化等次级代谢。这一过程并非空间割裂的“三层作业”，而是以代谢产物为信号、以环境梯度为引导的时空接力。正是这种在非平衡态下自发形成的代谢协同机制，支撑了泥与酒醅之间双向滋养、协同演化的微生态。

元胞自动机模型揭示了五粮发酵的层级涌现机制。当温度波动超过临界值时，局部细胞会触发级联反应，导致菌群代谢网络重构。这种非线性放大效应在发酵过程中犹如“蝴蝶效应”，即初始条件的微小变化（如温度场的细微差异）能够引发风味物质丰度分布的显著变化。研究表明，包包曲的微生物富集特性与窖池温度分层共同作用，形成了五粮液微生物群落的动态平衡网络，为风味物质的生成提供了稳定的物理化学基础。

图6-9 五粮液老窖池

二、五粮幂律分布的非平衡性标志

五粮发酵体系的自组织运行呈现显著的幂律分布特征，这种非线性特征是开放系统远离平衡态时形成的有序结构的标志。幂律分布表明系统中关键要素的丰度遵循“强者恒强”的规律，即少数优势菌群贡献了大部分的代谢通量，形成了微生物网络中核心节点与边缘节点的协同进化格局。

微生物群落的幂律分布特征在包包曲和窖泥中尤为明显。包包曲培养过程中，如枯草芽孢杆菌和蜡状芽孢杆菌等优势菌群占据主导地位，这些核心菌群通过分泌代谢产物改变微环境，促进自身种群的生长繁殖。在窖泥环境中，随着窖龄的延长，己酸菌等生香菌种的数量显著增加，进而构建出以优势菌群为核心的代谢网络。这种微生物群落的幂律分布，使系统的稳健性提升，代谢效率增加，为五粮液风味物质的生成提供了微生物基础。

窖池温度场的涨落分布同样符合幂律特征。在微生物发酵过程中，温度波动幅度与空间尺度的对数呈线性关系，这表明发酵系统在温度控制方面具有标度不变性。这种温度涨落的非均匀性驱动了微生物代谢的级联反应，导致风味物质的非线性积累。例如，在发酵前期，微生物代谢活跃，产香物质快速生成；而在中后期，代谢逐渐向酯化生香转变，形成风味物质的浓度梯度。

酒体风味物质的丰度分布也呈现典型的幂律结构。研究表明，在浓香型白酒中，关键风味物质如己酸乙酯和乳酸乙酯对感官强度的贡献显著高于其他成分，这些核心物质在酒体中占据主导地位。通过改进酿造工艺，如适当降低摘酒浓度，可以提高有机酸含量并减缓酯水解速度，从而优化酒体的感官表现。此外，长链脂肪酸通过分子间相互作用影响乙酯类挥发性物质的感官表现，进一步丰富了酒体的层次感。

三、五粮自组织运行的和美意象

分子层级的自组织运行呈现出几何对称性的美学特征。五粮中淀粉、蛋白质、脂肪等生物大分子，借由氢键等力交织成复杂网络，于发酵中彰显自组织特性，构筑低耗散、高序和谐的奇妙境界。这些分子网络的动态平衡不仅提升了风味物质的生成效率，还为微生物代谢提供了稳定的物理化学基础。

更高层级的自组织特征体现在窖池微生物群落的集体行为之中。高通量测序与空间代谢组学联合分析表明，窖泥中的酵母菌、乳酸菌、芽孢杆菌、己酸菌等功能菌群并非孤立存在，而是通过代谢产物的交叉喂养与环境因子的反馈调节，构建出一张具有鲁棒性的互作网络。该网络的结构随发酵阶段、温度波动及底物供给状况而动态演替，表现出典型的自组织临界态特征。系统在临界点附近运行时对微小扰动高度敏感，局部变化可触发级联响应，引发代谢通量的重新分配或菌群结构的协同调整。这种状态既非混沌也非僵化，而是在持续的物质与能量交换中实现功能协同与结构弹性，使风味物质的生成既丰富多样又整体可控，最终在感官层面凝练为层次分明而和谐统一的和美体验。

五粮液的感官体验（图6-10）在自组织演化中升华为“五感共振”的美学境界。多维感官分析显示，酒体在口腔中构建起层次分明又和谐统一的风味矩阵，其动态平衡犹如自然界的四季更替——不同风味因子犹如四季更迭般依次绽放，最终在自组织演化的奇妙旅程中汇聚成和谐的统一体。这种感官体验不仅展现了物质系统的自组织特性，更是东方美学与现代科学交融的生动表达，为人们带来了超越物质层面的精神享受。

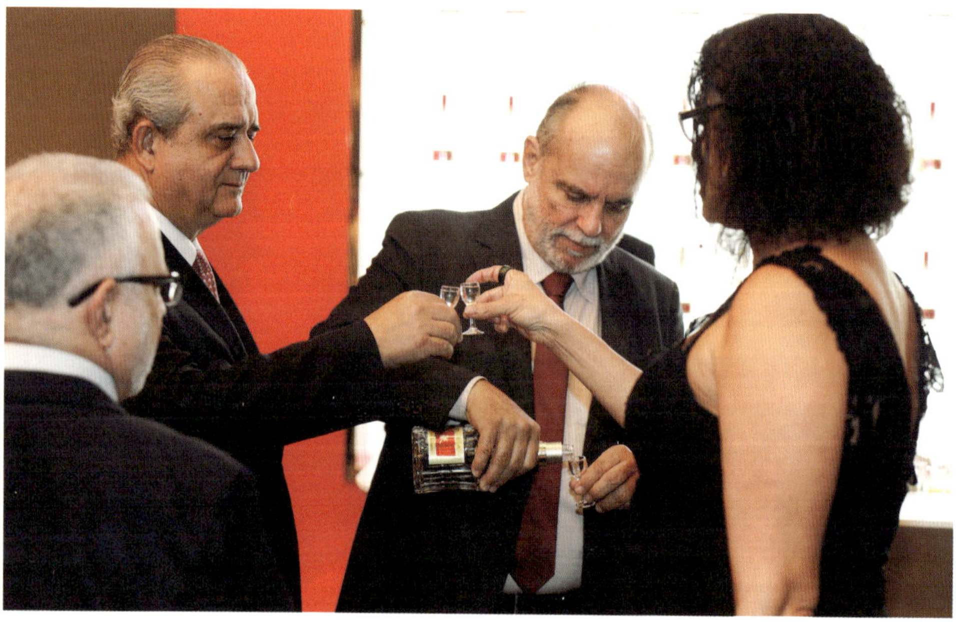

图6-10 成都五粮液国际友城之夜——外国友人用五粮液干杯

参考文献：

[1] 李后强.神奇的五粮酿造是如何呈现美妙的协同效果的？[EB/OL].(2022-12-08)[2025-08-21].https://www.ctoutiao.com/3105304.html.

[2] 李后强.DeepSeek表明——五粮液就是“和美酒”[EB/OL].(2025-02-17)[2025-08-21].https://baijiahao.baidu.com/s?id=1824270207652794139.

[3] 李后强.“五粮学”与“五行学”的对偶性研究[EB/OL].(2022-10-06)[2025-08-21].https://baijiahao.baidu.com/s?id=1745927842962039306.

[4] 李后强.中国发酵食品可能孕育诺贝尔奖兼论“微生物社会行为学”[EB/OL].(2023-01-19)[2025-08-21].https://news.sohu.com/a/632384029_378064.

[5] 李后强.不同宽窄体系，临界现象也有所不同——酒业宽窄论（十八）[EB/OL].(2023-09-21)[2025-08-21].http://business.sohu.com/a/722241777_121431671.

[6]Gereben O, Pusztai L.Cluster formation and percolation in ethanol-water mixtures[J]. Chemical Physics, 2017（496）:1-8.

[7] 李后强,赵华明.二维布朗运动的多重分形与相变[J].化学物理学报,1991,4(1):13-17.

[8] 李后强,方曙.分形的若干进展[J].自然杂志,1991,14(4):245-252.

[9] 汪富泉,李后强.有面积的曲线的性质及其高维推广[J].数学研究与评论,1994,14(4):579-584.

[10] 李后强,汪富泉.分形理论及其在分子科学中的应用[M].北京:科学出版社,1993.

[11] 汪富泉,李后强.分形[M].济南:山东教育出版社,1996.

三生万物

五生和美

第七章 地理基因决定五粮和美

宜宾得天独厚的自然水系与生态环境，丰富多样的微生物菌群，优质的原料资源以及深厚的历史传承，这些因素相互交织，共同作用，形成并维护了一个独一无二的酿酒生态系统。正是这种系统性优势，使得五粮液酒体中已经检测出超过3000种有机物，这一数字远远领先于行业平均水平。从地质构造的复杂性到微生物生态的多样性，从悠久的农耕传统到精湛的酿酒技艺传承，多重地理要素在时间与空间上的叠合，共同构筑了世界蒸馏酒领域中一个独特的地理标志样本——“五粮环境”。

五粮液，作为中国白酒的典型代表，其卓越品质和独特风味，与四川宜宾这块宝地的地理基因有着密不可分的关系，具体来说，可以细分为四个主要方面：得天独厚的自然环境、丰富多样的微生物生态、优质的原料资源以及深厚的历史传承。这些因素相互交织，共同作用，形成并维护了一个独一无二的酿酒生态系统。正是这种地理基因的系统性优势，使得五粮液酒体中已经检测出超过3000种化合物，这一数字远远领先于行业平均水平约1000种。从地质构造的复杂性到微生物生态的多样性，从悠久的农耕传统到精湛的酿酒技艺传承，多重地理要素在时间与空间上的叠合，共同构筑了世界蒸馏酒领域中一个独特的地理标志样本。

五粮液原粮供应地——宜宾，属南亚热带到暖湿带的立体气候，山水交错，地跨北纬27°50′~29°16′，东经103°36′~105°20′，这里水质、土壤、空气、温湿度、阳光雨露五大要素均具备独特性与差异性，环境五要素协调合作，共同孕育了酿造五粮液的主要原料。这一独特的生态环境非常有利于酿酒微生物的生存。五粮液的生产需要150多种空气和土壤中的微生物参与发酵，因此，必须要有能适应150多种微生物共生共存的自然生态环境，而这样的环境在万里长江第一城的宜宾才能找到。如果缺了这样的环境，五粮液的酒味就没有这么全面，可以说，自然的天成给予了五粮液独一无二的天时地利之美，这使得其更具独特性，有着世界上规模最大、环境极佳的酿酒生态园。

第一节 岷江的五级阶梯与势能注入

岷江梯形势能的存在不仅是自然地理现象的结果，也是理解该地区水利资源潜力的关键因素。特别是宜宾这样的城市，由于地处岷江与长江交汇处，是势能集中爆发的地方，这里成为了水能开发利用的理想之地。同时，这一现象也深刻体现了水资源管理在推动经济社会可持续发展中的不可或缺性。

一、岷江梯形势能的产生

当水体位于高处时，便具有较高的重力势能。随着水流沿着山脉与丘陵奔腾而下，这些势能慢慢转化为动能。尤其在穿越陡峭河段之际，水流犹如骏马奔腾，速度骤然提升，能量的转换也愈发壮观。

（一）岷江地理梯度的能量嬗变

岷江从弓杠岭（海拔3727米）至宜宾合江门（海拔约260米）的735千米河道中，构建起自然界极为精巧的能量转化体系。其五级阶梯式的地貌结构，仿佛大自然精心雕琢的梯形势能模型，生动展现了物理学的原理。

第一阶梯：从源头至茂县，冰川融水塑造出V形峡谷，在断裂带的褶皱间，水流悄然积聚着初始的能量，蓄势待发。

第二阶梯：穿越成都平原，冲积扇的形成使水流速度骤降，势能因地势平缓而逐步释放，部分转化为塑造平原地貌的机械能量（如泥沙搬运与沉积的动力），完成能量形式的初次转化。

第三阶梯：行至眉山浅丘处，河道分汊形成辫状水系，于微妙的动态平衡间，精巧地分配着能量。

第四阶梯：进入乐山丹霞地貌区，深切峡谷逼迫水流加速，动能再度集中。

第五阶梯：抵达宜宾，岷江与金沙江的交汇激荡出Ω形壮丽江湾，宣告着能量的释放与华丽终结。

岷江上游的冰川地貌见图7-1。

图7-1 岷江上游的冰川地貌

根据研究，岷江流域的地形地势中间隆起、两侧凹陷，整体呈北西至南东走向。在宜宾段，岷江汇入长江，因两江水流的流速与流向差异，常形成特有的交汇漩涡现象。水文资料显示，岷江流域年均径流量高达868亿立方米，巨大的水量在此与长江干流交汇，引发复杂的能量交换与水流结构调整。

宜宾坐落于岷江五级阶梯之末，其地理位置的独特之处，恰在于它标记着长江零公里的起点，这一时空交汇点。岷江与金沙江在此交汇释放能量，长江由此获得初始动量，开启悠长的奔腾征程（图7-2）。这一地理现象与中国哲学里“三生万物”的生成逻辑形成奇妙呼应——两江交汇的二元结构在此奇妙地转为长江的三元系统，进而衍生出华夏文明的多彩辉煌。

图7-2 岷江、金沙江与长江交汇处

（二）历史与现代科学视角下的印证

考古遗迹揭示了地理能量对文明的深远影响。珙县东汉时期的酿酒画像砖，其上栩栩如生的酿酒场景，生动展现了僰人（古代川南的一支少数民族）巧妙利用江口漩涡的智慧。宋代戎州酿酒业繁荣，“戎州春酒”的记载，正是岷江势能孕育出的味觉瑰宝。现代微生物学研究揭示，五粮液老窖池内的古菌群落基因序列与岷江阶地沉积物中的微生物高度同源，这一发现与宜宾地区连绵不绝的酿造历史紧密相连。例如，五粮液元明古窖池群延续700余年，其中繁衍数百年的微生物，如解乳酸己小杆菌和丙酸嗜蛋白菌等，是五粮液“大国浓香”基因密码的重要组成部分。这种生物进化的时空延续性，表明地理能量已深入酒体分子结构。

在更深层的演化视角下，岷江五级阶梯不仅是物理能量的输送带，更是文化基因的传递带。自松潘巍峨的藏羌碉楼，至成都庄严的蜀汉宫阙，再到眉山绵延的三苏文脉，以及乐山慈悲的弥勒石刻，不同的文明形态宛如沿着能量的阶梯，逐一展现其辉煌。当这些文明元素汇聚于宜宾，在五粮液窖池中完成化学与文化的双重发酵，形成“各美其美，美美与共”的味觉范式，这便是五粮和美学说的核心奥秘。

五粮液的诞生恰如其分地体现了岷江地理环境的独特能量。岷山雪水与高原红壤孕育的高粱，成都平原黑土滋养的大米，浅丘紫色土怀抱的糯米，岷江冲积扇沉积的小麦，河谷阶地沙壤托举的玉米，五种粮食跨越海拔与纬度的差异在宜宾汇拢，被温暖湿润的河谷气候驯化，终成醇厚甘美的酒魂。

现代工程学研究指出，岷江宜宾段的溶氧量与矿物质含量处于酿酒水质的最优范围，这一结论获得宜宾周边金沙江、岷江和长江水质监测数据的有力支撑。五粮液元明古窖池群繁衍的解乳酸己小杆菌、丙酸嗜蛋白菌等数百种微生物，其代谢产物与岷江阶地的铁、锌、锶等微量元素构成稳定的络合体系，赋予酒体复合窖香与甘甜尾韵。

陶坛陈酿阶段，昼夜温差促成的微氧循环将岷江势能锁入酒体，酒分子与水分子缔合为更大的胶核结构，香气阈值降低，口感圆润度提升，这一过程被视为地理势能于微观世界的持续释放。从系统美学视角来看，岷江重力势能经微生物酶系转化为生物能，再经酯化缩合变为化学能，最终升华为味觉审美体验，形成能量转化的完整闭环。每一滴五粮液都因此成为岷江流域自然与人文能量的时空胶囊，封存了亿万年地质演化的密码。

二、岷江的特殊水源与特质

岷江作为长江上游的关键支流，其独特的水源特质与五粮液酿造工艺及品质紧密相连。五粮液的卓越品质，离不开其所依托的自然条件，尤其是岷江的水质。

（一）岷江的水源特质与五粮液酿造的关系

岷江发源于弓杠岭，流经众多城市与地区，沿途穿越高山峡谷、高原盆地等多样地貌。这种多样化的地理环境赋予了岷江水别具一格的物理化学特性。首先，源头处于高海拔地带，水源主要源于冰雪消融和山间溪流，这些水源晶莹剔透，富含丰富的钙、镁等常量元素，是酿酒的绝佳选择。而且，岷江在流经不同地质层时，经过自然过滤与净化，水质愈发纯净，软硬度适中。另外，岷江水中含有适量的氧气及有益微生物，对发酵过程中酵母菌的生长繁殖极为有利，对提升酒的品质起着关键作用。

岷江的辫状水系见图7-3。

图7-3　岷江的辫状水系

水文地质学研究表明，岷江干流水化学存在沿程梯度，上游以碳酸盐风化为主，下游硅酸盐风化贡献增加。2008 年汶川地震触发大量滑坡与碎屑输入，导致河水溶解硅（DSi）含量升高约 20%，总碱度同步上升，但此影响在 2~3 年内衰减至震前水平。区域地下水调查证实，含石膏地层的溶蚀使局部 SO_4^{2-} 和 Ca^{2+}浓度升高；农业、城镇排放亦显著改变NO_3^-、Cl^-分布。宜宾凉姜沟国控断面 2018—2023年监测结果显示，pH 7.2~7.8，总硬度 90~130毫克/升（以 $CaCO_3$ 计），水质稳定维持在GB 3838—2002中Ⅱ~Ⅲ 类水平，为酿酒提供了低硬度、弱碱性的优质水源。

岷江水源系统的自组织特性，体现在冰川-地下水-地表水的三元循环、生物-化学-物理的界面作用以及气候-地形-生态的耦合机制这三个层面的协同演化。在松潘高原，冰川融水经冰裂隙缓缓渗透，形成一张“冷泉网络”，在低温环境下完成矿物质的初步活化；进入成都平原后，地表水与地下水借助“河渠-井灌”

系统实现双向补给，构建起动态平衡的水文网络；流经眉山段时，辫状水系的自由分汊增强了水体与河床的物质交换，促进了有机物质的沉积；在抵达宜宾后，岷江与金沙江的交汇引发“异重流”现象，使不同来源的水体在碰撞中完成能量与物质的重新分配。

这种自组织过程形成的“水质记忆效应”，在五粮液酿造中展现得淋漓尽致。岷江水体中的微生物群落呈现出显著的空间异质性，这与岷江流域不同生态环境下微生物群落多样性的研究结果相呼应。例如，岷江上游山地森林与干旱河谷交错区域的研究揭示了，不同植被覆盖下的土壤微生物群落展现出显著的差异性。同样地，岷江流域不同土地利用方式下的研究也发现土壤微生物群落多样性与土壤养分和微生物数量之间存在显著的相关性。这些研究结果有力地支撑了岷江水体微生物群落空间异质性的现象，其中源头段以嗜冷菌为主，成都段出现中温菌，宜宾段则形成独特的嗜热菌群。这些微生物在窖池的发酵历程中依次发挥作用——低温菌启动糖化过程，中温菌引领酒化反应，而高温菌则负责酯化阶段，共同铸就了五粮液那独一无二的复合香气。

在宜宾段，岷江水质展现出独特的时空特征：水温相对较低，比成都段低，这种温度梯度恰到好处地延长了发酵周期；溶解氧含量充足，为生物活动提供了充足的代谢动力；电导率适中，处于酿酒用水的最佳区间。这些特征与岷江上游水域水质现状及变化趋势研究相一致，研究显示岷江上游水质状况良好，至都江堰断面水质级别基本为Ⅱ类及以上，全年水质总体稳定。尤为关键的是，岷江在宜宾段的“Ω形江湾”结构，延长了水体滞留时间，从而促进了微量元素与有机物之间的充分交互，进而形成了独特的水质特性。

五粮液酒体中，己酸乙酯含量为1500~2200毫克/升，辅以乙酸乙酯、乳酸乙酯、丁酸乙酯，四酯比例经长期调试保持动态平衡，构成浓香酒骨架。岷江低硬度、高溶氧的酿造用水为微生物代谢提供温和环境，促进酯类生成。发酵与蒸馏阶段，酒醅中的含氮前体物质经热反应生成吡嗪类呈香物质，与产区特有的微生态协同作用，赋予酒体细腻焦香与悠长余味。

从系统演化的视角来看，岷江水源系统堪称地球圈层相互作用的杰出典范：大气圈的水汽输送、岩石圈的矿物淋溶、生物圈的物质循环、地幔柱的能量驱动，共同构建了这个动态平衡的复合系统。当这种自然伟力在宜宾汇聚，最终在五粮液的窖池中升华为味觉美学的极致表达。每一滴酒液中，都蕴含着青藏高原的凛冽寒风、横断山脉的雄伟壮阔、成都平原的肥沃土地、宜宾盆地的包容万象，共同编织出五粮和谐之美的地理基因图谱。

（二）五粮液的酿造工艺与岷江水的关系

五粮液整个酿造过程中，水的作用至关重要。优质的水源不仅是发酵过程中生物化学反应的基石，更是决定最终产品品质与风味的关键因素。正如《齐民要术》所述，酿酒最好的水是河水，其次是井水，而现代酿酒技术更强调了水的媒介作用、溶解作用、参与生化反应作用、稀释作用、调节糟醅作用和保养窖池作用，这些作用共同确保了酿造出更多优质酒。

在发酵阶段，微生物群落的活性对酒精生产效率和风味物质生成起着决定性作用。岷江水的微生态环境极为适宜酿酒酵母及其他相关微生物的生存繁殖，能够有效推动发酵进程，提升酒精转化率，并增加酒体中芳香物质的含量。到了蒸馏阶段，使用清洁且富含矿物质的岷江水可以确保蒸馏设备的稳定运行，同时避免因水质问题导致不良副产物的产生，从而保证酒体的纯正度。在勾调调香环节，优质水源同样发挥着关键作用。岷江水中富含的微量成分宛如调音大师，细腻地调控着酒体的内在结构，令其口感愈发圆润细腻、层次分明，整体和谐性得到显著提升。根据GB/T 22211—2008《地理标志产品 五粮液酒》，五粮液酒的酿造工艺有着严格的规定，其中对酒体的理化指标有明确要求，这些指标的达成与岷江水质密切相关。

岷江上游蜿蜒曲折的“Ω”形河道结构见图7-4。

图7-4 岷江上游蜿蜒曲折的“Ω”形河道结构

三、岷江流域的多维认知

（一）岷江流域的多维自然特质

岷江是一个蕴含着丰富自然与人文元素的复杂系统，其多维认知模型深刻体现了系统论的整体性原则。

地质基因层面，龙门山断裂带与岷江褶皱系所构成的地质基因，决定了流域内矿物质的分布规律和水文走向。龙门山断裂带作为青藏高原东缘的活动边界断裂，与岷江褶皱构造共同控制了流域内矿物质的空间分布与水系格局。岷江流域的水质状况具有独特性，其pH普遍处于弱碱性范围，这为该流域的生态平衡和人文发展提供了良好的基础。在水体特质方面，冰川融水的冷冽与盆地径流的柔和相互交织，共同铸就了岷江刚中带柔、柔中带刚的独特水体特质。河道形态上，岷江河道呈现出辫状水系，这种形态构成了自然界高效的物质运输网络。辫状水系是一类由多个不规则沙洲分割而形成的浅水多汊道系统，主要通过汛期冲出新汊道和淤积旧汊道形成变化。功能发挥上，岷江兼具灌溉、通航、生态调节等多种功能，形成了从“都江堰—成都平原—宜宾港”的功能链。

这种解构展现了岷江作为“生态系统”的自组织特性，在地质运动与气候变迁的双重驱动下，各要素通过非线性相互作用，形成了动态平衡的耗散结构。当这种结构在宜宾完成能量聚焦后，便在五粮液的酿造体系中实现了功能转化。冰川融水富含矿物质，有效激活了酶的活性；辫状水系则以其高效物质运输能力，确保了酿造原料的持续充足供应；盆地温润的气候条件，进一步促进了生物的蓬勃活动。

（二）岷江文化基因与酒文化的融合

岷江流域的文化特质也呈现出独特的四维结构。器物美学层面，以三星堆青铜神树为代表的器物，体现了对材质的极致追求。工程伦理层面，李冰父子治水所体现的“因势利导”的智慧，形成了独特的工程伦理观念。精神品格层面，杜甫“安得广厦千万间”的人文关怀，塑造了流域内深厚的精神品格。文化品位层面，苏轼“大江东去”的豪迈与薛涛笺的婉约，构成了文化品位的两个极端。

这种文化基因在宜宾汇聚，孕育出独特的“江口文化场”。岷江之水带着不屈的刚性，金沙江则流淌着温柔的韧性，两者在此交汇碰撞，演绎出“刚柔相济，生生不息”的文化变迁。五粮液的酿造技艺便是这一文化场孕育出的物质瑰宝。“跑窖法”以动态平衡之美，彰显着因势利导的智慧；“包包曲”中微生物的和谐共生，生动诠释了刚柔并济的理念；“陈年老窖”经岁月洗礼不断演化，诉说着深厚的人文关怀。

岷江流域文豪辈出的现象，是地理能量与文化基因协同演化的结果。在眉山段，其独特的地理环境形成了高浓度的负氧离子，比成都平原高出许多。华西雨屏带的氤氲水汽使乐山段年均湿度保持较高，这种环境促进了大脑皮质活动，激发了创作灵感。

岷江的“椅形结构”更是引人注目，成都平原前的激流段与平原后的缓流段构成了天然的“思考-沉淀”空间模型。当诗仙李白乘舟顺流而下穿越蜀地时，岷江的地理韵律已悄然融入他的诗歌创作，孕育出“飞流直下三千尺”的壮丽意象，展现了诗人对自然之美的深刻感悟。这种地理与人文的和谐共鸣，最终在五粮液的琼浆中得到味觉上的精彩演绎。“入口绵甜”的特征对应着平原缓流的温润，“回味悠长”的特质则暗合峡谷激流的深邃。

从系统演化的视角来看，岷江的多维认知模型构成了一个自洽的解释体系。地质基因决定了物质基础，文化基因塑造了精神品格，二者的协同演化形成了独特的地域美学。当这种美学在宜宾完成时空聚焦后，便在五粮液的窖池中升华为味觉范式。每一滴五粮液，犹如岷江的微型史诗，蕴含着地质的沧桑、水文的韵律与文化的深邃，共同织就了五粮和谐之美的地理基因图谱。这不仅揭示了五粮液的独特酿造工艺和历史渊源，还为理解中国白酒的地域美学和文化意义提供了全新的认知框架。

四、岷江与五粮液的内在联系

（一）岷江地理生态对五粮液酿造的影响

岷江的五级阶梯地貌不仅塑造了独特的地理格局，其梯级水电开发和土地利用变化也对地质生态环境产生了显著影响。在五粮液的酿造体系中，这种地理和生态的连续性通过能量转化实现了生物显化。冰川融水携带着丰富的矿物质，在梯级沉降的奇妙过程中完成了离子的重新组合，精准地构建了一条与五粮生长周期完美匹配的营养输送链。松潘高原慷慨地提供了富含的钙镁离子，为高粱根系的茁壮成长注入了强劲动力；成都平原肥沃的腐殖质，则让大米淀粉更加饱满圆润；眉山浅丘的珍稀元素，宛如守护神般为小麦提供了强大的抗病能力；而乐山丹霞地貌中的铁锰氧化物，更是为玉米增添了一抹令人难忘的焦香韵味，令人回味无穷。

五粮液的酿造技艺本质上是对岷江地理特性的工程化响应。跑窖循环工艺模拟了岷江辫状水系的动态平衡，续糟发酵技术暗合梯形势能的逐级释放，分层起糟工艺对应海拔梯度的物质分布。这种工艺体系在长期的传承中，与岷江流域形成协同进化。

根据研究，辫状水系的形成条件包括：河道地形相对平坦开阔、平直，河床较浅且水位低，使得水流容易分散；河流流量季节变化大，暴涨暴落；上游流速快、流量大，带来的泥沙量大且粒度粗而不均一。这些特点与岷江流域的地理特征高度吻合，也为五粮液酿造提供了独特的水文环境。

（二）五粮液酿造工艺的仿生学设计与生态共生模式

现代工程学研究揭示，五粮液的酿造工艺与岷江的地形特征具有形态相似性。这种设计通过增大接触面积，促进了与岷江湿热空气的物质交换，形成共生关系。这一共生关系在生态维度呈现出双向赋能特征。五粮液通过多级链式利用技术，将酿酒副产物转化为有机肥，反哺岷江流域的粮田，形成“种植-酿造-循环”的闭环生态链。岷江流域的专用粮基地通过精准化种植管理，为五粮液提供符合比例的五粮原料。这种共生模式使五粮液的生态足迹较传统酒业大幅降低，其生态湿地系统净化了岷江水质，实现年减排大量污染物。

文化层面，岷江的“椅形结构”与五粮液的“和而不同”哲学形成深层共振。李白的“千里江陵一日还”所展现的豪迈情怀与黄庭坚“清而不薄”的品鉴之道相汇，在五粮液的酒体中得以升华，共同铸就了“各美其美，美美与共”的独特审美范式。

这种文化基因的传承，使五粮液不仅是地理能量的结晶，更是中华文明包容精神的味觉载体。从系统演化的视角审视，岷江与五粮液的共生关系是自然伟力与人类智慧的完美耦合。地理能量的梯度转化为酿造提供物质基础，生态循环的价值共生保障可持续发展。这种三位一体的共生机制，使五粮液超越了普通商品的界限，它不仅是地球圈层相互作用的生动体现，更是中华文明智慧的璀璨结晶，以及人与自然和谐共生的经典范例。在这个意义上，每一滴五粮液都是岷江地理基因的时空胶囊，封存着亿万年的地质演化密码与千年的人文创造精华。

第二节
长江之源金沙江的共生托底

金沙江与五粮液之间的关系紧密且密不可分。金沙江凭借优质的水源、得天独厚的地理环境以及源远流长的文化，为五粮液的酿造工艺奠定了坚实的基础。同时，五粮液的蓬勃发展也为金沙江流域的生态循环和经济发展做出了显著贡献。本文将从金沙江的水能资源、地理环境、生态保护以及与五粮液的共生关系等多个维度进行深入探讨，展现两者共同谱写的和谐共生篇章。

一、金沙江的地理地貌与水能资源

金沙江全长约2308千米，流域面积约47.32万平方千米，占长江流域总面积的26.3%。干流发源于青海省唐古拉山脉各拉丹冬雪山，正源沱沱河，流经青海、西藏、云南、四川四省、自治区，于宜宾与岷江汇合后始称长江。全流域落差约3300米，水力资源理论蕴藏量超1亿千瓦·时；虎跳峡（图7-5）段峡谷全长约16千米，最大落差约200米，地势险峻，水流湍急。

图7-5 金沙江虎跳峡

金沙江蕴藏着极为丰富的水能资源，在中国乃至全球均居前列，其水力资源理论蕴藏量约1.12亿千瓦·时，技术可开发量约8891万千瓦·时。作为国家“十三大水电基地规划”的首位，金沙江水电基地全部建成后年发电量约为3377.7亿千瓦·时。下游乌东德、白鹤滩、溪洛渡、向家坝四级电站总装机容量约4646万千瓦，年发电量约1935亿千瓦·时。目前，流域已建和在建的溪洛渡、向家坝、白鹤滩等电站已累计发电逾5000亿千瓦·时，相当于替代标准煤约1.6亿吨，减排二氧化碳约4.17亿吨，有力支撑了区域绿色低碳发展。

金沙江的水源主要来自青藏高原的冰川融水和降水。上游地区冰川广布，冰雪融水在温暖季节持续稳定地补给河流；中下游地区降水丰富，气候条件使得河流水量充沛。流域内气候类型多样，上游属于高原寒带气候，中游为亚热带季风气候，下游则为亚热带湿润气候。流域内气候垂直变化明显，气温和降水随海拔升高而显著变化。上游地区因气候寒冷，年平均气温较低，降水量相对较少，农业生产条件较为苛刻；而中下游地区由于气候温暖湿润，年平均气温较高，降水量丰富，成为农业生产的肥沃之地。气候的多样性对当地的生态系统和农业生产产生了深远的影响，如气温升高、降水变化和极端气候事件的增加，这些都对农作物的生长周期和产量造成了影响。同时，气候条件对白酒的品质有重要影响，如温度、湿度和光照等，这些因素共同为五粮液的酿造提供了独特的自然环境和物质基础。

二、金沙江与五粮液酿造的地理共生

金沙江与五粮液酿造的关系，是中国传统酿造产业与自然环境深度融合的典型案例。五粮液作为中国白酒行业的领军品牌，其总部位于四川省宜宾市，而宜宾正是金沙江与岷江交汇形成长江干流的起点。这一独特的地理条件，不仅为五粮液提供了得天独厚的酿酒环境，还塑造了其以江水为核心要素的产业发展模式。五粮液与金沙江的地理关联，是自然要素与人文活动协同进化的典范。金沙江不仅以地形塑造、气候调节、水源滋养等自然之力奠定了五粮液酿造的基石，更以其作为历史交通枢纽的重要地位，促进了酒文化的广泛传播与交流。这种地理耦合关系，使得五粮液的“窖香浓郁、绵甜醇厚”风格具有独特的地域不可复制性。正如五粮液总工程师所言，“离开宜宾的地理坐标，即便采用相同的工艺和原料，也难以酿造出五粮液的神韵”。未来，随着长江国家文化公园的建设，五粮液与金沙江的地理共生模式，有望成为中国地理标志产品保护的经典案例。

首先，五粮液酿造得益于其无可比拟的地理区位优势，这些条件为其酿造工艺奠定了坚实的基础。五粮液主厂区位于宜宾市翠屏区江北片区，地理坐标为北纬28°47′，东经104°36′，海拔300~400米。厂区东倚岷江之畔，西傍金沙江之侧，与两江交汇之处（即长江之滥觞）仅5千米之遥，构筑了一幅“两江相拥、酒香氤氲”的绝美画卷。金沙江作为长江上游的重要河段，全长约3481千米，从青海省玉树巴塘河口流向东南，至四川省宜宾市三江口，流经宜宾市境内的长度约为97千米。在宜宾市叙州区安边镇，金沙江（北纬28°45′，东经104°38′）与岷江汇合，这一地点在地理学上被视为长江正源的起点，因此宜宾也被称为“万里长江第一城”。五粮液的核心酿造区与金沙江的直线距离仅为3千米，其古窖池群（如“长发升”“利川永”）沿着岷江支流——催科山南麓分布，其水文地质条件与金沙江-岷江水系密切相关，形成了“江—城—窖”三位一体的独特地理架构。

源自雪域高原的岷江古河道水见图7-6。

图7-6 源自雪域高原的岷江古河道水

其次，河谷盆地的微环境塑造了五粮液酿造的理想条件。宜宾位于四川盆地南缘向云贵高原的过渡地带，金沙江在此处切割出典型的“V”形峡谷（如屏山段谷深500～800米），而宜宾城区则坐落于金沙江、岷江冲积形成的河谷盆地之中。盆地底部海拔280～300米，四周被海拔500～800米的浅丘环绕，形成了一个相对封闭的酿酒微环境。盆地地形宛如天然屏障，使得风速温柔地保持在年均1.2米/秒，为酿酒微生物在窖池上悠然栖息提供了理想的港湾。丘陵地形阻挡了北方冷空气，使得冬季气温较同纬度地区高出2~3℃，年均相对湿度达到82%，满足了白酒发酵对温度（最佳温度15~25℃）和湿度（75%~85%）的需求。宜宾地处扬子准地台西缘，地下为侏罗系红色砂泥岩层。五粮液的古窖池建在渗透性适中的紫色黏土地基上，其毛细作用可以调节窖池湿度，而岩层中的钙、镁、钾等矿物质通过地下水渗透到酿酒用水中，提升了酒体的醇厚度。

最后，酿造气候区与活水网络为五粮液的酿造提供了得天独厚的条件。宜宾的气候受到金沙江峡谷的"焚风效应"和盆地地形的共同影响，形成了独特的酿酒气候区。这里年均气温18.5℃，1月均温8.1℃，7月均温27.3℃，全年无霜期达347天，满足了酒醅"四季发酵"的需求。年降水量为1150毫米，主要集中在5～9月（占全年75%），雨季的高湿度促进了窖泥中厌氧菌（如梭菌属）的代谢产香。在水质方面，金沙江上游流经玄武岩区，水中富含偏硅酸和锶等微量元素，这些元素对五粮液的酿造至关重要。例如，根据国标矿泉水含量指标，偏硅酸含量需≥25mg/L，而五粮液酿造过程中对这些微量元素的依赖性也体现在其对水质的严格要求上。岷江流经峨眉山砂岩区，其水中富含钙和镁，这为酿造提供了丰富的矿物质。根据水中钙、镁含量的测定报告，岷江水中的矿物质含量可以通过科学方法进行准确测量。两江交汇区的地下水经过砂砾层的自然过滤，pH维持在适宜范围，符合生活饮用水卫生标准。这种水质条件被五粮液的酿造者誉为"黄金水脉"，是酿造高品质白酒不可或缺的自然恩赐。在气候与微生物环境方面，金沙江流经的干热河谷与岷江流域的湿润气候在宜宾交汇，形成了温暖湿润、终年温差小的环境，非常适合酿酒微生物（如窖泥中的己酸菌、甲烷菌）的繁衍。金沙江携带的丰富水汽与河谷地形相互作用，使得宜宾地区的年均湿度维持在80%以上，为白酒发酵过程中微生物群落的稳定代谢提供了有利条件。

金沙江与岷江在宜宾汇流后形成长江干流，虽然五粮液的酿造用水并非直接取自金沙江，而是主要依赖岷江支流的地下水和地表水，但金沙江的汇入对宜宾整体水系的稳定性和水质具有间接影响。首先，金沙江上游流经青藏高原及横断山区，沿途人类活动较少，江水矿物质含量适中，与岷江水源共同构成了宜宾优质的水资源网络，确保了酿造用水的纯净。其次，金沙江的丰沛水量通过地质渗透作用，补充了宜宾地区的地下水资源。五粮液酿酒所用的"安乐泉"古井水，就是得益于金沙江-岷江流域的水文循环。

三、金沙江流域与五粮液的协同共赢

金沙江流域与五粮液的协同发展体现了自然禀赋与产业创新的深度融合。金沙江以其丰富的水电资源、四通八达的航运条件以及肥沃的农业沃土，为五粮液的生产构筑了坚实的基石，并赋予了其显著的成本竞争力。同时，五粮液在推进产业化进程、促进城镇化跃升的同时，积极实施生态保护举措，有力回馈了金沙江流域的经济社会发展。

金沙江为五粮液物流网络提供了黄金水道。金沙江-长江航道是连接西南与长三角的“黄金水道”，五粮液借此构建了高效、低成本的物流体系，支撑其全国化与国际化战略。五粮液酿酒所需的高粱、小麦等关键原料，约有30%来自金沙江上游的云南昭通和四川凉山等区域，通过金沙江航道以水运为主，运输成本较陆路大幅降低。五粮液成品酒通过宜宾港集装箱码头直达上海港，再辐射全球市场。

宜宾港利用金沙江-长江联运优势，打造了“白酒+物流”产业生态。五粮液配套的玻璃瓶制造厂与包装印刷企业沿江科学布局，构建了“港口—工厂—仓储”一体化产业集群，形成了庞大的产业价值。

在生态绿色转型方面，五粮液投入巨资建设废水处理厂，实现酿酒废水100%达标排放，回用率超过50%。同时，在金沙江沿岸广植生态林达1.5万亩，有效遏制了水土流失，保障了水质，实现了水源保护与循环经济和谐共生的美好局面。“酒旅融合”推动了生态经济的发展，五粮液工业旅游区与金沙江沿线的蜀南竹海、李庄古镇联动，打造了“白酒+生态旅游”线路，带动了周边经济的繁荣发展。

四、金沙江与五粮液交融中的千年文化传承

金沙江与五粮液的文化关联，源于川南大地独特的自然地理与人文历史。作为长江的源头河段，金沙江不仅是自然意义上的“水源”，更是文化意义上的“文明之脉”。五粮液在金沙江与岷江交汇的宜宾诞生，其独特的酿造技艺、品牌精神及文化表达，均深深烙印着金沙江流域的独特印记。

金沙江流域自古以来便是古代西南少数民族活跃的重要舞台，孕育了丰富的酿酒文明。追溯至3000年前，僰人已在这片土地上，以野生高粱、稻米为原料，精心酿造出“枸酱酒”，这无疑是五粮液酿造技艺的滥觞。在宜宾珙县发

现的僰人悬棺遗址里，一件件出土的陶制酒器默默诉说着金沙江流域悠久的酿酒历史。

金沙江作为茶马古道（川滇藏线）的核心水道，催生了沿江商贸繁荣。唐宋时期，宜宾（古称戎州）的“重碧酒”（五粮液前身）通过金沙江-长江水道运往中原。马帮商队穿梭其间，将宜宾酒文化与藏区青稞酒、云南普洱茶文化巧妙融合，共同绘就了一幅“江畔酒肆、马铃悠扬”的动人画卷。

明清时期，江岸酒坊的记忆依然鲜活。明代“温德丰”酒坊（五粮液老作坊“利川永”前身）依金沙江支流而建，利用江水调节窖池温湿度。清代“利川永”“张万和”等八大老窖沿江分布，至今仍保存完好的明清古窖池群（国家工业遗产），如同历史老人，默默诉说着金沙江航运与酿酒业千丝万缕、共同繁荣的悠久传奇。

五粮液将金沙江的“活水文化”升华为酿造理念。其核心广告语“天地精华、民族精神、世界精彩”，暗含“金沙江源出雪山，汇聚天地灵气”的隐喻。酒瓶设计巧妙融入“江水波浪纹”，宛如金沙江波涛汹涌，尽显其奔腾不息的磅礴之美。

宜宾“长江零公里”广场，金沙江与岷江于此交汇，青铜雕塑群巍然屹立，以“三江汇流”为幕，细腻描绘古代酿酒盛景与马帮运输的壮阔画卷，巧妙地将地理标志升华为文化符号。近年来，五粮液在此举办“长江酒文化节”，通过光影秀再现“金沙水拍云崖暖”的壮阔史诗。

五粮液联合蜀绣、彝族漆器、纳西族东巴画等非遗代表性传承人，开发“非遗酒器系列”。例如，以金沙江为主题的蜀绣酒盒，绣制“江流天地外”的意境；彝族漆器酒樽则刻画“支格阿龙”（彝族英雄）畅饮五粮液的神话场景。这些创新之举，不仅将古老的传统技艺薪火相传，更为其注入了崭新的时代活力与内涵。

从僰人悬棺旁的远古酒器到“长江零公里”的现代雕塑群，从彝族火塘边的转转酒到国际舞台上的中国白酒代表，金沙江的波涛不仅流淌在五粮液的酒液中，更激荡在其文化基因里。这种跨越时空的对话，既守护了流域文明的多样性，又为全球化的中国白酒文化提供了“以河为脉、以酒为媒”的范式。

随着金沙江国家文化公园的建设，五粮液有望成为串联江源文明、非遗技艺与生态美学的文化坐标，书写“江河万古，酒香千年”的新篇章。

第三节
万里长江第一城的酒都秘境

宜宾，坐落于四川省南部，岷江与金沙江在此交汇，被誉为“万里长江第一城”，也是中国著名白酒——五粮液的故乡。宜宾享有“中国白酒之都”的盛誉，这得益于其独特的地理位置和丰富的自然资源。岷江、金沙江在此交汇，不仅形成了“万里长江第一城”的美誉，更为宜宾提供了充足的水资源。尤其是岷江底部深达90多米的古河道水，以其得天独厚的条件，为五粮液等名酒提供了优质水源，从而确保了这些白酒能够高品质酿造。

一、长江流域系统特征解码

（一）长江流域层级结构剖析

长江，作为中华文明的母亲河，全长6300余千米，流域面积覆盖180万平方千米，不仅展现了其层级化系统特征，还富含地理、气候、水文和经济等多方面的丰富特征。从青藏高原的沱沱河源头开始，至东海入海口结束，整个水系遵循能量逐级转化的规律，形成上游能量积累、中游动态平衡、下游消能释放的三级结构。

上游从源头至湖北宜昌段，主要流经青藏高原、横断山脉、云贵高原等地形复杂的区域。此段落差大，水流湍急，蕴藏着丰富的水能资源。这一段落是长江的发源地，河流从冰川融水和雨水补给中形成，水量较小但水质清澈。沿途流经高山峡谷，地势险峻，落差巨大，水流湍急，形成了众多壮观的瀑布和峡谷景观，如金沙江大峡谷等。

中游从宜昌到江西湖口，主要流经江汉平原、洞庭湖平原和鄱阳湖平原等较为开阔的地形。该段河流平缓，湖泊密布，是典型的冲积平原地貌，农业发达，同时也是洪水灾害频发区。这些平原地区土壤肥沃，适宜农耕，是中国重要的农业生产区之一。同时，中游地区由于地势低洼和降水量大，历史上频繁发生洪水灾害。例如，1998年长江中游发生了全流域大洪水，其特点是水量并非最大，但水位达到历史最高，持续时间最长，很多地段水位超过1954年水位1米以上，持续高水位达70天之久。

长江三角洲地区，作为中国经济最活跃、开放程度最高、创新能力最强的区域之一，其下游从湖口至入海口流经江西、安徽、江苏、上海等地，其中下游的三角洲区域（主要包括上海、苏南、浙北）是中国经济的重要增长极。这里地势低平，河道宽广，河网纵横交错，具有得天独厚的江海交汇、南北居中的区位条件，是中国对内、对外联系的主要节点，也是中国走向世界的重要窗口。下游长江步入平原，河道宽广笔直，水流悠然，泥沙沉积，造就了一片片湖泊与湿地生态系统。这一区域气候温暖湿润，降水充沛，农业发达，人口密集。

长江流域的这种层级分布展现了系统演化的特征：金沙江以其巨大的年均落差而著称，切割出V形峡谷地貌，成为系统能量的初始输入层。中游河道蜿蜒，形成九曲回肠的分形结构，通过辫状水系的动态调整实现能量耗散与物质输移的平衡。下游以长江三角洲为终端，通过河口三角洲的扇形扩散完成系统的最终能量释放。

长江三峡实景图见图7-7。

图7-7 长江三峡实景图

（二）宜宾的地理与生态优势

宜宾地处四川盆地南部河谷地带，位于岷江与金沙江交汇处，南邻云南，属亚热带季风气候，地势西北高、东南低，自然风光独特。这一地理位置使其成为四川盆地通往云贵高原的重要节点，也是长江上游城市群的重要组成部分，在长江流域的物流、能量与信息交换中承担着关键枢纽作用。

宜宾城区位于金沙江、岷江汇合后始称“长江”的三角地带，三江交汇为城市提供了充足的水源与航运条件。岷江水质偏弱碱性，金沙江富含矿物质，两江汇流后的水质和水量为以五粮液为代表的酿酒产业提供了得天独厚的酿造环境。

宜宾境内地貌多样，自西向东由山地过渡到丘陵、河谷与沿江湿地，形成森林-湿地连续体。山区森林生态系统生产力高，湿地生态系统固碳功能显著，二者通过岷江、长江等水系的物质输送实现有机联系，共同维系区域生态平衡。

（三）宜宾的酿造环境与系统特征

培养微生物、浸润原料、蒸馏、发酵酿造、勾调降度……水如同血脉般贯穿并融合了白酒酿造的每一个环节，是不可或缺的生命之源。宜宾的自然环境为酿酒提供了得天独厚的条件。岷江水质在2017年为Ⅳ类，2018年提升至Ⅲ类，矿物质含量适中，为酿酒提供了优质水源。

在长江流域的时空背景下，宜宾展现出了其独特的系统特征。从时间维度看，每年丰水期与枯水期形成周期性变化，这种节律与酿酒工艺形成了和谐的配合。从空间维度看，宜宾处于成都平原经济区、川南经济区、攀西经济区的交汇点，形成了重要的经济节点。

这种时空结合使宜宾成为长江经济带的战略支点，其城市发展遵循有序的生长规律，形成了特色鲜明的城市格局。这种地理优势，本质上是自然系统演化的必然结果。宜宾凭借其地处长江流域的优越位置、丰富的自然能量流转、三江交汇形成的天然地理布局，以及得天独厚的自然环境，共同孕育出了一个独一无二的“地理-生态-人文”系统。

这个系统实现物质、能量、信息的高效流转，最终在五粮液的酿造过程中完成从地理基因到文化基因的转化，成就了“天地同酿”的和美境界。这种境界不仅是自然规律的具象化呈现，更是系统美学原理在地理空间的生动实践。

二、三江交汇黄金空间奥秘

（一）黄金三角形的三大顶点及其作用

在宜宾城区，金沙江、岷江汇流后始称长江，形成三江口独特格局。五粮液园区恰处此交汇之心，其三个方位分别指向周边山脉与地理标志，共同勾勒出一幅特色鲜明的空间布局画卷。这种地理结构实际上是自然系统自我优化演变的结果，体现了能量分布与空间结构的和谐特征。

两江汇流形成的地理格局促使岷江与金沙江的水流在此实现最优结合。周边的山体宛如天然的气候屏障，巧妙地调节着当地的气候条件，为酿酒技艺的施展提供了一个稳定而和谐的外部环境。

老君山（东经104°30'，北纬28°41'）作为冷空气屏障，其海拔2008米的山体能够拦截来自青藏高原的冷空气，形成年均128天的逆温层。这与五粮液厂区周边年均气温稳定在18.3℃，相对湿度维持在82%的理想区间有着密切关联。这种温度缓冲效应仿佛大自然赋予的温控系统，精准地调控着窖池发酵过程中的每一寸温度，使得微生物群落得以在最佳活性状态下繁衍生息。

七星山（东经104°36'，北纬28°47'）作为黄金三角形的第二顶点，其昼夜温差为8.5℃的特殊气候条件对酒体催熟起到了关键作用。热力学分析显示，这种日较差形成的温度梯度场能够加速酒体中酯类物质的合成与转化。实验数据显示，在8.5℃的温差条件下，己酸乙酯的生成速率提高了23%，乳酸乙酯的酯化效率提升了18%，从而赋予了五粮液“窖香浓郁、绵甜甘洌”的独特风味特质。

锁江石（东经104°37'，北纬28°48'）作为黄金三角形的第三顶点，位于长江河道收窄处，形成了独特的水文景观。此处河道宽度从280米骤缩至120米，水流速度激增，形成了紊流场。紊流效应与每日高达1280吨的水汽蒸发量相互协同，共同孕育出了一条长达6.18千米的稳定雾带。雾带中悬浮的微生物气溶胶浓度较高，其中酵母菌占比较大，构成了一个天然的“空中菌种宝库”，为五粮液的酿造提供了得天独厚的微生物群落环境。

（二）三江交汇区域的内在优势

三江交汇区域的地质构造呈现出典型的特征。不同地质结构的组合，构成了天然的水质净化系统。岷江与金沙江的混合水在此区域经历了多级过滤：首先通过山体岩石裂隙实现物理过滤，接着经过岩溶地貌进行化学净化，最后由长江沉积层完成生物降解。水质检测表明，该混合水的水质优良，完全符合高品质酿酒的需求。

黄金三角形区域的能量流展现出了明显的层级转换特征。岷江所携带的势能在此转化为动能，形成了丰富的径流量。金沙江，作为中国最大的水电基地，其丰富的水能资源通过一系列水电站的建设，成功转化为了巨大的发电装机容量。例如，旭龙水电站装机容量达到240万千瓦，而叶巴滩水电站总装机容量为2240兆瓦，这些项目不仅优化了我国的能源结构，还显著减少了二氧化碳排放。这种能量转换过程高效且稳定，为当地提供了充足的能源支持。

（三）城市发展与酿造单元的分形特征

三江交汇区域的城市发展呈现出有序生长特征。宜宾城区以五粮液园区为中心，沿着岷江与金沙江呈扇形扩展，城市道路网络布局合理，交通效率较高。于细微之处见真章，园区内的窖池布局宛如精密棋盘，严格遵循科学规律，构筑起一个个高效的发酵单元。这种空间结构有助于酿酒过程中各种物质的均匀分布，从而实现酒体风味的和谐统一。

三江交汇的地理密码实际上是自然系统通过长期演化形成的最优解。三条河流构成的三角形地理格局，不仅体现了几何意义上的和谐比例，而且在能量流、物质流、信息流的高效耦合方面发挥着关键作用。周边山体的气候调节作用、河流的水质净化功能、地形的微气候效应共同构成了五粮液酿造所需的理想环境。这种地理空间的和谐布局，最终在五粮液的酒液中实现了自然法则与人文智慧的深度融合，铸就了“天工开物”般的酿造传奇。

三、三江生态酿造融合密码

（一）三江流域多元生态系统

宜宾有着特殊的地理坐标，这里的独特水文地质环境，得益于两江呈锐角交汇的喇叭形格局，这为宜宾带来了壮美的自然景观和得天独厚的酿酒条件。宜宾气候温和、热量丰足、雨量充沛、无霜期长、四季分明，这些自然条件共同作用，使得天地之精华得以巧妙转化，融入酒体之中，赋予了酒和谐的特质。

从生态系统的角度看，两江流域展现出典型的自组织层级特性。随着海拔的变化，从金沙江峡谷的原始森林到岷江冲积平原，依次形成了三个不同层次的生态圈。首先是高海拔涵养区域。大凉山余脉间，原始森林郁郁葱葱，冷杉、云杉等针叶林蔚为壮观，它们通过蒸腾作用，向天空挥洒着无尽的水汽，从而缔造了神秘的“华西雨屏”奇观。这种垂直降水体系，不仅对区域气候起到调节作用，而且落叶分解所产生的腐殖质层，为土壤提供了丰富的有机物质。

宜宾市境内的金沙江与岷江交汇处的自然景观见图7-8。

图7-8 宜宾市境内的金沙江与岷江交汇处的自然景观

其次是中高海拔过渡区域。在岷江中游，河漫滩湿地生长着芦苇与菖蒲的共生体系，这为水质净化搭建了天然的屏障。湿地植物根系分泌的化学物质，能够抑制有害物质，同时为有益生物提供附着的位置。

再者是低海拔富集区域。长江宜宾段的河曲发育形成了牛轭湖湿地，这种独特的地貌在洪水泛滥时能吸纳多余水体，在枯水季节又缓缓释放，确保水文节律的稳定。湖底沉积物中含有丰富的有机质与微量元素，为酿酒提供了持续的营养支持。

此立体生态系统在时间维度上呈现出周期性的协同运作。6~9月汛期的金沙江带来富含矿物质的泥沙，12月至次年2月枯水期的岷江则补给清洁水源，长江干流每日两次的潮汐作用更添独特水文脉冲。这种周期性的变化如同节拍器一般，精准地调节着自然环境的变化，为酿酒创造了稳定的条件。

（二）三江能量融合与酿造要素

三条河流在宜宾段的交融，实际上是三种不同能量形态的相互融合。金沙江因其独特的矿物质特性，展现出特殊的水质特征。金沙江源自唐古拉山脉，穿越世界最深的虎跳峡峡谷，因剧烈切割而形成了其独特的水体特性。其中的矿物质含量丰富，为酿酒提供了重要的基础元素。

岷江在其中扮演着酸碱平衡调控的角色。岷江中游流经成都平原时，水体吸收了土壤中的矿物质，形成了特殊的水质特性。这种特殊水质在酿酒过程中具有双重关键作用：其一，能够调节酿酒过程中的酸碱平衡；其二，有利于酿酒过程中各种生化反应的进行，促进风味物质的形成。

长江则如同一个稳定的能量场。根据实时水情数据，长江干流宜宾段的年均流量充沛，例如在2023年8月7日，宜宾段的流量为13200立方米/秒，而在2023年9月13日，流量为18700立方米/秒，这些数据反映了宜宾段水体的热容效应，进而形成了独特的气候特征。该区域湿度适宜，为酿酒创造了理想的环境条件。同时，水体流动中富含负氧离子，这为酿酒过程中的生化反应提供了极大的促进。

（三）时空维度下的酿造环境

宜宾段的长江水质，得益于近年来的生态保护和治理措施，其矿物质元素含量与比例关系形成了独特的水质特征，且持续稳定达到Ⅱ类水质标准。这种天然的配比在酿造过程中引发了协同效应。一方面，离子平衡促进了酶促反应的进行，使得淀粉的转化更加高效。另一方面，水质特性促进了发酵过程的顺利进行，提高了酿酒的效率和质量。

此外，时间节律也遵循自然规律。根据宜宾附近金沙江、岷江和长江的季节性变化数据，每年不同季节，三江水温的变化形成了温度梯度场。这种温度场的变化恰好满足酿酒的需求，使得各种生化反应在适宜的温度下进行，从而提高了酒的品质。

三江交汇形成的地理格局，在时空维度上构建了独特的酿造环境。其一，三江交汇区域的地理特征不容小觑。以五粮液古窖池群为核心，金沙江、岷江、长江构成了特殊的地理格局。这种地理特征为酿酒提供了稳定的环境条件。其二，水文特征的协同作用值得关注。长江干流的水文变化与酿酒过程相互呼应，为酿酒提供了理想的水文环境。其三，时空维度的能量叠加效应明显。宜宾地处青藏高原向四川盆地的过渡区域，地形特征形成了特殊的气候条件。这种气候特征为酿酒提供了稳定的环境支持。

从地貌上看，宜宾由北向南依次为盆地浅丘、岭谷平原、中低山区，分布着中国最为典型的紫色土带，富含碳酸钙、磷、钾等营养元素，十分肥沃，为宜宾酿酒原粮提供了充足的养分。在优越的气候条件和数代人的层层甄选下，糯红高粱、川北弱筋小麦、川南原生水稻、川南浅丘玉米、河谷糯稻成为宜宾美酒的酿酒核心原粮。

这种融汇了天、地、人三才精髓的地理布局，实则乃自然变迁与人工智慧交相辉映的结晶。金沙江丰富的矿物质、岷江适宜的酸碱平衡以及长江卓越的气候调节功能，共同在五粮液园区内构建了一个独一无二的生态微系统。该系统既遵循自然界最小作用法则，以极低的能耗维系着菌群的勃勃生机；又凭借黄金比例的自相干结构，实现物质与能量的高效转化。当我们将视角从宏观地理转向微观分子层面时，可以发现这种自然造化与酿造技艺的深度结合，正是五粮和美特质的地理基因密码所在。在这个特殊的环境里，每一滴酒都承载着漫长地质演化的记忆，每一缕香气都蕴含着自然规律的和谐共鸣。

第四节 多维解码五粮液的自然馈赠

在中国的酿酒文化中，五粮液以其卓越的品质和深厚的文化底蕴独树一帜。它的诞生并非偶然，而是大自然与人类智慧结合的结晶。五粮液作为中国白酒的璀璨明珠，其醇厚风味与卓越品质背后，藏着“中国酒都”宜宾赠予的天地密码。

这片被长江滋养的土地，以岷江古河道的甘洌水源、弱酸性黄黏土的神秘窖池、温润适宜的气候温度，孕育出独一无二的微生物王国。“一座城、双国宝、三条江”等九要素，更揭开了宜宾与五粮液千年共生的深层逻辑——从四千年酿酒史的薪火相传，到“和美文化”的浸润沉淀，自然馈赠与人类智慧在此交融，共同书写着五粮液的传奇。

一、五大自然馈赠造就佳酿

在酿酒的世界里，五粮液以其独特的酿造工艺和深厚的文化底蕴脱颖而出，而其背后，离不开“中国酒都”宜宾得天独厚的自然条件。这些自然馈赠，是五粮液得以成为传世佳酿的关键所在。

（一）水源是岷江古河道的馈赠

五粮液的酿造用水源自雪域高原的岷江古河道，水量丰沛，水质极佳，富含多种对人体有益的微量元素。这些微量元素在白酒酿造过程中扮演着关键角色，不仅参与发酵过程，影响酒的风味，还赋予五粮液独特而醇厚的口感。

（二）土壤是独有的弱酸性黄黏土

宜宾特有的弱酸性黄黏土，含沙量少、细腻、黏性强，呈弱酸性，含有磷、铁、镍、钴等微量成分，非常适合酿酒微生物的繁衍生息，是酿酒筑窖的上好材料。这种土壤筑成的窖池，为酿酒微生物提供了绝佳栖息地。窖泥中繁衍生息的微生物群落，与粮食原料相互作用，开启一场神奇的发酵之旅，孕育出五粮液浓郁醇厚的风味。

（三）气温是适宜微生物生长的温度

五粮液核心产区的年平均气温为17.9℃，与糟醅入窖的最佳温度（16~18℃）高度契合，为酿酒微生物的繁衍生息提供了极为适宜的温度条件。这种温度的契合，使得微生物能够在最佳状态下进行发酵，从而保证了五粮液的高品质。

（四）气候是亚热带湿润季风气候的恩泽

宜宾地处亚热带湿润季风气候区，兼具南亚热带湿润气候属性，年平均降雨量高达1200毫米，年平均日照1018.2小时。日照少、无霜期长，冬无严寒，夏无酷暑，霜雪稀少，雨水充沛。这样的气候条件，为酿酒微生物创造了恒温恒湿的生长环境，使其得以尽情繁衍生息，为五粮液的酿造提供源源不断的动力。

（五）微生物独特生态链的形成

宜宾独有的气候、土壤、水资源和植被等生态条件，孕育出一条完整的微生物生态链。酿酒微生物在五粮液核心酿酒园区及周边空气中富集，形成得天独厚的微生物生态群落。这些微生物在发酵过程中各司其职、相互协作，分解粮食中的淀粉、糖类等物质，生成乙醇、酯类等风味化合物，赋予五粮液丰富的香气与口感（图7-9）。

图7-9 水源、土壤、气温、气候、微生物，这些自然馈赠，是五粮液得以成为传世佳酿的关键所在

二、从“九要素”看宜宾与五粮液的共生密码

2025年6月，长江经济带高质量发展版图报告发布会暨首届市际战略研商会在宜宾举行。会上，中国人民大学正式发布《天人共酿 和美五粮》谱系视频及《五粮液文脉史脉谱系——自然谱系、传承人谱系研究报告》（以下简称《报告》）。这份历时一年、约30万字的《报告》，从人文地理视角系统梳理了五粮液与宜宾“一座城、一杯酒”的千年羁绊。五粮液的诞生，绝非偶然，它是大自然慷慨馈赠的结晶，是一方水土与千年技艺完美融合的杰作。通过“一座城、双国宝、三条江、四千年、五种粮、六首创、七分山、八作坊、九文化”这九个关键要素，首次完整揭示其“九要素”自然叙事背后的生态逻辑与文化密码。

五粮液文脉史脉谱系——自然谱系、传承人谱系研究报告发布会现场见图7-10。

图7-10 五粮液文脉史脉谱系——自然谱系、传承人谱系研究报告发布会现场

（一）一座城：宜宾，万里长江第一城

宜宾，这座拥有2200年建城史的国家历史文化名城，是长江经济带上的一颗璀璨明珠。它位于金沙江和岷江的交汇处，两江在此汇成长江，为宜宾带来了得天独厚的自然条件。

（二）双国宝：700年古窖池与国宝窖泥

五粮液的卓越品质离不开其“双国宝”——700年古窖池与国宝窖泥。这些古窖池见证了五粮液从传统技艺到现代工艺的传承与创新，而国宝窖泥则为五粮液的酿造提供了独特的微生物环境。这些微生物在宜宾的自然环境中代代相传，形成了独特的微生物群落，为五粮液的酿造提供了不可复制的条件。

（三）三条江：金沙江、岷江、长江的交汇

金沙江、岷江、长江的交汇，不仅为宜宾带来了丰富的水资源，还赋予了宜宾温润的气候，适宜酿酒微生物生长。这种独特的气候条件，被形象地称为“蜀犬吠日、锅盖气候”，云多风小、多雨高湿，为酿酒微生物的生长提供了理想的环境。

（四）四千年：不间断的酿酒历史

宜宾的酿酒历史源远流长，考古发现的夹砂红陶杯酒具证明，早在4000年前，宜宾地区的先民就已经开始了酿酒活动。从秦汉时期的“枸酱”到如今闻名遐迩的五粮液，宜宾的酿酒文化历经数千年而不衰，成为中华酒文化的重要组成部分。

（五）五种粮：独特的五粮配方

五粮液的酿造离不开其独特的五种粮食配方：高粱36%、大米22%、糯米18%、小麦16%和玉米8%。这些粮食在宜宾的自然环境中生长，吸收了天地之精华。高粱、小麦和玉米虽然是跨越山海的外来农作物，但在宜宾的土地上，它们与本地的大米和糯米完美融合，形成了五粮液独特的风味。

（六）六首创：酿造工艺的创新

五粮液的酿造工艺（图7-11），包括五粮配方、包包曲、跑窖循环、沸点量水、双轮底发酵和勾调双绝六大首创工艺。这些工艺的创新，不仅提高了五粮液的品质，也为五粮液走向世界奠定了坚实的基础。

图7-11 五粮液沸点量水工艺

（七）七分山：“七山一水二分田”的地貌

宜宾“七山一水二分田”的地形地貌，为酿酒用的窖池创造了恒温恒湿的环境。这种独特的地貌，为五粮液的酿造提供了理想的条件。

（八）八作坊：古酒坊的传承

五粮液的酿造技艺传承至今，离不开其八大古酒坊的传承。这些古酒坊见证了五粮液从传统技艺到现代工艺的传承与创新，成为五粮液酿造技艺的活态见证。

（九）九文化：和美文化的内涵

五粮液的文化体系丰富多彩，以和美文化为核心，融合了农耕文化、僰道文化、多民族文化交融、抗战文化、匠心文化、长江文化、五字文化和诗酒文化。这些文化元素，共同构成了五粮液独特的文化内涵。

“万里长江第一城”宜宾，是五粮液故事的起点。宜宾的“自然基因”与五粮液的“品质基因”深度绑定，这种绑定并非偶然，而是千万年自然演化与人类智慧碰撞的必然结果。五粮液人深知自然的珍贵与重要，始终秉持着敬畏自然、顺应自然、保护自然的理念，在传承千年酿造技艺的基础上，不断创新发展，将自然的馈赠转化为一杯杯高品质的美酒，奉献给全球消费者。

参考文献

[1] 李四光.地质力学概论[M].北京:科学出版社,1973.

[2] 黄秉维.中国综合自然地理[M].北京:科学出版社,1989.

[3] 郑度,姚檀栋.青藏高原形成演化与发展[M].广州:广东科技出版社,1998.

[4] 杨逸畴.横断山区降水变化与水循环[M].北京:科学出版社,2003.

[5] 朱海虹等.岷江流域微生物群落时空分布特征[J].环境科学学报,2019,39(9):3012−3022.

[6] 杨晓凤,杨苏花,向明顺,等.岷江上游生态环境时空演变特征[J].内江师范学院学报,2024,39(4):92−99.

[7] 陈嵘,艾南山,李后强.地貌发育与汇流的自组织临界性[J].水土保持学报,1993,7(4):8−12.

[8] 张经纬.岷江沉积物微量元素对微生物的影响[J].微生物学报,2022,62(3):1180−1192.

[9] 李后强.长江是世界第一美酒河[N].企业家日报,2025-09-16(15).

[10] 中国科学院南京地理与湖泊研究所.长江上游水沙特征及生态环境影响[M].北京：科学出版社,2021.

[11] 李后强,等.长江国家文化公园100问[M].南京:南京出版社,2023.

[12] 李后强.长江学[M].成都:四川人民出版社,2020.

[13] 李后强.长江名酒是世界文化奇观——川酒不是四川的酒而是四川盆地的酒[EB/OL].(2024-03-20)[2025-08-28].https://baijiahao.baidu.com/s?id=1793934987211015062&wfr=spider&for=pc.

[14] 李后强,廖祖君,等.天府学[M].成都:四川人民出版社,2019.

三生万物

五生和美

第八章

五粮和美的生命表达

生命的秘密，都藏在基因里。五粮液的基因，符合生物遗传规律，有天然协同作用。基因具有五碳结构，人体具有五官感觉，因此对酿酒而言，四种粮不够，六种粮多余，五种粮最佳。五粮液的酿造体系，本质上是一部液态的“物种起源”：五种粮食的遗传多样性、窖池生态的共生系统、千年技艺的迭代优化，共同编织出中国白酒的“中心法则”，暗合着生命科学与生态哲学的深层密码。《黄帝内经·素问》提出“五谷为养，五果为助，五畜为益，五菜为充”的膳食纲领，将五谷置于饮食结构的核心地位，五粮液以五谷搭配酿造而闻名。

生命的秘密，都藏在基因里。人体和地球一样，都是由各种化学元素组成的，存在于地壳表层的许多元素也能在人体组织中找到，其中25~30种是维持生命所必需的。人体元素是指组成人体的化学元素。它与生活所在的自然环境本底相适应，大体包括两类：常量元素和微量元素。

从生理上来说，五粮液与“五音”“五色”“五谷”“五官”等内涵有异曲同工之妙，在酒后的醺醺然的状态下，我们更能挣脱肉身束缚，忘记小我，使生理感官与整个宇宙融为一体，达到“物我两忘”“神与物游”的逍遥，实现身体和精神合和的自由境界。

第一节 基因五碳透视代谢原理

基因储存着决定生命遗传特征、种族、血型以及影响其生长发育、凋亡等过程的所有遗传信息。基因指导并参与生命繁衍、细胞分裂、蛋白质合成等重要的生理过程。可以说，每一个生命体的生、老、病、死都与基因息息相关。组成DNA基因的基本单位——脱氧核苷酸中，都包含了一个脱氧核糖，即一种五碳糖。

一、遗传基因与五碳糖

2022年10月3日，在瑞典首都斯德哥尔摩卡罗琳医学院，诺贝尔奖委员会总秘书长托马斯 · 佩尔曼宣布，2022年诺贝尔生理学或医学奖授予斯万特 · 帕博（Svante Pääbo），以表彰他在“关于已灭绝人类基因组和人类演化的发现 ”方面的贡献，可见基因在世界学术界的重要性。

“基因”，是编码遗传信息的功能单位，主要由脱氧核糖核酸（DNA）构成。生命的延续依赖于遗传信息的精确存储与传递，这一过程的核心载体就是DNA，而DNA的分子稳定性直接决定了物种的存续能力。在DNA的化学蓝图中，一个看似简单的分子单元扮演了关键角色：脱氧核糖（即五碳糖）。这种五碳糖不仅是DNA的骨架材料，更是遗传密码得以长期稳定的分子基石。

构成DNA分子的主要元素是碳(C)、氢(H)、氧(O)、氮(N)和磷(P)。DNA含有四种主要的含氮碱基：腺嘌呤(A)、鸟嘌呤(G)、胞嘧啶(C)、胸腺嘧啶(T)。从生化角度讲，碱基、核苷和核苷酸等单体构成了核酸的基本构件。碱基通过共价键与核糖或脱氧核糖的1位碳原子相连而形成的化合物称为核苷。核苷再与磷酸结合就形成核苷酸，磷酸基接在五碳糖的第5位碳原子上。碱基（图8-1），在生物化学中又称核碱基、含氮碱基，是形成核苷的含氮化合物，核苷又是核苷酸的组分。核碱基间可以形成碱基对，且彼此堆叠，所以，它们是长链螺旋结构，例如核糖核酸（RNA）和脱氧核糖核酸（DNA）的重要组成部分。

核酸（包括DAN和RNA）的主要碱基有5种，分别是腺嘌呤（A）、鸟嘌呤（G）、胞嘧啶（C）、胸腺嘧啶（T）和尿嘧啶（U），它们被称为主要或标准碱基，是组成遗传密码的基本单元，其值得注意的是，胸腺嘧啶比尿嘧啶多一个5位甲基，这个甲基增强了遗传的准确性。碱基A、G、C和T存在于DNA中，而A、G、C和U存在于RNA中。后来新发现的碱基还有：5-胞嘧啶甲基、5-羟甲基胞嘧啶、5-胞嘧啶甲酰和5-胞嘧啶羧基。截至2020年已发现的碱基种类共有21种，但几乎都与“5”有关。

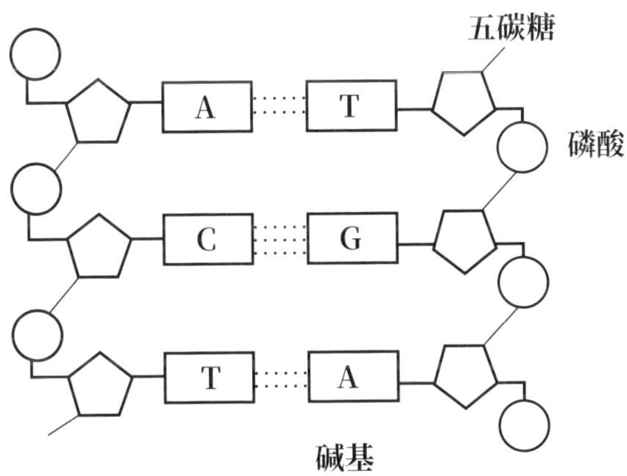

图8-1 碱基结构示意图

二、五碳环演化出遗传与变异

DNA复制过程中，脱氧核糖的3'-OH与5'-磷酸基团通过磷酸二酯键连接，形成不可逆的链延伸方向（5'→3'）。这种定向性确保DNA聚合酶能够按模板链逐一添加互补核苷酸，将复制错误率控制在极其小的范围内。

由此可见，五碳糖的存在保证了DNA双螺旋结构的稳定性，这对于遗传信息的准确复制至关重要。通过精确的复制过程，生物体能够将遗传信息从一代传递到下一代，维持物种的连续性。

但另一方面，尽管DNA复制具有极高保真度，但热力学第二定律决定了绝对精确的复制不可能实现。脱氧核糖骨架的化学特性在此扮演了双重角色。

其一是限制突变频率：五碳环的刚性减少局部扭曲，降低碱基错配概率。

其二是允许适度突变：糖环的微小振动为碱基的瞬时错配提供了物理空间。这偶尔发生的突变会导致遗传物质的变化。这些变化可以导致新的特征出现，增加了种群内的遗传多样性，促进了物种适应环境的能力。

脱氧核糖的五元环结构，犹如一架微观的天平：一侧承载着遗传的稳定性，另一侧托举着变异的可能性。这种分子尺度的精巧平衡，使得生命既能抵御数十亿年的环境剧变，又能从单细胞生物演化出人类这样的智慧物种。当现代科学家试图通过合成生物学改造遗传系统（如XNA技术），他们依然需要回归五碳环的基本逻辑——生命的密码，终究建立在稳定与变革的永恒对话之上。

核糖核苷酸结构示意图见图8-2。

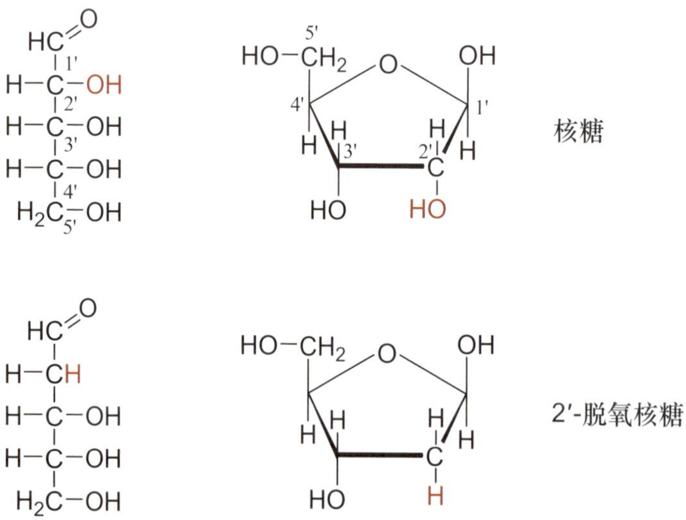

图8-2 核糖核苷酸结构示意图

三、五粮液中的“五碳之美”

五粮液文化的根基在于生物遗传学。凡是文化都与人有关，凡是与人有关的事都要从生物遗传学找根据，凡是没有遗传学根据的文化命题都是伪命题、假问题。遗传学的核心概念就是遗传基因DNA。那么，“五”与DNA有关吗？从上文中我们就知道，关系极大！DNA有5种元素，5种碱基，DNA是由五碳糖（戊糖）构成脱氧核糖和核糖，由此产生核酸；人类有5对基因包含宇宙复杂神秘的密码。宇宙已经有138亿年历史，人类存在仅有几百万年时间，人类寿命更是只有几十年而已。人类DNA中包含着重要信息，除开已知的遗传信息外，还可能包括宇宙奥秘！实际上，人类基因DNA十分复杂，并不是只有2条，而是12条，其中5对DNA包含复杂的编码，与人类从宇宙的起源到生命终结有关的信息都可能包含在此内。

基因DNA的本性是生存与繁衍，走向更加强大。感情和记忆都可通过DNA代代相传。在RNA中胸腺嘧啶比尿嘧啶多一个5位甲基，这个甲基增强了遗传的准确性。此外，还有一些稀有碱基，主要是甲基衍生物。后来，卡斯特·胡斯坦（Karst Hoogsteen）发现了所谓的胡斯坦配对，丰富了沃森-克里克配对，有了三螺旋更多H-DNA等。可见，人类之所以能够延续下来，主要是DNA中的5种元素、5种碱基、五碳糖等在起关键作用。

人类一切活动都与DNA有关。遗传物质DNA是情感的载体。人类感情传递方向与DNA遗传方向一致，是从上辈往下代传送，这是生物学的“爱”、本能性的“爱”，不图回报、不计成本。后辈对长辈的爱，是社会学的“爱”，道德性的“爱”，没有可比性和等量性，只有衰减性和离散性。人的五指、五官是大自然长期演化的结果。人类对“五”字崇拜，是适应从大海到陆地环境的产物，是基因本性决定的选择，是大自然长期演化的结果，是美学原理调控的结果，是反复试错觉醒的结果，是追求美好生活的结果。

五粮液的复杂成分之间构成“协同效应”，这也是五谷杂粮养生的理论基础。在四川宜宾的古老窖池中，五种粮食与微生物共舞，酿就了五粮液的醇厚芬芳。这五种作物——高粱、大米、糯米、小麦、玉米，恰如DNA中的五碳糖环，以精妙的组合支撑起五粮液的“分子骨架”。它们的相遇不仅是农业智慧的结晶，更暗合着生命科学与生态哲学的深层密码。

（一）遗传多样性：五粮的“碱基配对法则”

五粮液的原料构成堪比DNA的碱基编码系统。

高粱：高单宁与淀粉含量，赋予酒体骨架般的醇烈，如同DNA中的鸟嘌呤（G），提供结构强度。

大米：快速糖化释放甘甜，类似胞嘧啶（C）的氢键亲和力。

糯米：黏稠质地延缓发酵节奏，对应胸腺嘧啶（T）的时序调节。

小麦：蛋白质丰富，制曲时产生丰富的酶系，恰似腺嘌呤（A）的催化活性。玉米：释放游离脂肪酸调和风味，完成“遗传信息”的最后修饰。

这种基因层面的多样性组合，使五粮液的800余种风味物质形成多层次口感，远超单一粮食酿造的酒体（通常含200~300种化合物）。

五种粮食之间的相互搭配，不仅体现在口感上的和谐统一，更在于每一种作物所带来的营养成分和风味特点的互补性，反映了自然界中多样性的美妙融合。

（二）生态系统：五碳循环的农业表达

五粮液在长江上游建设的百万亩专用粮基地，实践着“五维循环农业”。

秸秆还田：将发酵残渣转化为生物炭，使土壤有机碳含量提升0.8%。

稻鱼共生：湿地系统年固碳量达3.2吨/公顷，同时减少氮肥使用量41%。

古法轮作：高粱-大豆-油菜的三季轮换，使农田碳汇效率（指环境吸收和储存二氧化碳的能力和效率）提高至单作田的1.7倍。

合理的农业实践如轮作休耕、生态友好型农业等措施，有助于维护农田生态系统的健康，促进作物的生长发育，从而确保了酿造原料的质量。

这种模式与五碳糖的稳定代谢途径异曲同工：前者维系农田生态的“化学平衡”，后者保障遗传信息的“能量守恒”。

（三）和美之道：文化和技艺传承

五粮液的酿造体系，本质上是一部液态的“物种起源”：五种粮食的遗传多样性、窖池生态的共生网络、千年技艺的迭代优化，共同编织出中国白酒的“中心法则”。当我们将酒杯举向星光，看到的不仅是五粮的精华，更是五碳糖般永恒的自然法则——在稳定中包容变异，在传承中孕育创新，这正是中华文明“和而不同”的深层哲学理念。

历经数百年发展和完善，五粮液的酿造工艺形成了独具特色的传统技艺。这一过程中，“和美”的理念贯穿始终——从选料到制曲，再到发酵、蒸馏直至勾调，每一个环节都体现了对自然规律的理解和尊重，以及人与自然和谐共处的价值观。

第二节 人体感官体味沉浸美学

在中医学理论体系中，人体五官——目、耳、鼻、舌、口，不仅是感知外界的生理门户，更是《黄帝内经》“五阅五使”理论中五脏功能的外在映射：肝开窍于目，目为肝之候；肾开窍于耳，耳为肾之候；肺开窍于鼻，鼻为肺之候；心开窍于舌，舌为心之候；脾开窍于口，口为脾之候。五官分别对应着视觉、听觉、嗅觉、味觉及言语表达的复合功能。这种生理感知系统，恰与五粮液的感官美学形成精妙映射：一杯琼浆入盏，实则开启了一场跨越生理与文化的五感交响。这瓶产自长江第一城的玉露，不仅是味蕾的珍馐，更是东方美学在人体感官系统上的完美投射。从视觉的琥珀流光，到听觉的万物交响，从嗅觉的醇厚芳香，到味觉的五行调和，直至酒后言语的性灵绽放，五粮液构建了一个完整的感官宇宙，在当代人日益钝化的知觉体系中，重新唤醒了生命的原初感动。

一、眼睛的视觉盛宴：琥珀流光

眼睛是感知事物的第一扇窗口，酒也不例外。绿蚁新醅酒，葡萄美酒夜光杯，玉碗盛来琥珀光……众多的古诗词句，无不在表达一个意思：美酒的美，首先是视觉美。而五粮液的美，从田野就开始了。

当春风吹醒川南坝子时，五种粮食的种子在土壤中萌发，便开启了五粮液的视觉盛宴。高粱的绛红、稻谷的青翠、糯米的玉白、小麦的金黄、玉米的琥珀，这些色彩在四季流转中编织成大地色谱，最终在酒窖中融成一泓鎏金。从农人弯腰插秧的身影，到陶坛里静静陈酿的琼浆，五粮液的每个生产瞬间都是一幅行走的“耕织图”，用最朴素的劳作美学，讲述着“杯中日月长”的东方智慧。

走进五粮液老窖，蒸馏车间蒸汽缭绕，酒甑上凝结的水珠折射着七彩光晕，甚至工人翻动酒醅、推运酒糟的忙碌身影，也充满了原始的力量美感。

二、耳朵的听觉愉悦：窖池交响

在四川宜宾的老窖车间里，时间仿佛被酿成了悦耳之音。清晨的薄雾还未散尽，酿酒师傅用木铲轻叩窖池，泥土剥落的簌簌声里，沉睡的粮醅正悄然苏醒。这里没有机器的嘶吼，只有土地与粮食、时光与匠心的私语，合奏出一曲流淌了千年的酿造长歌。

当老师傅俯身贴近窖池时，耳畔便传来绵长的“咕噜”声，仿佛土地在春日解冻时的呢喃。这是数万斤粮醅在窖泥中悄然蜕变，老人们说，听得懂这“窖语”的人，能从声音的缓急中辨出酒的成色。

深夜巡窖时，老师傅手中的灯在窖池间游走，光晕里偶尔传来“毕剥”轻响，宛如寒夜炭火中栗子爆开的动静，实则是老窖泥中微生物啃食淀粉的欢歌，这些肉眼难见的小生命，正用亿万次咀嚼谱写着《齐民要术》里“春酿冬藏”的古老韵脚。

五更天，酒甑蒸腾的雾气中，一场天地人的三重奏悄然启幕。头道蒸汽穿透杉木甑盖的瞬间，发出尺八吹奏般的悠长呜咽，让人想起寒山寺的晨钟；随着酒液顺着管道滴落陶坛，叮咚声渐次密集，恍若白居易笔下“大珠小珠落玉盘”的琵琶私语；最动人的是“看花摘酒”时的声景，老师傅手持酒舀，当酒花从“鱼眼”转为“珍珠”，酒液入坛的声响也跟着变调——初段清越，中段绵长，尾段则像露珠坠荷般圆润。

酒液入杯时，酒柱撞击杯壁的泠泠声，让人恍若听见了山涧清泉。酒杯相碰的刹那，清越的声音在席间荡开余韵。最妙的是空杯留声，饮尽后的瓷杯倒扣耳畔，能听见极细的嗡鸣。

这一刻终于懂得，为何古人说“酒中有真意”——原来五粮液把长江的涛声、酒坊的晨昏，还有匠人手心的温度，一起酿成了可以听见的美妙乐章。

三、鼻腔的嗅觉苏醒：浓香四溢

美酒上桌，开瓶一刹那，是品味五粮液酒香的时候了。

它不似单一香型的直白，而似一幅徐徐展开的山水册页，需静心品读，方能在气息流转间，触摸到五谷精魂与岁月沉淀交织出的东方香韵。

杯中轻旋，果香味渐次漫开。熟透的凤梨蜜意、苹果香甜、桂圆馥郁交织缠绕，恰似林逋诗中“暗香浮动月黄昏”的婉约意境。这并非匠人刻意添香，而是老窖壁上的数百种微生物，用七百年光阴酝酿出的香韵。

接着是粮香。五种粮食的香气，在窖池中完成了一场天然的协作。

五粮液所采用的高粱、大米、糯米、小麦和玉米，在发酵过程中贡献了不同的风味成分，但又神奇地互相调和，达到了一种平衡的境界。

此外，五粮液还有“窖香”。“窖为酒之魂”，说的就是浓香型白酒酿造的发酵容器——窖池。走进宜宾的明代古窖群，青砖缝隙间渗出的“老窖香”，是五粮液香气的灵魂密码。这些历经700余年驯化的窖泥微生物，如同活着的酿酒典籍，经过长期而又缓慢的生物化学反应，产生出香味馥郁、回味悠长的复合“窖香”成分，窖池越老，微生物越富集，香味越纯正优雅。

酒喝完，空杯余韵，还剩下一曲穿越时空的陈香绝唱。五粮液以陈香优雅著称，混着老檀木的温厚、陈皮的回甘，这般悠长尾韵，恰似古琴曲终时的泛音，在鼻息间久久徘徊。

当我们闭目轻嗅五粮液时，唤醒的不只是鼻腔的愉悦，更是文化血脉里沉睡的嗅觉记忆——那是长江首城的水汽氤氲，是川南坝子的五谷丰登，更是一个民族用六百年时光窖藏的香氛传承。

四、舌尖的味觉享受：醇厚绵甜

公元762年的成都浣花溪畔，客居蜀中的杜甫写下“蜀酒浓无敌，江鱼美可求”的诗句。这看似寻常的饮食记录，实则是中国酒文化史上的坐标性事件——诗圣以如椽巨笔为蜀酒加冕，浓香型白酒找到了文化的源头。

这抹穿越千年的浓香，在宜宾古窖池的呼吸中愈发醇厚。“浓香”二字间，藏着一幅中国白酒的基因图谱。在《华阳国志》记载蜀人“好滋味，尚辛香”的酿造传统下，“浓”字承载着蜀地酿酒工艺的巅峰成就。

四川曾历经多次移民大潮，明初大移民时期，北方的酿酒师带来高粱固态发酵法，江南移民引入大米酒酿造技艺，而本土的玉米种植传统则提供了新原料，不同的酿酒原料、技艺在这片古老的土地上相互融合，共同推进了川酒酿造技艺的迭代演进。《宜宾县志》记载的“温德丰”酒坊（五粮液“利川永”作坊前身）创制的“陈氏秘方”正是融合五方智慧的产物。高粱的刚烈、大米的纯净、糯米的细腻、荞麦的柔润、玉米的甘甜——五粮配方不仅是工艺突破，更是对多元共生的文化认同。这种“和合共生 美美与共”的配方哲学，与三星堆青铜神树呈现的多元崇拜一脉相承。

除了配方外，还有酿造工艺的创新。五粮液独创的“跑窖循环”工艺，让不同窖池的微生物菌群相互交融，最终在酒液中形成粮香、曲香、糟香、窖香交织的复合香气，造就了“浓得化不开”的味觉体验。其酒水不仅保持了“香气悠长、入口甜美、入喉净爽”的传统韵味，还增添了“陈香优雅、绵甜醇厚”的新特质。

酒入口，是舌尖上的顶级享受；再入喉，便是老饕们的人生至味；最妙的是饮后，舌根仍徘徊着甘甜的涟漪。这种余韵悠长得惊人，仿佛在口腔里建了座回音壁，让五谷的香气循环往复，直到化作一声满足的叹息。

当现代品酒师用气相色谱仪解析出五粮液含有的2000余种风味物质时，古老的蜀地窖池仍在延续着“泥窖生香”的传奇。这杯穿越千年的玉液始终在证明：真正的顶级浓香，是微生物的魔法与匠人精神的天作之合，是五谷精魂在时光窖池中写就的液态史诗。

五、全身的感触之美：微醺温热

美酒入口，除了味觉享受，还有触觉体验。五粮液口感柔顺，这本身就蕴含了五粮调和之妙。这种触觉之美，在唇齿间流转，在喉头沉淀，到头身的微醺温热之通透状态。

入口触感：酒液接触舌尖的瞬间，我们能清晰感知到柔和的包裹感。不同于普通白酒的刺激，五粮液的酒体呈现出类似温蜂蜜水的顺滑度，这种特质源自十年以上陶坛陈藏带来的分子缔合作用。酒液在舌面铺展时，可察觉细微的黏稠感（酒精度与甘油含量平衡的结果），但无拖沓滞留的不适。

酒体结构：吞咽过程中，酒液从舌尖到喉部的流动连贯均匀，无断层或突兀的灼烧点。中段触感略带张力（来自高粱的烈性），与糯米的绵软形成对比，最终在喉头溶解为温润感。饮后口腔内壁留有轻微收敛性（优质酯类物质的特征），刺激唾液自然分泌，从而避免出现口干，使口腔保持湿润状态。

酒液中的氨基酸成分（如丙氨酸、亮氨酸）能轻微促进神经递质释放，配合酒精的血管舒张作用，到达头脑和全身形成思维活跃但不过度兴奋的状态。这种生理平衡使饮酒者的语言组织保持逻辑连贯，同时增强语气中的情感张力，达到“微醺助兴不言乱”的整体效果。

五粮液的感官体验，构建出独特的品饮美学：视觉上呈现晶莹的琥珀色光泽，嗅觉释放窖香、粮香、陈香交织的复合香气，听觉捕捉到老窖发酵时美妙之音，味觉展现甜、绵、醇、厚的层次递进，触觉则完成从入口柔滑到入喉温润的无缝衔接和全身的微醺温热。五种感官体验环环相扣，将五种粮食的精华转化为可被感知的品质语言，最终在口腔形成闭环式的品鉴记忆。这种五官通感的和谐统一，也正好契合五粮搭配的和美之道。

第三节
五粮特质暗合五音密码

中国传统文化中，“和”不仅是和谐，更是动态平衡，这在音乐中表现得尤为明显。中国五声音阶以宫商角徵羽为基，在青铜编钟的浑厚回响与七弦琴的泠泠清音中，构筑起独特的音乐美学观。五音调和之美，在于其遵循“和而不同”的东方智慧。古代编钟铸造时，匠人需依据节气调整合金比例，使钟声暗合阴阳消长；古琴演奏讲究“散、按、泛”三声交融，恰似天地人三才共鸣。这种调和并非机械的整齐划一，而是如《吕氏春秋》所言“气同则合，声比则应”，在差异中搭配出和谐之音。形容那些唱歌难听的人，我们叫“五音不全”，反过来说，只有五音协调，才能弹奏出美妙的曲子。五粮液以五种粮食搭配，各有特色又互相取长补短，调和各种味道和香气，浓香醇厚又余味悠长，与五音调和的智慧如出一辙。

一、五音调和谓之美

在中国古代音乐的长河中，“宫商角徵羽”五音体系如一条贯穿千年的金线，串联起天文学、哲学、医学与艺术的璀璨明珠。这五个看似简单的音阶，既是先民对自然声律的智慧提炼，更是中华文明“天人合一”宇宙观的声学具象，在音波振荡间编织出物质与精神、身体与灵魂的和谐图景。

五声音阶以“宫”为黄钟之始，通过三分损益法（“隔八相生”）依次生出商、角、徵、羽四音，形成五度相生的螺旋结构。宫音浑厚如大地承托万物（土），商音铿锵似金石相击（金），角音清越若草木抽芽（木），徵音炽热同火焰跃动（火），羽音幽深类寒泉流淌（水）。音与音之间既存在“角生徵、徵生宫”的滋养关系，也有“商克角、羽克徵”的制衡机制。这种对立统一的美学实践，在古琴演奏中尤为显著：右手拨弦的“实音”与左手走弦的“虚韵”交织，刚劲的“散音”与缥缈的“泛音”呼应，正如《道德经》中“有无相生，难易相成”的辩证法则。五音调和拒绝绝对的平均与对称，而是追求“不平之平”——在看似不均衡的音程关系中达成更高层次的和谐。

我们说五音调和，调和不是整齐划一，而在于动态平衡。古琴“散按泛”三声的交织，恰似阴阳二气的氤氲化生：散音（空弦取音）如阳刚之实，按音（按弦取音）似阴柔之虚，泛音（节点轻触）类阴阳交感时迸发的灵光。这种虚实相生的美学在《潇湘水云》中得到极致展现：左手“荡吟”制造的水纹式余韵，与右手“刺伏”激发的惊涛拍岸之声，共同演绎着“致中和，天地位焉，万物育焉”的宇宙韵律。

在音程关系上，五音体系通过“不平均律”创造张力平衡。宫-商的大二度（204音分）、角-徵的小三度（294音分）等“不完美”音程，相较于十二平均律的机械均分，更接近人耳对自然的感知。

除了音乐性外，五音还包含着“社会和谐”“身体和谐”的深刻内涵。

周代将五音纳入礼乐制度，赋予其强烈的道德属性。雅乐演奏时，天子用宫调显“中和”之德，诸侯用商调守“节制”之道，士大夫用角调表“仁爱”之心，形成“声音之道与政通”的治理哲学。

在中医文化中，音乐甚至还有疗愈作用。《黄帝内经》开创“五音疗疾”理论，在《灵枢·邪客》中把宫、商、角、徵、羽五音与五脏相对应：脾应宫，其声漫而缓；肺应商，其声促以清；肝应角，其声呼以长；心应徵，其声雄以明；肾应羽，其声沉以细，此为五脏正音。宋代《圣济总录》记载，以角调筝曲治疗肝郁，明代医家徐春甫用羽音琴歌缓解肾虚耳鸣。现代研究发现，宫音频率可促进胃蠕动，角音振动能提升肝脏解毒酶活性，印证了“乐药同源”的科学性。

可见五音调和不仅是音乐创作的技法体系，更是贯通自然规律、社会伦理与生命科学的文化载体。千年古琴的丝弦仍在震颤，五音调和的生命力，正等待当代人在新的维度续写它的和鸣。

二、五粮共鸣谓之和

五音调和天地，而五粮液的酿造之道，恰似将五音韵律注入琼浆玉液——五种粮食在窖池中历经岁月沉淀，如同宫商角徵羽五音在时空中共振，最终凝结为

"五味调和，六合生香"的极致平衡。

五粮液的酿造密钥，首先藏在五种粮食的配比上。历经数十代匠人调试，五粮配比最终定格为"36%高粱、22%大米、18%糯米、16%小麦、8%玉米"的黄金比例。如果我们将五粮与五音作个类比，高粱似宫音浑厚，作为基粮占比过半，恰如宫音居中央而统四方，其坚实的淀粉结构在窖池中化为醇厚底蕴；大米如商音清越，经过发酵转化后，可以产生丰富的醇类物质，赋予酒体纯净甘洌；糯米若角音柔韧，黏性特质使酒体绵软回甘，如古琴的悠长余韵；小麦同徵音炽烈，丰富的蛋白质催化微生物狂欢，恰似琵琶轮指时的热烈奔放；玉米拟羽音幽深，酿酒含香，这种冲香在五粮液的酿造过程中与其他原料的香气相互融合，增加了层次感，形成了五粮液独特的香气。

开启五粮液的瞬间，一场立体的气味交响会旋即展开。其香气的层次递进，暗合《乐记》所述"声依韵，律和声"的美学法则。五粮液特有的"喷香效应"，恰似五音在共鸣腔中的能量叠加：初闻时诸香并起如宫商齐鸣，细品中主次渐显似角徵相生，空杯后幽然不绝若余音绕梁。调香大师的勾调技艺，也如古代乐师的音律推演——通过数万次嗅觉实验，在增减间寻找"香气黄金分割点"，使多种风味物质如五音八十四调般有序排列。

从五音古乐到五粮玉液，中华文明用同一种智慧解读宇宙。当五粮液滑过唇齿时，我们品尝的不仅是五种粮食的转化，更是五味调和的美妙。五粮液启示着一种古老而鲜活的调和之道——让差异成为和声的源泉，让对立化作平衡的支点，将时间的重量转化为空间的醇香。正如千年前的古琴仍在弹奏着和雅之音，五粮液的窖池也永远在发酵着一个民族对"和"的永恒追求。

第四节
五谷为养融合醇化精酿

《黄帝内经·素问》提出"五谷为养，五果为助，五畜为益，五菜为充"的膳食纲领，将五谷置于饮食结构的核心地位。其中"养"字内涵深刻：一是滋养本源，五谷为"天地精气所化"，是人体气血生成的物质基础；二是调和脏腑，"五味入胃，各归所喜"，不同谷物对应不同脏腑的滋养功能；三是平衡阴阳，谷物性味平和，具有调和人体寒热虚实的中庸特性。在中国的白酒中，五粮液以五谷搭配酿造而闻名，正所谓“酒是粮食精”，虽然未必“越喝越年轻”，但适量饮酒，在养生文化中一直被推崇。

一、五谷为养：延续数千年的养生智慧

在西安半坡遗址的陶罐中，考古人员发现的碳化粟粒，穿越六千年时光默默述说着一个文明密码——华夏先民对谷物的依存与敬畏，早已深植于文化基因之中。《黄帝内经》中“五谷为养”的朴素论断，在分子生物学突飞猛进的今天，正被赋予新的科学注解。当我们拨开历史尘埃，会发现一粒种子中蕴藏的生命智慧，远比想象的更为深邃。

古代的五谷通常指稻、黍、稷、麦、菽这五种谷物粮食，在岐伯与黄帝的对话体系里，谷物不仅是果腹之物，更是联通天地能量的媒介：“天食人以五气，地食人以五味”，五谷作为“地之五味”的精华，承担着转化自然能量为人体气血的重任。这种认知在《灵枢·五味》中进一步具象化——五谷对应五脏：麦之青色入肝，黍之赤色入心，稷之黄色入脾，稻之白色入肺，菽之黑色入肾。

小米粥的温润最能诠释这种古老智慧。山西民间至今流传着产妇必喝“黄金粥”的习俗：用太行山麓的旱地小米慢火熬制，佐以山茱萸与茯苓。中医认为小米得中土之气最厚，《本草纲目》记载其“咸淡渗利，养胃气，去脾热”，现代研究则发现其中富含的γ-氨基丁酸能调节自主神经，而米油中的谷维素则有助于减少内分泌平衡障碍，改善精神失调。

大米在日常主食中更普遍，尤其南方，几乎顿顿离不了。稻米得秋金之气而生，《本草备要》称其“色白入肺，质润生津”。其性平和，能滋养肺阴，缓解燥咳；米油（粥表面凝膜）尤为精华，《随息居饮食谱》载“米油滋阴，功同熟地”，对肺阴不足导致的干咳、咽干有润泽之效。发酵制成的红曲米，更具活血化瘀之效，常用于肝胆瘀滞所致的身体问题。从现代营养学来看，大米的主要成分是碳水化合物，特别是淀粉，但不同加工方式（糙米、白米）会影响其营养价值。糙米中含有更多膳食纤维、B族维生素和矿物质如镁、锌。精白米则在加工过程中失去了这些营养。

黍米呢，其实就是我们现在说的高粱。《饮膳正要》载“黍米补中，利肝胆”。其色红，入心火，辛温之性可散肝郁、通胆络。现在日常主食中，食用高粱较少，其主要被用来酿酒，这是因为高粱中淀粉含量是比较高的，使得它在酿酒过程中能

够提供充足的糖化物质基础。此外，高粱中的蛋白质和脂肪含量比例适中，有助于微生物的生长和代谢，避免产生过多的杂味，确保酒品的纯净和口感的和谐。

小麦得春生之气，《本草经疏》称其"心之谷也，善养心气"。麸皮通利三焦，胚芽清心除烦，全麦制品尤擅调节情志。《金匮要略》所载甘麦大枣汤即以小麦为君药，养心阴，益心气，安心神，除烦热，治"妇人脏躁，喜悲伤欲哭"。在日常食用上，小麦则是全世界范围内被使用得最广泛的原料，如包子、馒头、饺子、花卷、饼、面包、糕点、汉堡、披萨等，无论怎么做，无论花样如何繁多，其核心原料无不来源于面粉，这是基础。从现代营养学来看，观察一粒小麦的解剖结构，就是打开一本立体的营养百科全书。胚乳中的支链淀粉形成缓慢释放的"能量库"，麸皮里的阿拉伯木聚糖是肠道菌群的专属养料，胚芽内的谷胱甘肽过氧化物酶则是天然的抗氧化卫士，这种精妙的营养矩阵，让它成为了人类最主要的主食。在中国白酒中，五粮液开创性地将小麦（图8-3）纳入酿造原料体系，不仅改写了浓香型白酒的工艺版图，更缔造出"香气悠久，味醇厚"的独特风味。这场始于明代的原料革命，实则是微生物学、风味化学与传统智慧的完美结合。

最后说说"菽"，也就是大豆。《黄帝内经》有云，"豆重榆荚，肾之谷也"。大豆形似肾，黑色入肾，富含"先天之精"。《本草纲目》详述其"补肾利水"

图8-3 五粮液酿造原料

之功，发酵后的豆豉更添透散之性，成为中国菜里最重要的调味食品之一。大豆虽然常被归为豆类，其实有时也被归为谷类，有“植物蛋白之王”的美誉，是植物性蛋白质的优质来源。

以上讲的是《黄帝内经》里主述的古代传统五谷，接下来我们再来看看另外两种被广泛食用的谷物粮食：糯米和玉米。它们也是五粮液中的配料之一。

中医视糯米为“温养之谷”，《本草纲目》称其“暖脾胃，止虚寒泄痢，缩小便，收自汗”。其性温味甘，特别适合脾胃虚寒、中气不足之人。江南民间产妇坐月子必食的酒酿糯米圆子，正是利用其补虚之力——糯米经酒曲发酵后，产生丰富的氨基酸与小分子肽，既能温通血脉促进恶露排出，又可补充分娩消耗的精微物质。现代实验室的质谱仪揭示了更多奥秘：糯米蛋白中谷氨酸占比达18%，这种鲜味氨基酸不仅是风味来源，更能通过血脑屏障转化为γ-氨基丁酸（GABA），这解释了为何广西巴马长寿老人常食的五色糯米具有安神功效。

玉米则有点特殊，这种主食起源于美洲，明朝中叶才传入中国，不然以其丰富的营养，必然被列入“五谷之中”。在明代后，它常被中医典籍称为“五谷之辅”。《滇南本草》记载其“调中开胃，利小便”。其淡黄颗粒暗合土气，微凉之性可解夏季暑热，岭南地区更有用玉米须煮水降血糖的食疗法。营养学家则在玉米粒中发现了完美的能量方程式：每100克玉米含4克膳食纤维，搭配73克复合碳水化合物，这种缓释供能组合使其成为运动员的理想碳水来源。

现代营养学不仅验证了五谷的传统价值，更通过精准解析其成分，为慢性病预防提供了科学依据。现在大家都在反思大鱼大肉吃得太多，脂肪和胆固醇摄入超标，却忽略了精米精面的问题。大家追求口感，却忽略了营养，从营养的角度来看，粗加工的全谷物是更健康的选择。《中国居民膳食指南(2022)》建议，成年人每天应摄入200~300g谷类食物，其中全谷物和杂豆类应占50~150g，并注重多样化搭配，用大白话说就是，要适当多吃五谷杂粮，搭配起来吃更佳。

这似乎又一次印证了五粮液的五粮搭配之妙，不只是风味，从营养价值来看，同样是未卜先知式的不谋而合。五谷的智慧，就在于将自然馈赠转化为对生命的持久滋养。

二、五粮精华：道、气、象、形、液

五谷杂粮，养生最佳。五种粮食（具体品种可以替换）醇化精酿是最佳组合，有强大耦合、协同效应，具有不可比拟的优势。五粮液绝密在此。

在长江之畔的古窖池中，五种谷物正经历着跨越时空的蜕变。高粱、小麦、大米、糯米、玉米，在微生物的催化下交融升华，最终化为杯中那泓清透如玉的五粮液。这不仅是酿酒工艺的结晶，更是中华文明对五谷价值的深度诠释——在中医的阴阳调和与营养学的分子解析之间，架起了一座理解谷物能量的桥梁。

五种粮食酿制的饮品，内部有协同作用、倍增效应。五粮液在人体内的运行是能量流，机制是太极球内的“张量”作用（有方向、有靶向）和球外的张力辐射（扩散性、蔓延性），类似于太极拳对于人体的健身效应。喝五粮液就是打太极拳，可以激发人体内各组织的协同反应。

太极图是中华第一图，充分体现了差异协同和对立统一思想。从数学上看，太极图是三维（3D）“太极球”（图8-4）在二维平面上的投影，是五元结构而不是二元结构，即由黑（阴）、白（阳）、黑白交、白包黑、黑包白五种边界清晰的结构单元组成。有机表示有生命，碳元素是标记。酿酒和饮酒既属于生命哲学、生活美学，也属于有机世界的活动。有机世界是巨型复杂系统，内部有无穷层级、结构和子系统，不能用分解的办法研究，只能用整体或系统研究方法，比如控制论“黑箱方法”。

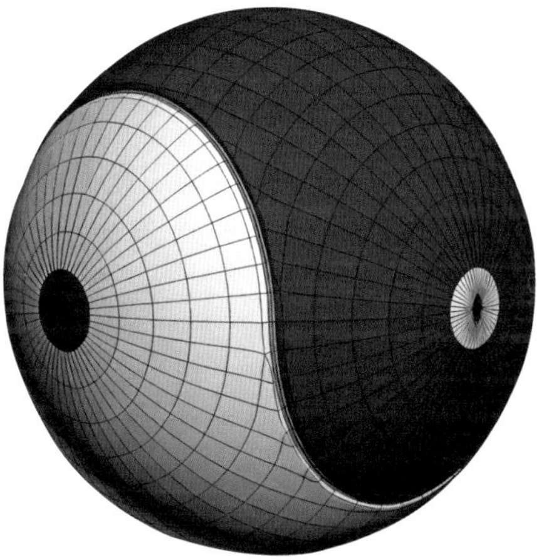

图8-4 从太极图到太极球，二维到三维的转变

《黄帝内经》言“五谷为养”，其精髓在于将谷物中的“天地精气”转化为人体可用的“水谷精微”。五粮液的酿造过程，恰似一场对五谷能量的精妙提纯，每一粒谷物都在微生物的催化下，将自身转化为更精微的能量形态。更令人惊叹的是五粮液的“自净化系统”：窖泥中的甲烷氧化菌能将甲醇转化为甲酸，再经

酯化反应生成呈香物质。这种生物转化使酒中甲醇含量仅为0.02g/L，远低于国标0.6g/L上限，实现“有害物质内源消解”。正如《齐民要术》所言：“曲为酒之骨，粮为酒之肉”，五谷之精在此完成道、气、象、形、液的蜕变。

从这个角度来说，喝五粮液就是在喝凝聚五谷精华的琼浆玉液！

中医典籍中的“酒”字，总是带着三分药香。《黄帝内经》将酒列为“百药之长”。《本草纲目》记载着八十余种药酒方剂，很多中药丸剂在服用时也强调“以酒为引”。在中医理论框架中，酒性温而味辛，归心、肝、肺、胃经，适量饮用能升发阳气，活血通络。李时珍谓之“通血脉，厚肠胃，润皮肤，散湿气”。

根据西方科学实验的理论，应该滴酒不沾，但站在中医的角度，或者说站在生活的角度，实在太过武断。

《养生要集》有云：“酒者，五谷之华，味之至也，故能益人，亦能损人。”

《本草纲目》中说得更直观：“面曲之酒，少饮则和血行气，壮神御寒，消愁遣兴。痛饮则伤神耗血，损胃亡精，生痰动火。若夫沉湎无度，醉以为常者，轻则致疾败行，甚则丧邦亡家而殒躯命，其害可胜言哉。”

这两段记载都在说明一个道理：饮酒关键在于度。

我们可以用事实说话，江苏如皋市是有名的长寿之乡，如皋市长寿研究所曾公布了一份题为《对如皋市百岁老人的调查与初步分析》的报告，对如皋119位百岁老人进行了抽样调查。结果显示，百岁老人中经常喝和偶尔喝酒的占66.2%。

站在历史长河回望，对酒的态度既不能妖魔化也不能神化，如同《周易》阴阳鱼般，酒文化在克制与放纵之间划出智慧的弧线。当我们举杯时，饮下的不仅是谷物精华，更是古人“执两用中”的生命智慧。在这个酒精饮料唾手可得的时代，或许我们更需要重拾这种“酒饮微醺、花看半开”的中道智慧。

第五节
中医五色投射天地合气

中医饮食养生中的“五色-五行-五脏”体系，是建立在天人相应哲学基础上的系统认知模型。这一理论将自然界的色彩属性、物质运动的五种形态与人体生理功能完美对应，形成独具东方智慧的生命观。晨光中的菠菜叶闪烁着翡翠般的光泽，秋霜染黑的桑葚凝结着紫玉般的莹润，这些自然造化的色彩杰作，在中医眼中皆是写满生命密码的养生典籍。《黄帝内经》言“天地合气，命之曰人”，揭示人类作为自然之子，其脏腑气血与山川草木同构共生的深刻联系。五色养五脏的智慧，正是这种天人相应哲学在饮食养生中的璀璨结晶。

一、五色养五脏：中医饮食养生的色彩密码

在中医理论中，五色（青、赤、黄、白、黑）与五脏（肝、心、脾、肺、肾）之间存在密切的对应关系，通过食用不同颜色的食物，可以滋养相应的脏腑，达到养生保健的效果。

（一）青碧涵春：木德生发的肝之韵

东方青龙主春令，对应人体肝木系统。自然界中青翠欲滴的时蔬，是生发之气的最佳载体。浙江天目山的青笋在清明前后最为肥美，其叶绿素含量较常笋高出40%，与《食疗本草》“青色疏肝气”的记载不谋而合。现代研究发现，西蓝花嫩茎中的萝卜硫素能激活肝脏解毒酶活性，每日摄入300克可使谷胱甘肽水平提升28%。

肝郁气滞者可取鲜薄荷叶拌食嫩蚕豆，取其青色舒展之性；目赤肿痛时，杭白菊配伍枸杞芽茶，青红相济得清补之妙。

（二）赤霞育心：火德长养的心之脉

南离火德应夏时，红色食物如同凝固的阳光。新疆番茄的番茄红素含量高达42mg/kg，其分子构型与心肌细胞膜高度亲和。张仲景在《金匮要略》中创制的红蓝花酒，现代药理学证实其羟基红花黄色素能改善心肌微循环，这与古人“赤色入心”的认知形成跨时空共鸣。

心血不足者可用桂圆红枣蒸制紫米，赤黑相生以滋心阴；心烦失眠时，莲芯竹叶茶中点缀枸杞红珠，水火既济得安神之效。但需警惕《饮膳正要》“多食赤物生内热”的告诫，岭南地区烹制辣椒必配白色椰肉，正是以金制火的智慧呈现。

（三）金粟培土：土德运化的脾之枢

中央黄土主长夏，黄色食物蕴藏大地中和之气，比如黄小米，其金黄颗粒在

电子显微镜下呈现完美的六方晶体结构，与《本草纲目》“黄色入脾”的描述形成奇妙呼应。梅雨时节湿困脾阳，可用玉米须配陈皮煮水，金黄汤液中透出化湿醒脾之机；小儿疳积面黄，焦香的小米锅巴磨粉冲服，正是取“焦香入脾”的古法。但需注意《脾胃论》“甘能令人中满”的警示，闽南人食地瓜必佐萝卜干，深谙消补兼施的平衡之道。

（四）白色润金：金德清肃的肺之华

西方白虎应秋令，白色食物禀赋清肃之性。《温病条辨》中的雪羹汤（海蜇荸荠羹），现代研究证实其黏多糖能修复呼吸道黏膜损伤，每日食用200克可使咽喉干痒症状缓解67%。

雾霾天气可取百合银耳慢炖，洁白银耳舒展如肺叶；痰热咳嗽时，鱼腥草拌水豆腐清热化痰，白绿相映得清润之妙。但需谨记《随息居饮食谱》“白色多寒凉”的提醒，西北牧民饮酥油茶时加杏仁，正是以温制寒的生存智慧。

（五）玄墨藏精：水德封藏的肾之根

北方玄武主冬藏，黑色食物凝聚天地至阴之精。长白山黑木耳的腺苷含量高达12mg/100g，其褶皱结构在显微摄影中宛若肾小球放大图。《神农本草经》载“黑豆益肾气”，现代代谢组学发现其大豆异黄酮可调节肾脏水通道蛋白表达。

冬至前后烩煮黑豆羊肉，玄黑配赤红得阴阳双补之效；耳鸣腰酸者，晨起饮用黑芝麻核桃露，佐少量橘皮防其滋腻。但需注意《景岳全书》“黑色多滞”的告诫，广东人煲黑米粥时必加陈皮，深谙动静相宜的养生精髓。

中医五色养生理论犹如古老的色觉校准仪，提醒我们重拾食物最原始的色谱语言。当我们选择食材时，不仅在选择营养，更在参与一场天地对话——青红黄白黑不仅是视觉感受，更是自然赠予人类脏腑的滋养剂。在这个人工色素泛滥的时代，或许回归食物本源的色彩选择，才是对生命最虔诚的供养。

二、五色与五粮：田间五色粮到杯中琼浆液

五粮液的五种粮食与中医五色理论及脏腑的对应关系，体现了自然与人体调和的传统智慧。

1. 高粱（赤色 → 心）

高粱色泽赤红，对应中医五色中的“赤色”，归心经。中医认为赤色食物能温

养血脉、助心阳，高粱中富含的单宁与多酚物质，暗合“心主血脉”的养生理念。

2. 大米（白色 → 肺）

大米莹白如玉，对应“白色”，归肺经。白色食物性平润燥，《本草纲目》称其能“和胃气，长肌肉”，大米在五粮液中调和诸粮，滋养肺气，契合“培土生金”的中医理论。

3. 小麦（黄色 → 脾）

小麦金黄饱满，对应“黄色”，归脾经。黄色食物主健脾益气，《黄帝内经》强调“五谷为养”，小麦的甘温之性可补中焦，助脾胃运化水谷精微，为人体提供能量。

4. 玉米（黄色 → 脾）

玉米同样归属黄色，与小麦共应脾土。其富含的亚油酸与膳食纤维，可调和脾胃功能，中医认为玉米的甘甜之味能“缓中补虚”，与小麦共同夯实五粮液的醇厚基底。

5. 糯米（黑色 → 肾）

糯米虽外观莹白，然中医以其黏糯滋阴之功效，常将其功能归类于“黑色”食物，认为其有益于肾精封藏。这种对应不仅展现了传统中医“五色养五脏”的智慧，更将自然馈赠与人体健康紧密联结，体现了“天人合一”的道家哲学。

五粮液的匠心，在于深谙“五色不均则病，五味不调则乱”的中医精髓。五种粮食以36%高粱、22%大米、18%糯米、16%小麦、8%玉米的黄金配比，暗合五行相生之道：赤火生黄土，黄土生白金，白金生黑水，黑水生青木，最终归于中正调和。这种融合不仅是味觉的平衡，更是将“五色养五脏”的养生智慧升华至“一杯融五色”的境界。

从田间五色粮到杯中玉液，五粮液的酿造是一场自然对话。每一滴酒都承载着五色养生的密码，将中医“药食同源”的理念化作舌尖的芬芳。当五色之粮在窖池中悄然转化时，我们品味的不只是佳酿，更是中国人对天地时序的敬畏，对生命健康的永恒追寻。

以上内容，我们从基因五碳、人体五官、歌唱五音、营养五谷、中医五色等方面，阐释了五粮和美的生理表达。

在2024年出版的《新自然主义生活》一书中，作者提出了一个新概念：自然康养论，即在优良的环境中，遵循自然法则推行的保养实践和发展的理论。它是人类对于健康的觉醒，从养身到养心、养性，强调外部环境对人体的影响，也强调自身内部心理与健康的关系，即通过营造优美的人居环境，改善社会人际关系，提高个人精神修养，来改进人的生活方式、行为方式，从而改善人体机能，促进身心健康。

书中继而倡导了一种生活方式：恬淡生活。即崇尚简约、恬淡、清净、自由、纯真、质朴的安逸生活，这种生活方式既不是简单的慢生活，也不是快生活，而是内心与自然的默契与互动，坦然、安静地接受自己与自然。

这其中的核心精神，跟“五粮和美”也是一致的，就是追求一种和谐之美，让我们的身心达到平衡。生理上，要追求健康与活力；精神上，要追求清净和愉悦。

所以我们最后不妨思考一个问题：为什么不分东西方，人类都普遍爱酒？除了生理上的感官享受外，我们也可以从精神上来探索。

当酒精滑入喉舌的刹那，人类便踏上了一趟跨越三千年的精神远征。从殷商青铜卣中的醴酪到波尔多酒窖里的赤霞珠，从希腊酒神狄俄尼索斯的狂欢秘仪到李白“天子呼来不上船”的醉态，酒从来不只是味蕾的俘虏，而是人类向神灵借来的翅膀——它让沉重的肉身生出羽翼，使困于三维时空的凡胎得以窥见四维世界的灵光。

酒是解放思想的催化剂，帮助人们打开思想的闸门，饮酒从不醉到醉，正如从猴子到人进化过程的倒置，但中间有无数种层次感受，亦如从0到1的过渡。“0”和“1”之间，还有“0.1、0.2、0.01、0.02”等无穷多个数值和可能的感受。但“花看半开，酒饮微醺”才是最好的状态，微醺状态下，正是才思泉涌之时，激发文化、艺术创作的灵感。如李白斗酒诗百篇，王羲之醉写《兰亭序》等。饮酒的最高层次则是庄子提出的逍遥游境界，在庄子看来，要打破“物”的局限，“物物而不物于物”，强调酒对精神的作用，达到“齐万物”“物我两忘”“神与物游”的终极“自由”与“逍遥”。

参考文献

[1] 赵东,杨韵霞.探秘五粮液[M].北京:化学工业出版社,2022.

[2]李后强.“五粮学”与“五行学”的对偶性研究[EB/OL].(2022-10-06)[2025-08-28].https:mp.weixin.qq.com/s/M7W_3PcykWnTqD6XQ95qeg.

[3]王少雄.川江蕴酒源 蜀酒浓无敌——解码川酒浓香在时间窖池中发酵的文明[EB/OL].(2024-03-24)[2025-09-28].https:www.scjjrb.com/2025/03/24/99429988.html.

[4]李后强.酒商必须要有自己独特的营销理念和手段[EB/OL].(2023-04-12)[2025-08-

20].https:baijiahao.baidu.com/s?id=1762931179823834907&wfr=spider&for=pc.

[5]李后强.正确认识中国白酒独有的内涵和外延[EB/OL].(2022-06-19)[2025-08-25].
https:baijiahao.baidu.com/s?id=1736030849562276632&wfr=spider&for=pc.

[6] 余晓斌.发酵食品工艺学[M].北京:中国轻工业出版社,2022.

[7] 南怀瑾.小言黄帝内经与生命科学[M].上海:东方出版社,2008.

[8] 李后强,赵思俭,韩毅.新自然主义生活[M].成都:成都时代出版社,2024.

三生万物

五生和美

第九章 工艺密钥解码五粮和美

和美五粮，科技为王。五粮液通过种植、酿造、贮存、勾调四大核心工艺，构建起独有的和美酿造体系：种植环节遵循“三才和合”，实现天、地、人的和谐共生；酿造过程中，“包包曲”与“跑窖循环”协同作用，形成微生物动态平衡的发酵生态；陶坛贮存赋予酒体的沉淀升华；勾调技艺则以酒调酒，追求五味调和、恰到好处的感官境界。这些技艺既承续《考工记》“天有时、地有气、材有美、工有巧”的造物理念，又借助现代科技成就了五粮液“香气悠久、味醇厚、入口甘美、入喉净爽”的经典品质，诠释了“美美与共”的美学特性。

中国白酒承载着五千年农耕文明的集体记忆，是天地人共酿的液态史诗。在这部文明长卷中，五粮液以其“各味谐调，恰到好处”的味觉哲学，构筑起中国白酒美学的精神坐标。从北纬28°的立体气候到长江首城的古窖池，从五行相生的原料配方到分甑分级的蒸馏艺术，五粮液始终以“和美”为灵魂，将道家“道法自然”的哲学思辨、儒家“致中和”的伦理追求，转化为可感知的物质美学。

《国语 · 郑语》云：“和实生物，同则不继”，五粮液的酿造体系正是这一哲学命题的现代诠释。在科技文明与生态危机并存的今天，五粮液通过“和美四艺”——种植、酿造、贮存、勾调的实践创新，构建起东方酿造的完整美学体系：种植环节的“三才和合”演绎着农耕文明的天人智慧，包包曲工艺的“三系共生”彰显微生物艺术的生态之美，跑窖循环的“动态平衡”暗合周易哲学的变易规律，和美勾调的“五味调和”成就感官体验的黄金比例。这些技艺既延续着《考工记》“天有时，地有气，材有美，工有巧”的造物传统，又通过色谱分析、分子动力学等现代科技，将经验直觉升华为数理美学。

第一节
和美种植体现天地同和

种植，是人与天地的契约，是文明与自然的对话。孟子“不违农时”的告诫，《淮南子》“上因天时，下尽地财，中用人力”的智慧，早已将中国人对自然的敬畏与协作刻入农耕文明的基因。在五粮液的种植版图上，这种古老的哲学正以“和美”为底色，描绘出一幅现代农耕的画卷，五粮液的和美种植，正以“敬畏自然、顺应规律、科技赋能、共生共荣”的理念，演绎“五谷丰登”。

一、古法传承之和

五粮酿造传统工艺的历史源头可追溯至遥远的先秦时期。尽管当时尚未形成明确的五粮酿造记载，但粮食酿酒活动已初现端倪。《礼记・内则》中记载的“醴齐”“盎齐”等早期酒类，不仅是中国酿酒历史的早期见证，更为五粮酿造工艺的萌芽提供了重要基础。彼时的酿酒技术虽以自然发酵为主，工艺朴素原始，但先民已开启对粮食酿酒的探索之路，其积累的点滴经验与智慧，为后世五粮酿造工艺的精进埋下了实践根基。

到了秦汉时期，随着农业技术的进步与酿酒认知的深化，酿酒技术在原料选择与配比上有了显著突破。《氾胜之书》作为这一时期重要的农业典籍，记载了多种粮食用于酿酒的尝试，展现出古人对酿酒原料多元化的探索。人们开始认识到不同粮食在酿酒过程中所起的作用不同，为五粮酿造工艺中多种粮食搭配的形成奠定了基础。如高粱酿酒因其酒精度高、口感醇厚而被广泛使用，而大米酿酒则因其清爽特性成为酿酒的重要原料。这些实践不仅丰富了酿酒原料的种类，也为五粮酿造工艺中多种粮食的科学配比奠定了理论基础。

唐宋时期，社会经济高度繁荣，酿酒业迎来了黄金发展阶段，多种粮食混合酿酒的工艺渐趋成熟。众多文人墨客的诗词作品中频繁提及酿酒原料的多样性，如白居易的“荔枝新熟鸡冠色，烧酒初开琥珀香”，虽未直接点明五粮，却从侧面反映出当时酿酒原料的丰富性与工艺的复杂性，与现代五粮酿造工艺的雏形愈发相似。与此同时，酿酒设备和技术也有了显著改进，如蒸馏技术的进一步完善极大提升了酒的品质与口感，标志着五粮酿造工艺从经验积累向科学化、系统化迈进。

从考古发现来看，诸多古代酒坊遗址出土的酿酒器具为研究五粮酿造工艺的演变提供了直观且重要的证据。四川宜宾出土的汉代陶制酒甑，其独特的结构设计反映出当时的蒸馏技术水平。这种酒甑的出现，标志着酿酒工艺从单一发酵向蒸馏提纯迈进，使得酒的纯度和口感得到了显著提升。在唐宋时期的酒坊遗址中，更是发现了更多与五粮酿造相关的痕迹。遗址中不同粮食的残留，表明当时已经普遍开始使用多种粮食进行酿酒；发酵容器的精细化设计也体现出当时对发酵过程的科学控制。这些考古证据不仅印证了五粮酿造工艺的历史传承，也揭示了其技术演进的脉络。

万亩水稻田中（图9-1），四川本地“川南原生水稻”与“五粮大酒谷”糯稻交错生长。粳糯稻喜湿，适宜年均降水量1200毫米的环境，其短圆籽粒中支链淀粉占比达99%，蒸煮后质软性黏，为酒体带来细腻甜润感；“川南原生水稻”则在新积土中扎根，这种由三江冲积形成的土壤富含钙、镁等矿物质，使水稻粗蛋白质含量稳定在8%以下，酿出的酒液醇和甘香，与糯稻形成味觉互补。

图9-1 五粮液专用粮种植基地——长宁桃坪稻田画

在漫长的历史进程中，五粮酿造工艺历经无数次改良。从最初简单的粮食混合发酵，到逐渐明确高粱、大米、糯米、小麦、玉米的最佳配比，再到形成独特的酿造工艺，每一步都凝聚着先辈们的智慧与实践经验。在明清时期，五粮酿造工艺进一步完善，对原料选择、发酵温度和时间、蒸馏火候等都有了更为严格的要求。五粮酿造工艺承载着特定地域的风土人情和民族情感，成为中华民族酒文化中不可或缺的重要组成部分。这种传承不仅是技术的延续，更是文化的传承，它蕴含着中华民族对自然规律的深刻理解与对生活美学的执着追求。

二、天时地利之和

（一）四季律动与五粮孕育

不同季节的光照时长、温度差异和降水分布与五粮的生长周期完美契合。春季的长日照和适宜温度促进种子萌发和幼苗生长；夏季的高温多雨满足作物快速生长的需求；秋季的凉爽干燥有利于糖分积累和风味形成；冬季的低温则有助于作物休眠和养分储存。这种自然与作物的和谐共生，孕育出优质的五粮原料，为五粮液的酿造提供了坚实的物质基础。

1.春季：萌发与生长的起点

春季，大地回暖，气温逐渐回升，温润的气候为种子的萌发创造了极为理想的条件。土壤经过冬季的休养生息，湿度适宜，微生物活动也日益活跃。这些微生物在土壤中分解有机物，释放出各种养分，为种子的萌发提供了丰富的营养来源。随着日照时间的逐渐增长，光合作用不断增强，五粮作物开始茁壮成长。科学研究表明，在春季，适宜的温度和光照时长能够显著促进作物中淀粉酶的活性，加速淀粉的分解与转化，为作物生长提供充足的能量。

2.夏季：快速生长的关键期

夏季，热烈的阳光和充沛的雨水成为五粮作物生长的强大助力。高温环境有利于作物进行旺盛的新陈代谢，合成更多淀粉、蛋白质等营养物质。此时，作物的蒸腾作用也较为旺盛，充足的水分供应保证了作物的正常生理活动。以高粱为例，在夏季高温多雨的环境下，其茎秆迅速生长，叶片变得繁茂，为后期的抽穗和结实奠定了坚实基础。

3.秋季：糖分积累与品质提升

秋季，凉爽的气候使五粮作物顺利进入成熟阶段。昼夜温差的加大，成为作物中糖分积累和风味物质形成的关键因素。在这个时期，作物的光合作用产物开始大量向籽粒转移，使得五粮的品质得到显著提升。以玉米为例，秋季的低温环境能够有效降低呼吸作用强度，减少糖分的消耗，从而提高玉米的甜度和淀粉含量。

4.冬季：养分储存与休眠调整

冬季，低温环境使五粮作物进入蛰伏期。此时，作物生长缓慢，主要进行养分的储存和内部生理调整，为来年的生长积蓄能量。作物会降低自身的代谢速率，增强抗寒能力，以应对寒冷的气候。而土壤中的微生物活动也相对减弱，养分得以稳定储存，为来年春季作物的生长提供保障。如小麦在冬季会进入休眠状态，其细胞内的糖分含量会增加，以增强抗寒能力。

（二）地理灵韵与五粮扎根

五粮液的原料种植区域（图9-2）主要集中在四川盆地及其周边地区，这一区域地处亚热带湿润气候区，地理条件独特，四季分明，雨量充沛，土壤肥沃，为五粮作物的生长提供了得天独厚的优越环境。

图9-2 五粮液专用粮种植基地

1.土壤特性与养分供给

四川盆地的土壤以紫色土和黄壤为主，富含磷、钾等矿物质，具有良好的保水保肥能力。这一土壤特性不仅为五粮作物的根系生长提供了充足的养分，还促进了作物对矿物质的吸收，从而提升了原料的品质。如高粱在紫色土中生长时，其籽粒中的单宁含量显著增加，这不仅增强了酒体的层次感，还赋予了五粮液独特的风味。

2.地形地貌与微气候效应

五粮种植区域多为丘陵和河谷地带，这一地形不仅使得光照角度多样化，不同区域的作物能够充分接受阳光照射，而且有利于气流的汇聚和流通，形成独特的小气候，使得昼夜温差相对较大，有利于糖分的积累和风味物质的形成。如在河谷地区，白天阳光直射，温度较高，作物光合作用强烈；夜晚河谷散热快，温度较低，呼吸作用减弱，有利于糖分的积累与风味物质种类的丰富。

3.水系丰沛与水质滋养

盆地内的河流水系发达，为农田灌溉提供了充足的水源。岷江、沱江等河流的冲积平原土壤肥沃，灌溉条件优越，成为五粮作物种植的理想区域。丰富的水源为五粮作物的生长提供了充足的水分，水质的优良也对作物品质产生了积极影响。优质水源含有适量的矿物质和微量元素，能够满足作物生长的需求，也有助于提升作物的产量和品质。

（三）生态共融与五粮滋养

五粮液的种植体系强调生态共融，即通过科学的种植方式实现人与自然的和谐共生。这种生态共融不仅体现在对自然资源的合理利用上，还体现在对生态环境的保护与修复中。

1.生态农业与可持续发展

五粮液的种植基地广泛采用生态农业技术，以实现资源的循环利用与环境的可持续发展。间作套种、秸秆还田等技术的应用，不仅提高了土地利用率，还减少了环境污染。一方面，高粱与大豆的间作种植模式通过豆科植物的固氮作用，提高了土壤的氮素含量，减少了对化学肥料的依赖，从而降低了农业面源污染。另一方面，秸秆还田技术将作物残体转化为有机肥料，既改善了土壤结构，又减少了农业废弃物的焚烧污染。通过这种循环农业模式，实现种植基地资源的高效利用与环境保护的可持续性。

2.生物多样性与生态平衡

五粮液的种植区域注重保护生物多样性，通过建立生态廊道、种植防护林等方式，为野生动植物提供栖息地，形成了天然的生态屏障。植被、鸟类、昆虫群落和微生物菌群与五粮种植形成了紧密的相互依存关系。丰富的植被不仅能够防止水土流失，还能调节气候，为五粮作物创造稳定的生长环境。植被通过吸收二氧化碳与释放氧气来改善空气质量、降低风速，减少风沙对作物的危害。在五粮液的核心种植区，通过种植多种草本植物和灌木，吸引鸟类和昆虫，形成了天然的病虫害防治系统。部分昆虫通过授粉促进了作物的繁殖，而另一些昆虫则通过捕食害虫维持了生态平衡。七星瓢虫、大草蛉等益虫能够有效控制蚜虫、螨虫等害虫数量，从而减少化学农药的使用。此外，微生物菌群在土壤中参与养分循环，将有机物质分解为无机养分供作物吸收利用。硝化细菌能够将氨态氮转化为硝态氮，提高土壤肥力；固氮菌则能够将空气中的氮气固定为植物可利用的氮素，减少对化肥的依赖。这种生态多样性不仅减少了农药的使用，还提升了五粮原料的天然品质，体现了生态共融的科学性与实践价值。

3.水资源管理与节水灌溉

五粮液的种植基地采用精准灌溉技术，实现水资源的优化配置。在干旱季节，通过滴灌技术将水分直接输送到作物根部，既节约了水资源，又提高了灌溉效率。在雨水充沛时，通过建设雨水收集系统和蓄水池，充分利用自然降水，减少对地下水的过度开采。依托科学的水资源管理，五粮液的种植基地不仅实现了水资源的可持续利用，还为五粮作物的高品质生长提供了保障。

三、选种培优之和

（一）优选品种

五粮液的高品质原料供应离不开科学的选种和育种。为种出道地好粮，五粮液从种子源头抓起，依托四川省酿酒专用粮工程技术研究中心，聘请国内顶级的院士、专家，并携手省、自治区、直辖市农科院及农业技术人员，从成千上万的品种里开展品种选育和技术创新，从种子源头筑牢酿酒原粮品质关。经过层层甄选，最终选取种皮较薄、吸水性强的川北弱筋小麦，富含单宁、青花素等成分的川南糯红高粱，富含矿物质、淀粉含量高的川南原生水稻，富含大量植酸的川南浅丘玉米，果实饱满、质地柔软的“五粮大酒谷”糯稻为珍贵的五种核心原料。

（二）轮作休耕

轮作休耕是保持土壤肥力、促进生态平衡的重要农业措施，也是五粮液种植体系中的重要环节。在五粮种植中，科学合理的轮作制度能够有效减少病虫害的发生。将高粱与豆类作物轮作/间作也能减少高粱常见病虫害的发生。休耕则让土壤有时间恢复肥力，减少化肥和农药的使用。在休耕期间，土壤中的微生物能够分解残留的有机物质，增加土壤有机质含量，改善土壤结构。休耕还能促进土壤中有益微生物的繁殖，增强土壤的生态功能，为后续的五粮种植提供更好的土壤环境。

四、绿色管理之和

（一）生物防治

生物防治是五粮和美种植中绿色管理的核心举措之一。在五粮种植过程中，利用生物之间的相互关系来控制病虫害的发生，是维护生态平衡的关键。通过释放害虫天敌昆虫、使用微生物制剂等生物防治手段，不仅能够保障五粮作物的产量和品质，还能避免化学农药对土壤、水源和空气的污染，保护农田生态系统中的有益生物，维持生态系统的平衡和稳定，为五粮作物创造健康、和谐的生长环境。

（二）精准灌溉

精准灌溉是实现五粮种植绿色管理的重要环节。采用先进的滴灌技术，能够将水直接输送到作物根系附近，减少水分的蒸发和渗漏，提高水资源的利用效率。喷灌技术则能够根据作物的需求，均匀地喷洒水分，避免局部水分过多或过少。结合土壤湿度传感器等设备，实时监测土壤水分状况，实现智能化的灌溉管理。通过精准灌溉，既能满足五粮作物生长对水分的需求，又能节约用水，缓解水资源紧张的压力，保障五粮作物种植的可持续发展，促进农业与水资源的和谐共生。

五粮和美种植不仅具有生态价值，更具有深远的和美文化意义。它传承了中国传统的农耕文化，体现了中华民族对自然和生命的敬畏之情。同时，它也展现了中国传统文化中对和谐、平衡、自然之美的追求。在现代社会，五粮液的和美种植作为一种文化符号，向世界展示了中国白酒的独特魅力和深厚文化底蕴。它让人们在品尝美酒的同时，也能够感受到中国传统文化的博大精深，增强了人们对民族文化的认同感和自豪感。五粮和美种植的文化意义，使其成为了一种文化传承和交流的重要载体，为中华文化的传承与发展贡献了独特的力量。

第二节 和美酿造折射匠心酝和

天地有大美而不言，五粮有至和而自酝。五粮液以五谷为韵脚，以窖池为诗行，在千年时光中谱写着“和美酿造”的东方史诗。窖泥中的菌群不断迭代，糟醅和窖池的互养循环，双轮底发酵的时光沉潜，无一不彰显着传统工艺对生态智慧的深刻理解——美源于差异的调和，和生于能量的精算。每一滴酒液，皆是微生物代谢的诗性结晶，是五谷精魂与时空共振的量子纠缠。这份“和美”既是技艺哲学，亦是文明隐喻。

一、以优质原料立基

（一）五谷调和之道

五粮液的原料配方历史演进是一部从朴素经验到科学理性的美学探索史。每一次配方革新都暗含对自然规律的敬畏与调和之美的追求。

公元1900年，宜宾有一陈氏家族的作坊叫“温德丰”，陈氏家族子孙继承祖业，在原有酿造基础上，进一步总结提炼出“大米糯米各两成，荞子成半黍半成，川南红粮凑足数，地窖发酵天锅蒸”的工艺要点，此心得传男不传女。这就是五粮液历史上的“陈氏秘方”。

1960年后，五粮液对“陈氏秘方”进行了革新，用小麦替代了荞麦，又将五种粮食的配比作了精细的调整，形成了高粱36%、大米22%、糯米18%、小麦16%、玉米8%的配方。五粮液酒恰到好处地融合各味之长，真正做到了“香气悠久、味感醇厚、入口甘美、入喉净爽、各味谐调、恰到好处，尤以酒味全面而著称”。

高粱凭借其高淀粉含量为酒体提供了坚实的骨架和丰富的风味前体物质，成为提供酒液醇厚口感和较高酒精度的关键。用于酿酒的高粱一般要求支链淀粉含量高。研究表明，糯高粱中支链淀粉占比较高且结构复杂，在微生物的作用下，逐步分解为葡萄糖等小分子糖类，为后续的发酵提供了充足的糖分来源，进而转化为酒精和丰富的风味物质，赋予酒液醇厚的口感和浓郁的香气。用于五粮液酿造的高粱原料，选用川南特有的糯红高粱品种。

大米以其纯净的口感为五粮液增添了绵柔和清爽气息。大米淀粉含量丰富，且蛋白质、脂肪含量相对较低，这使得其在酿造过程中有利于低温缓慢发酵，产生的杂味较少，能够突出酒液的纯净与柔和。其细腻的口感能够中和高粱带来的醇厚感，使酒液入口更加顺滑，在酒液的整体风味中起到了很好的调和作用，使酒液的口感层次更加丰富。

糯米的高支链淀粉含量使其在发酵过程中能够产生大量的糖分，为酒液带来温润口感和浓郁的甜味。糯米中的支链淀粉含量较高，这种独特的淀粉结构在发酵时，能够被微生物充分利用，产生更多的葡萄糖和麦芽糖等糖类物质，这些糖类赋予了酒液独特的甜味和醇厚的口感，使酒液在口感上更加圆润、饱满。

小麦富含蛋白质，在五粮液酿造过程中发挥着重要的酶源和风味贡献作用。发酵时这些蛋白质会被分解为氨基酸，氨基酸不仅为微生物的生长提供了丰富的营养物质，还参与了香味物质的形成，是酒体复杂层次感的来源。某些氨基酸在微生物代谢过程中会转化为酯类、醛类等香味物质，为酒液增添醇厚的香气。在制曲过程中，小麦还能够促进有益微生物的生长和繁殖，从而产生淀粉酶、蛋白酶等酶类，对原料的糖化和发酵起到关键的催化作用。

玉米的适量加入，则以其特有的甜香和油脂感，为酒体增添了圆润的口感和独特的魅力。玉米中含有丰富的糖分和脂肪，糖分在发酵时转化为酒精和二氧化碳，脂肪在微生物的作用下分解产生脂肪酸和醇类，这些物质进一步反应生成酯类等香味物质，赋予酒液独特的甜香风味，使五粮液的口感更加丰富多样。

上述五种原料的相互搭配比例经过了长期的实践和优化，形成了科学的配方。优质的白酒原料，要求其新鲜、无霉变、无杂质，淀粉含量较高，蛋白质含量适量，脂肪含量少，单宁含量适量，并含有多种维生素及无机元素等。五种粮食都承载着独特的营养成分和风味潜力，在五粮液酿造中扮演着各自独特且不可或缺的角色。

（二）原料质检之律

原料的质量控制是五粮液酿造工艺中的关键环节，五粮液构建了从田间到车间的原料全生命周期质量管控体系。

在田间，全面监测原料的生长环境，确保土壤、水源和空气无污染。通过定期检测土壤中的重金属含量、农药残留以及水源的酸碱度、微生物含量等指标，保证生长环境符合绿色、有机、健康标准。土壤中镉、铅、汞等重金属含量的检测标准严于国家强制食品安全标准，防止重金属在原料中富集，影响酒的品质和消费者健康。详细记录原料的病虫害防治情况，严格控制化学植保试剂使用剂量和残留量；优先采用绿色防控技术，如引进害虫天敌、使用性诱剂等生物防治和使用黄板等物理防治手段，减少化学防治的使用频率和使用量。

在原料入库前，严格检测原料各项关键指标。基于并高于国标，五粮液原粮企标检测指标多达50余项，不但包括不完善粒、杂质等常规质量指标，还增加了淀粉、支链淀粉、单宁、软质率、蛋白质、脂肪等酿酒特色指标，五粮液酿酒专用粮品种筛选过程更是增加了“垩白度”“长宽比”“糊化温度”“蒸煮效果”“崩解值”“回生值”“田间表现”等综合品控指标，可谓万里挑一。淀粉含量是直接关系到酒液产量和品质的重要因素；蛋白质、脂肪等其他成分的含量也要求适量，以控制杂醇油含量；水分含量关系到蒸煮时间、蒸煮效果和变质速度，将影响糊化、糖化、酒化发酵。检验现场科学划分扦样、分样、感官检验、物理检验和包包检五个环节，随机扦样确保样品代表性，编号盲检有效保证廉洁进料，通过看、闻、尝、触等方式感官检验粮食的色泽、气味、恶性杂质等物理指标、卫生指标，借助先进仪器分析理化指标，“任一指标超标一票否决”确保合格粮源才能入库。五粮液采用先进的近红外光谱分析技术，开发、构建数字化模型，快速无损检测每批原料的重金属、脂肪酸值等指标，确保原料符合无污染、新鲜度要求。“仪器＋人工”的双重检测机制，最大限度地保证了原料的质量稳定。

在原料入库后，逐级进入筛选、破碎、加工环节，再用于发酵。通过振动筛、比重分选机等设备，去除原料中的杂质，如金属、石子、瘪粒、杂草等；通过碾压方式破碎原料，而非采用刀头切割，扩大碎粒表面积，从而达到细粉感官和理化要求，利于发酵。在存储期间，通过智能管理系统精确监控储存环境的温度、湿度等参数，确保原料在储存过程中保持最佳状态。

经过严格检测、层层把关，符合和美酿造要求的原料才能进入后续的酿造环节，从源头上确保了每一瓶五粮液的品质稳定和优良。

二、酒曲凝合

（一）制曲工艺之美

“曲为酒之骨”，奇在形状、神在功效的包包曲，是五粮液酿酒生产工艺中的一大特色，为五粮液之首创。包包曲采用优质小麦，按照传统工艺精工细作而成。五粮液的大曲属中偏高温酒曲，具有微生物种类繁多、曲香纯正、糖化力高和发酵力强等特点。新制成的曲坯要在一定的温度和湿度的环境条件下，经过一定时间的发酵和储存，才能成为酿造用的“陈曲”。“陈曲”具有独特的曲香味，用其酿造的白酒也具有浓郁的香气，这是形成五粮液浓香风味的重要因素之一。

在原料处理阶段，五粮液选用优质小麦作为制曲原料。优质小麦颗粒饱满、淀粉含量高、蛋白质含量适中，为微生物的生长和繁殖提供了丰富的营养物质。将小麦进行精细破碎，使其粒度均匀，一般要求破碎后的小麦烂心不烂皮，成栀子花瓣状，粗细度达到一定标准，过粗不利于微生物的生长和酶的作用，过细则会影响曲坯的透气性和发酵效果。

加水比例的控制是制曲过程中的关键环节之一，要根据小麦的品种、气候条件等因素合理调整加水比例，过多或过少都会影响曲坯发酵。在制曲过程中，通过精确的水分测量设备，实时监测和调整水分含量，确保曲坯的水分含量适宜。

制曲温度和湿度的控制贯穿整个曲坯的发酵过程，是决定大曲品质的核心因素。在前期的培菌阶段，高温高湿环境中曲霉快速生长，分泌大量的淀粉酶、蛋白酶等酶类，将小麦中的淀粉、蛋白质等大分子物质分解为小分子糖类和氨基酸，为后续的发酵提供充足的营养物质。随着发酵的进行，进入中期的产酶阶段，温度逐渐升高，湿度保持，此时微生物代谢旺盛，产生大量的酶类和风味物质。到了后期，温度和湿度逐渐降低，使曲坯中的水分缓慢蒸发，形成独特的风味和香气。

五粮液“包包曲”是一个大方砖状六面体，宽的两面中有一面向上高高隆起形成馒头状“包包”。这一独特的外形，是形态与功能完美结合的体现。“包包”部分增加了曲坯与空气的接触面积，有利于微生物的生长和代谢。在发酵过程中，“包包”表面能够富集更多的微生物，这些微生物在生长过程中产生的酶类和代谢产物，不仅增加了大曲的酶活性，还赋予了酒液独特的风味。同时，“包包”部分温度更高，使得大曲兼具中温曲和高温曲二者的优势，进一步形成丰富的菌系和酶系。

在发酵过程中，微生物群落逐渐形成，包括霉菌、细菌、酵母菌、放线菌等多种有益微生物。这些微生物在不同的发酵阶段发挥着不同的作用，在生长过程中相互影响、相互制约、相互协作，共同完成大曲的发酵过程，为后续的发酵环节提供了丰富多样的酶系与风味前体物质，成为和美酿造的精魂所在，赋予酒液独特的曲香与醇厚风味。

（二）曲香蕴和之韵

包包曲在发酵过程中产生了丰富多样的香气成分，这些成分对后续酿造中香味的形成起着关键作用，产生了五粮液特有的曲香。通过先进的气相色谱-质谱联用仪等分析设备检测发现，包包曲中含有上百种香气物质，主要包括酯类、醇类、醛类、酸类等。

酯类物质是酒液香气的主要成分之一，不同的酯类物质具有不同的香气特征，如己酸乙酯具有独特的窖香和菠萝果香，乳酸乙酯具有柔和的香气，乙酸乙酯具有浓郁的水果香气。包包曲中的微生物在发酵过程中，通过一系列复杂的代谢途径，产生了大量的酯类物质，这些酯类物质为酒液增添了丰富的香气层次，使酒液香气浓郁、协调。

醇类物质不仅是酒液的主要成分之一，还对酒液的口感和香气有着重要影响。乙醇是酒液中的主要醇类，赋予酒液辛辣的口感，而高级醇如正丙醇、异丁醇、异戊醇等则具有特殊的香气和风味。高级醇在酒液中适量存在，能够增加酒液的醇厚感和香气复杂度，但含量过高则会导致酒液产生杂味，影响酒的品质。

醛类物质虽然含量相对较少，但对酒液的香气和风味也有着重要的调节作用。乙醛具有刺激性气味，在新酒中含量较高，但随着陈酿时间的延长，乙醛会逐渐氧化为乙酸，或者与醇类发生反应生成酯类，从而使酒液的香气更加柔和、协调。

包包曲所产生的香气成分与其他原料的香味相互融合，形成了五粮液独特的“蕴和”特征的香气风格。在酿造过程中，包包曲的曲香与高粱的醇厚香、大米的净爽香、糯米的绵甜香、小麦的麦香、玉米的清甜香相互交织，共同构成了五粮液复杂而和谐的香气体系。这种香气的融合并非简单的混合，而是在发酵、蒸馏、陈酿等过程中，通过一系列物理和化学变化，使各种香气成分相互作用、相互转化，最终形成了五粮液层次丰富、协调统一的复合香气特征，使酒液的香气更加浓郁、持久。

这种曲香的形成，不仅得益于优质的原料和精湛的工艺，更源于五粮液独特的曲房（图9-3）微生态环境。经过长期使用，五粮液的曲房形成了稳定的微生物生态系统，这种独特的生态环境是五粮液曲香难以被模仿的关键所在。

图9-3 曲房

（三）拌曲接种之味

经混蒸混烧再摊凉后的五种粮食糟醅，要通过“下曲”这道工序，以接入菌种，才能进入窖池进行糖化和发酵。拌曲的过程是使曲粉均匀分布在糟醅中的过程，重点使菌种均匀地分散在五种粮食颗粒中，防止局部曲粉量大，发生糟醅潮烧现象。

拌曲的大曲用量为20%（以混合粮粉重量计）。

拌曲时操作要求将曲粉与糟醅拌和均匀，无堆团现象；下曲时要求轻撒、低撒匀铺，避免曲粉飞扬；下曲时和下曲后不得再开启排风扇。

（四）匠心入窖之艺

五粮液传统的入窖操作劳动强度很大，工人要将拌曲后的糟醅人工迅速运到窖池进行入窖，然后将糟醅踩紧、拍光、封窖泥。现在，五粮液新建的酿酒车间相继安装了行车，糟醅、窖泥等物质的运送全部实现了机械化，极大地减轻了工人的劳动强度。但由于固体发酵的特殊性和为了保证五粮液酒的品质，入窖仍采用人工操作。

在五粮液的生产实践中，糟醅入窖时采取“低温入窖”操作，即糟醅入窖时的温度与环境温度基本相同。当地温低于20℃时，糟醅的入窖温度为16~20℃；当地温高于20℃时，糟醅的入窖温度为平地温。“低温入窖”便于控制糟醅发酵的温度，也有利于入窖操作。主要包括以下步骤：

①运醅：将拌好曲粉的糟醅从摊凉处运到窖池。

②摊平：迅速将窖池内的糟醅摊平。

③插温度计：将窖池的四角和中部的糟醅踩紧，插入五支温度计。

④踩窖：沿窖池的四周至中间。在热季，对糟醅进行一足复一足的密踩;在冷季，下层的湿糟醅可稀踩。

⑤检温：检查各点的温度并做好记录。

⑥封窖：窖池按规定量装满糟醅后踩紧，拍光，放上隔篾，再用一甑红糟覆盖在糟醅上，踩紧并拍光，最后抹上窖泥形成窖帽。

糖化也是必不可少的关键环节，糖化过程是在一定的温度和湿度条件下，使原料中的碳水化合物（淀粉等）被淀粉酶（糖化酶）水解成为单糖（葡萄糖等）的过程。入窖初期，糟醅中的微生物在糟醅中迅速生长，产生出淀粉酶，在淀粉酶的作用下，五种粮食中的淀粉被水解成为葡萄糖，为发酵提供了前提和基础。

微生物的生长要消耗一定的淀粉，并产生一定的热量，使糟醅的温度上升。

三、发酵酿和

（一）跑窖循环之和

跑窖循环工艺是五粮液发酵过程中的独特工艺，是其酿造工艺的核心机密之一，对促进发酵过程中微生物均匀分布、物质交换充分，使酒体风味更趋和谐起着关键作用。传统工艺操作中的跑窖循环是指窖池内糟醅根据轮次的变换而在窖池与窖池之间不断流转；具体地说就是每口窖池底窖糟醅在本窖池进行转换，中层以上干糟与其他窖池糟醅进行跑窖循环。

不同窖池中的微生物群落存在一定差异，这种差异源于窖池的使用年限、窖泥成分、发酵环境等因素。通过跑窖循环，糟醅能够与不同窖池中的微生物充分接触，促进微生物在糟醅中的均匀分布，实现菌群的动态平衡。同时，还会促使糟醅内、窖池内的有益微生物种源在窖池内扩大培养和有益微生物的合理利用，调节窖内、糟醅内的有益微生物群体，使窖池自身产出的原酒保持风格、味道的统一。另外，通过跑窖循环，糟醅中的有机酸、酯类等风味物质的含量也会更加均衡，使得酒液的口感更加协调。

跑窖循环工艺还实现了发酵条件的动态平衡。在不同的窖池中，发酵条件如温度、湿度、氧气含量、酸度等均会有所不同，通过跑窖循环，糟醅能够在不同的发酵条件下进行发酵，避免了单一发酵条件对糟醅发酵的局限性。这种动态平衡的发酵条件，使得糟醅在发酵过程中能够充分发挥其潜力，产生更多的风味物质，有助于提升酒液品质。

（二）续糟配料之妙

续糟配料工艺在传承老窖风味、稳定酒体口感一致性以及新旧糟之间协同发酵方面具有重要意义。续糟配料是指在每次发酵后，保留一部分糟醅，再加入新的原料和大曲进行发酵。老窖中的微生物菌群经过长期的驯化和适应，形成了独特的发酵能力，能够产生独特的风味物质。通过续糟配料，这些老窖微生物菌群得以传承，使得每一批次的酒液都能够保持老窖的独特风味。所以，五粮液传统酿造技艺才有“千年老窖万年糟”的说法。

续糟配料能够保持发酵过程的连续性和稳定性。在发酵过程中，糟醅中的微生物处于一个相对稳定的生态环境中，它们之间相互协作、相互制约。续糟配料使得这个生态环境得以延续，微生物能够持续发挥其发酵作用，保证酒液口感的一致性。新旧糟之间的协同发酵，促进了风味物质的形成和积累。旧糟中含有丰富的微生物代谢产物和残留的营养物质，这些物质能够为新原料的发酵提供有利条件。新原料则为微生物提供了新的营养来源，激发了微生物的活性，促进了微生物的生长和代谢。旧糟中的有机酸能够调节发酵环境的酸碱度，促进新原料的糖化和发酵；新原料中的淀粉和蛋白质等营养物质，为微生物的生长和代谢提供了充足的能量和物质基础。研究发现，续糟配料工艺能够使酒液中的风味物质种类显著增加，口感更加醇厚、丰富。

五粮液的续糟配料工艺经过长期实践和科学优化，既能保证微生物群落的稳定性，又能避免过度发酵带来的不良风味。同时，续糟的添加时机和方法也有严格的要求，需要根据酒醅的状态和发酵环境的变化灵活调整。

（三）分层起糟之精

分层起糟是五粮液一直坚持的一项精酿技艺，是一种针对不同层次糟醅的不同发酵特征而精心采取的细致操作，根据糟醅在窖池内不同位置的发酵程度差异，可将其分为面糟、上层糟、中层糟、底窖糟和双轮底糟等层次，分层起糟可保障不同发酵特征的糟醅不被随意均质。

在窖池的不同部位，由于温度、氧气、水分、菌群种类、数量和比例、与窖泥的接触面积等各种因素均存在不同，最终导致糟醅的发酵状态也有所差异。在窖池底部，糟醅与窖泥接触紧密，窖泥中的微生物和矿物质能够充分渗透到糟醅中，同时上层糟醅发酵水分渗入下层糟醅中，使下层糟醅有机物含量增多，促进了下层糟醅风味物质的形成。由于各层次糟醅发酵状态不同，在起糟时，需要根据不同层次糟醅的特点进行分层起糟。通过分层起糟，为后续蒸馏提供了不同风格特征的优质原料，使得蒸馏出的酒液风格更加丰富。

（四）发酵方法特色

1.“双轮底”发酵

在传统浓香型白酒酿造工艺中，封窖达到一定的时间即开窖将窖池中糟醅全部取出、蒸馏产酒后，重新投入窖池循环发酵，此阶段俗称为一轮。所谓“双轮底”发酵就是利用同一窖池发酵糟醅中，底部糟醅因被黄水浸泡，相对于中、上部分糟醅所产酒质较好的特点，将这部分底窖糟醅中的一甑或二甑已发酵完成的糟醅不蒸酒，而将其继续存放于窖池底部，继续再次发酵 70天，窖底这部分糟醅进行了2个轮次的发酵周期，达到进一步提高浓香型白酒优质率的目的。

通过延长糟醅的发酵周期，使该部分糟醅接触底窖泥时间延长了1倍，在窖泥中所含酿酒有益微生物作用下，使糟醅生化反应更为充分、彻底，其所产基础酒中总酯、总酸含量较单轮底窖糟醅所产的基础酒要高，酒的各种主体香味成分更为丰富、饱满、厚实，酒体窖香更为浓郁，对提高基础酒优质率有较大的作用。

2.老窖泥

2005年，五粮液古窖泥被国家博物馆永久收藏（图9-4），是唯一的活文物。“千年老窖万年糟、酒好须得窖池老”，五粮液采用泥窖作为发酵设备，用以元明国宝窖池为核心的行业最大规模老窖池群，不间断活态酿造延续至今，让“以糟养窖、以窖养糟”的良性迭代进化，赋予了五粮液经典幽雅的古窖浓香。五粮液古窖池群最早始于元代，距今已有700余年。这些古窖池群从未间断发酵，在700余年持续不断的酿造过程中，窖泥中的微生物在窖池特殊的环境条件下，不断发生着种群的进化，进而形成了独特的五粮液窖泥功能微生物菌群。

图9-4 国家博物馆窖泥收藏证书

研究表明，酒质优劣与窖池窖泥的新旧程度有着密切的联系。在宜宾的气候条件下，五粮液的老窖经过反复的酿造过程，在窖泥中存在着众多的表征五粮液特色香味的酿造菌种。这些菌类参与酒醅的发酵，可大大促进酒醅中醇类和酸类的酯化。在生产实践中，五粮液酒厂采用了窖泥重复使用、在新窖泥中加入老窖泥的方法来培育新窖和提高优质品率，取得了良好效果。五粮液酒厂科研人员采用现代微生物技术，成功研究了窖泥大规模快速老熟的方法，大大提高了万吨级酿酒车间新建窖池产酒的优质品率，使“旧州佳酿冠群芳”，实现了五粮液生产规模的迅速扩大。

3.黄水

窖池中的糟醅在多种微生物的作用下进行糖化和发酵等化学反应，经过一定时间后，在窖池底部的糟醅中会聚积一定量的棕褐（黄）色的黏稠液体，这种液体被称为“黄水”。

黄水中富含醇、酸、醛、酯等呈香呈味物质，在传统生产工艺中，黄水在经过一次蒸馏，提出其中的酒精和酯类等香味成分后便被作为生产废水排放掉，这样黄水中含有的大量有机酸等物质则被浪费。五粮液酒厂科研所成功研究出从黄水中提取乳酸的新工艺技术，五粮液酒厂迅速健全了黄水收集的管理制度和网络，投资建立了乳酸生产车间，取得了显著的社会和经济双重效益。

4.沸点量水

在白酒酿造工艺中，糟醅蒸馏出甑后，需要向母糟添加一定量的水分——量水，以满足糟醅入窖发酵微生物所必需的生长、繁殖的条件。传统酿酒所添加的量水取自糟醅蒸馏冷却过程中的间接冷却水，其水温为80~85℃，不利于糟醅中淀粉对水分的吸收。

1990年1月，刘友金QC小组利用量水温度越高越有利于出甑糟醅中淀粉对水分吸收的原理，将酿酒冷却过程中产生的间接冷却水（水温为80~85℃）抽取至盛放量水的专用容器中，继续输入蒸汽加热使冷却水升温至沸点（水温约为100℃），这时沸腾后的冷却水与出甑糟醅的温度基本一致，更有利于糟醅中淀粉对水分的吸收而充分水解，更好地发挥水在糟醅糖化发酵过程中的糊化作用、液化作用、糖化作用、酒化作用，同时起到有效增加糟醅的表面积作用和调节发酵温度的作用，从而更有利于糟醅发酵升香，达到提高白酒优质率的目的。

5.发酵技艺

在传统的发酵操作实践中，五粮液酒厂逐步形成了“一定”“三透”“五匀”“五要”“五不”的发酵操作细则。“一定”即发酵周期要稳定；“三透”即润料水分透、蒸粮熟透、发酵透；“五匀”即拌料水分和糠壳均匀、压甑穿汽均匀、出甑量水均匀、拌曲均匀、温度均匀；“五要”，即配料要准、尾要吊尽、摊凉时间要短、摊场和工具要净、清窖要勤；“五不”即蒸馏不跑气、摘酒不离人、看温度不走过场、填生产日志不隔日、酒尾不在底锅内“转”（残留）。

四、蒸馏取和

（一）分层蒸馏之规

将不同发酵层次的糟醅经分层起糟、分层堆放以及分层配料之后，再分开蒸馏的过程称为分层蒸馏。由于每次蒸馏均以一甑的容积为度，分层蒸馏又称为单甑蒸馏。蒸馏的操作要点为：上甑时要求糟醅原料要疏松，并尽量使糟醅在甑中保持疏松均匀的状态，以利于蒸汽的均匀透出；上甑要“轻撒匀铺，探汽上甑”，不可“一气呵成”，不得“起堆塌汽”，不能出现“跑冒酒汽”现象；蒸馏的温度要遵循先低后高的原则，先缓火流酒，再大火蒸粮。

在同一甑次的蒸馏过程中，不同时段的酒液品质也有所不同，这主要体现在酒精度和香味成分含量的变化上。蒸馏初期，酒精度较高，随着蒸馏的持续，酒精度逐渐降低。在酒头部分，通常酒精度最高，但口感较为辛辣，这是因为在蒸馏初期，酒醅中的低沸点刺激性物质（如醛类）被率先蒸馏出来。香味成分含量也呈现出动态变化，己酸乙酯、乙酸乙酯、丁酸乙酯等含量由高到低，乳酸乙酯、酸类物质等逐渐增多。

分甑分级的标准主要依据香味成分含量、口感和色泽等多方面因素。香味成分含量方面，根据不同香味成分的比例和含量，可以用来调配不同特征的产品。口感方面，品酒师通过品尝酒液，评估其醇厚感、绵柔度、爽净度等口感特征。口感醇厚、绵柔、爽净的酒液通常被评为较高等级，而口感辛辣、苦涩、粗糙的酒液则被评为较低等级。色泽方面，优质的酒液应该是清澈透明、无悬浮物和沉淀，若酒液出现浑浊、沉淀或色泽异常，则会影响其等级评定。

分甑分级量质摘酒的流程严谨且精细。在蒸馏过程中，操作人员会密切关注酒液的流出情况，每隔一段时间对酒液的酒精度、香味成分等进行检测。根据检测结果，按照既定的标准进行分甑分级摘取。在摘取过程中，将不同等级的酒液分别收集到不同的容器中，确保酒液的品质和等级不混淆。

（二）量质摘酒之要

五粮液的生产工艺规定，在糟醅单甑蒸馏过程中，要对同一甑所蒸出的酒进行分段量质摘酒，以“优中选优，花中选花”的理念，“掐头去尾，只留中段”，分段分质摘取原酒。

“掐头”：摘取酒头（即最初蒸馏出的较高酒精度的馏出物）约0.5千克。其带有上甑酒蒸馏过程中滞留于冷凝器中的极少量尾子酒味道；甑中低沸点易挥发物质、刺激性强的有害物质和不良风味物质如甲醇、乙醛、丙烯醛、硫化氢、硫醇、二乙基硫等易在酒头段蒸馏出来。

“去尾”：当馏分的酒精度下降到30~50度以下时，则去酒尾。当流酒断“花”时，则将酒尾用另一卮子接装，备下甑重蒸或作他用。因尾段酒酒精度较低，高沸点物质如高级醇、乳酸乙酯等较多，酒味不佳且较为平淡。

“中间酒”：即摘取酒头后到酒精度下降到30~50度时的中间馏分叫“中间酒”。

量质摘酒的操作要点：在摘酒时要边摘边尝，以确定头、中、尾酒的分段；将摘出的头、中、尾酒做好记录，分别保存。

（三）按质并坛之序

蒸馏后的酒液需要经过并坛储存，这是五粮液酿造工艺的最后一道环节。按质并坛是将不同质量的酒液在储存前进行恰当归类组合的过程，它为后续陈酿奠定了和美基础，对保持不同批次、不同品质酒液的独立性与特色性起着至关重要的作用。

在按质并坛之前，首先要对分甑分级摘取的酒液进行全面的质量评估。除了酒精度、香味成分含量、口感和色泽等常规指标外，还会对酒液的稳定性、协调性等进行评估。稳定性方面，检测酒液在储存过程中的变化情况，如是否会出现沉淀、浑浊等现象；协调性方面，评估酒液中各种香味成分之间的平衡和协调程度以及口感的整体协调性。

根据质量评估结果，将酒液分为不同的类别，一般分为特级、一级、二级、三级等多个等级。特级酒液通常是酒精度适中、香味成分丰富、口感醇厚绵柔、稳定性和协调性极佳的酒液，这类酒液主要用于调配高端产品；一级酒液在各方面指标上略逊于特级酒液，但依然具有较高的品质，可用于调配中高端产品；二级和三级酒液则根据其具体品质，用于调配中低端产品。

并坛的原则是“同类相聚，优劣相济”。即在并坛过程中，严格按照等级和类别进行组合。将同一等级和类别的、品质相近的酒液合并到同一个酒坛中储存，避免不同等级和类别的酒液混合。酒坛的选择也十分关键，通常选用透气性好、有利于酒液老熟和风味融合的陶坛。陶坛的微孔结构能够使微量的氧气进入酒液中，促进酒液的氧化还原反应，加速酒液的老熟过程。同时，陶坛还能够吸附酒液中的一些杂质和异味，使酒液更加纯净、醇厚。

在并坛时，还会考虑酒液的批次和来源，尽量将同一批次、相同来源的酒液合并在一起，以保持酒液的一致性和稳定性。不同批次的酒液在发酵条件、糟醅特征等方面可能存在一定差异，若随意混合，可能会影响酒液的品质和风味。将来自不同窖池的同一等级酒液进行并坛时，会先对这些酒液进行小样混合试验，评估混合后的酒液品质和风味，确保混合后的酒液符合质量要求。

按质并坛后的酒液进入陈酿阶段，在陈酿过程中，酒液中的各种成分会继续发生物理和化学变化。酒精分子和水分子之间的缔合作用更加紧密，使酒液的口感更加柔和、绵甜；香味成分之间也会发生相互作用，形成更加复杂、和谐的香气体系。经过长时间的陈酿，酒液的品质和风味会得到进一步提升，为后续的酒体勾调提供优质的基础酒液。

在酒体勾调环节中，调酒师会根据产品的定位和目标风味，选择不同等级、不同批次的并坛酒液进行合理搭配。他们将具有浓郁果香的酒液与具有醇厚窖香的酒液进行搭配，使酒液的香气更加丰富、层次更加分明；将口感醇厚的酒液与口感清爽的酒液进行组合，使酒液的口感更加协调、平衡。通过不断地尝试和调整，使各部分酒液的香韵相互融合、升华，最终达到和美统一的酒体风格，满足消费者对高品质美酒的需求。

在实际生产中，按质并坛和酒体勾调是一个不断优化和创新的过程。随着消费者对酒液品质和风味的要求不断提高，五粮液的酿酒师们不断探索新的并坛方法和勾调技术，以提升酒液的品质和竞争力。利用先进的数据分析技术，对酒液的质量数据进行深入分析，为按质并坛和酒体勾调提供更加科学的依据；引入智能化的勾调设备，提高勾调的精准度和效率。这些措施不仅保证了五粮液酒液的品质稳定，还使其在市场上始终保持着领先地位。

总之，分层蒸馏、量质摘酒和按质并坛是五粮液蒸馏工艺中的重要环节，它们通过对酒液品质的精细化管理和合理调配，为五粮液独特的酒体风格奠定了坚实的基础，体现了五粮液对酿酒工艺的极致追求和对品质的严格把控。

第三节
和美贮存实为静守养和

酒不仅是物质的存在，更是时间与美学的结晶。五粮液作为中国白酒文化的杰出代表，其酿造与贮存过程蕴含着深厚的时间哲学与美学意蕴。贮存，在酿酒工业中称之为陈酿，是白酒酿造过程的一个重要工艺。看似静态的过程，实则是酒体与时间、空间、自然元素深度对话的动态美学实践。五粮液的“和美贮存”体系，以陶坛为载体，以时间与自然为媒介，将陈酿工艺转化为艺术创作，使酒体在岁月中完成从“生涩”到“醇和”“老熟”，达到新的平衡和协调的蜕变。这种贮存美学，其美学价值不仅体现在口感上，更体现在其贮存过程中所展现出的和谐之美、变化之美和恒久之美。

一、陈酿前提条件是品质

陈酿的前提，是必须要把酒做好，陈酿时间的把控要同酒质相协调，劣酒不会因为陈酿而变成好酒，只有优质基酒才有陈酿的价值。由酿造师按质并坛和专业验收定级后的基酒，具有醇、甜、净、爽、香、浓等典型特点，经过传统陶坛陈酿一定时间后风味变得更加优雅、醇厚、绵甜、爽净、圆润。陶坛制造采用的陶土含沙量小，细腻润泽，本身含有钾、钙、钠、镁、铁、铜、锰、锌等金属元素，经高温烧结后，不仅稳定性高，不易氧化变质，而且耐酸碱、抗腐蚀，透气性好且不渗漏，被称为“会呼吸的陶坛”。在烧制过程中，坛体会形成微孔网状结构，能有效导入外界的氧气，促进酒的酯化和氧化还原反应，进而有效提升酒体质量。随着贮存时间的延长，陶坛本身含有的金属离子元素逐渐溶入酒体中，一方面能增强乙醇分子与水分子的缔合能力，减少游离乙醇分子，加速酒体进入一个相对稳定的状态，另一方面与酒体香味成分发生缩合反应，有效促进酒体陈酿老熟。同新陶坛相比，旧陶坛对酒体“味”和“格”的改变作用更佳。

五粮液从20世纪70年代末期至今持续对基酒的陈酿进行系列研究，公司曾先后立项《五粮液勾调技术的研究》《白酒中陈味的研究》《白酒中金属元素的催化作用研究》《陶坛中金属迁移对白酒老熟影响的研究》《优化陶坛孔结构及成分促进酒体老熟的研究》等项目对酒的陈酿进行专项研究。

五粮液酒陈酿是一个复杂且微妙的变化过程，既涉及物理变化也涉及化学变化，物理变化主要是水和乙醇分子之间的缔合作用，其缔合度随乙醇分子自由度减少，使人在味觉上感到柔和；化学变化主要有氧化还原反应、酯化水解反应、醛缩合等，使酒中醇、酸、酯、醛等微量风味成分达到新的平衡。由于新酒有口感爆辣、冲鼻、刺激性大、乙醇分子活度大等缺点，经过陈酿，低沸点的醛类、硫化氢、硫醇等挥发性组分减少直至消失，使酒的香味更加协调醇和，这个过程即白酒的自然老熟，也是稳定和完善产品质量的重要手段。唯有时间方能陈酿出时间的味道，新酒味糙，酒体香气的变化速度慢，耗时长，时间的延长在一定程度上能增加酒体的芳香，但也不是所有的酒都是越陈越好，有的白酒若贮存时间过长，则会进入“衰老期”，失去原有的风味。五粮液经掐头去尾后两次摘选，才获得优质基酒，因入库时乙醇浓度较高且本身品质把控严格，陈酿时间大大缩短，基酒贮存1年酒质已较为理想，但更高品质的产品，公司坚持更长的贮存时间，如高端产品第八代五粮液、1618等基酒贮存期一般为5年左右，经典五粮液等年份酒的基酒贮存期将长达10年以上。品质一直是五粮液的核心竞争力，五粮液一直是白酒行业公认的品质标杆。2017年10月，五粮液启动了10万吨酿酒生产技改项目一期工程及30万吨陶坛陈酿酒库一期工程项目，2018年10月正式开工建设。此举进一步扩大了五粮液陈酿规模，增强了五粮液酒的贮存能力和实力。

图9-5为五粮液陶坛陈酿酒库。

图9-5　陶坛陈酿酒库

二、贮存价值保障靠工艺

贮存不是简单的存放，而是精心的呵护，需要可靠的工艺来保障。不同窖龄、风格、等级原酒通过专用设备、管道、酒坛全封闭转运、密封，分级分库分区贮存，保证基酒陈酿全过程个性化需求和品质提升，为五粮液产品独有且优于其他浓香型的复合香型口感、品质提供了工艺质量保证。

要求酒库人员每班都要巡查库房，确保每个陶坛都处于安全状态。防止异味感染是非常重要的食品质量保障考虑因素，对设备设施、环境和人员的卫生要求都非常严苛，配备有专用检测合格的工器具以及配套的操作规程。在日常的监护和检测过程中，酒库人员和工艺技术人员会定期对酒质进行评定，选出个性化的基酒，对于具有特殊风格的基酒给予重点标识，单独建账，只为在后期组合勾调时让其发挥更大的作用。

基酒是五粮液极为宝贵的财富，其中调味酒更是至宝，其贮存更为精心精细，不仅使用专门的陈酿库房，有的甚至使用特殊的小规格陶坛。五粮液的调味酒一般都是经过20年以上的贮存，其间的管理更是花费了工艺技术人员大量心血，有的甚至经历了几代五粮液人的呵护。

五粮液宏大的陶坛陈酿酒库是五粮液陈酿工艺的重要保证，也是对五粮液酒及系列酒美学边界的扩展。通过基酒的贮存工艺，五粮液让每一滴酒都能在时间中找到自己的美学位置，这是对传统美学的传承与创新。

五粮液的和美贮存，通过时间与天地同频，集天地人和之精华让风味物质在时间中充分作用，使风味恰到好处，形成稳定的化合态，最终达成老熟与陈酿的美学境界。这一过程，不仅是酒体的物理与化学变化，更是时间与美学的哲学表达。五粮液的贮存美学，是对传统工艺的坚守，是对自然韵律的尊重，是对时间哲学的深刻诠释。

如上所述，五粮液公司自20世纪70年代末期至今，持续对基酒的陈酿进行系统研究。从《五粮液勾调技术的研究》到《陶坛中金属迁移对白酒老熟影响的研究》，五粮液通过科学的手段探索陈酿的美学奥秘。这些研究不仅代表了技术的进步，更是对传统美学的深刻诠释。陈酿这一重要工艺，目前行业的研究还不能完全揭示白酒风味的变化规律，但五粮液通过几百年的实践和现代持续的科研，已经取得了很多认识，也通过优化陶坛孔结构及成分，促进了酒体的老熟，这是技术与美学的和美融合。

第四节
和美勾调重在精艺调和

中国传统文化中的“调和”理念，贯穿于饮食、艺术乃至哲学领域。《诗经·商颂》中有“羹者，五味调和”的记载，以及袁枚在《随园食单》中提出的“清者配清，浓者配浓”的配伍原则，均体现了“调和”作为中国美学的核心命题。在白酒领域，勾调的本质正是通过“和合共生”实现酒体的平衡与升华。五粮液“和美勾调”的命名即源于此——以“和”至“美”，因“和”而“美”，既是对传统“中和之美”的继承，也是对现代工艺的哲学诠释。

五粮液的勾调实践尤其注重“和而不同”的理念。其基酒源自不同车间、窖池、窖龄、酒龄、级别、酒精度及个性特征的原酒，这些原酒因微生物群落、发酵环境差异而呈现独特风味。勾调的目标并非消除差异，而是通过科学排列组合，使不同风味在冲突中达成和谐。

一、基酒遴选之准

五粮液勾调工艺，在白酒行业中独树一帜，其核心在于对基酒的精准筛选。不同车间、窖池、窖龄、酒龄、级别、酒精度以及个性特征的基酒，宛如各具特色的音符，等待着被精心挑选组合，共同奏响和谐的美酒乐章。

在车间维度上，不同车间由于生产环境、设备状况的差别，产出的基酒风味也有所不同。如五粮液501车间拥有明代古窖池群，这些窖池是中国现存最早的地穴式曲酒发酵窖池，经过数百年连续使用，窖泥中的微生物群落已经形成独特的生态系统，所酿之酒具有浓郁的“古窖复合香”特点。五粮液523车间作为全球规模最大的单体酿酒车间，酒体具有绵甜爽净的特点。勾调师通过对各车间基酒的风味特点进行长期跟踪和分析，能够精准把握不同车间基酒的优势，为后续的勾调提供多样化的选择。

窖池是酿造基酒的关键场所，不同窖池的微生物群落和窖泥成分差异显著。老窖池由于长期的酿造过程，窖泥中富集了大量的有益微生物，这些微生物在发酵过程中产生丰富的代谢产物，赋予基酒独特的窖香和醇厚的口感。新窖池产出的基酒则相对清新，口感较为爽净。在遴选基酒时，勾调师会根据不同窖池的特点，合理搭配老窖池和新窖池的基酒，以达到风味的平衡、丰富和协调。

酒龄是影响基酒品质的重要因素之一。新酒酒液中的各种成分尚未充分融合，口感较为辛辣、刺激，香气也不够浓郁。随着酒龄的增加，酒液中的分子逐渐缔合，香味物质不断转化和积累，口感变得更加醇厚、绵柔，香气变得浓郁、复合。勾调师会根据不同酒龄基酒的特点进行选用，让酒龄较短的基酒赋予酒液清新的口感和活泼的香气，而将酒龄较长的基酒用于提升酒液的醇厚感和陈香。

基酒的等级和个性特征也是遴选的重要依据。个性特征是基酒的独特标识，每一坛基酒都具有其独特的风味和口感特点。勾调师通过对基酒个性特征的敏锐洞察，根据基酒的不同感官风格，将其细分为突出的窖香、浓郁的曲香、独特的陈香等不同类别和等级。遴选时，勾调师会根据产品的定位和目标口感，将合适等级和个性的基酒进行组合。

二、组合调味之艺

五粮液严格遵循“纯粮固态发酵”原则，勾调过程中不添加任何非自然发酵物质。其核心技术在于将不同基酒优化组合形成绵、甜、净、爽、醇、香等风格突出、味格丰富、口感舒适、满足不同消费者喜好的产品，并且能让不同批次的同款产品在感官上保持一致和稳定。

勾调不是简单的成分叠加，也不是某种风味的最大化，而是基于丰富的感官经验和科学的理化数据分析。勾调师扮演着如同交响乐团指挥般的角色，其核心任务正是在数千种微量风味物质构成的复杂体系中，寻找那个精妙的动态平衡点，使酒体风味物质达到和谐统一的完美呈现。

1953年，当五粮液的酿造技艺正待系统化沉淀时，范玉平以敏锐的匠心洞见，首创“以酒调酒”的勾调理念（图9-6）。不同于传统简单的酒体混合，他将“缓冲、烘托、平衡”三大核心技艺体系化，如同为五粮液的酒体注入了灵魂：用不同年份的基酒为基底，以“缓冲”化解风味冲突，用“烘托”放大各味精华，最终以“平衡”达成协调之境。这一技艺不仅让五粮液的“香气悠久、味醇厚、入口甘美、入喉净爽”有了更精准的注解，更奠定了中国高端白酒勾调的理论基石。

面对工业化浪潮，五粮液并未止步于传统。范玉平与团队大胆创新，开创“计算机辅助人工勾调”的新范式——用数据量化风味，以算法优化组合，却始终保留着人工对微妙风味的感知与调整。传统技艺与现代科技的交融，被业界誉

图9-6　20世纪50年代，范玉平与范国琼展示五粮液勾调技艺

为“勾调双绝”。这一突破不仅让五粮液的品质更趋稳定，让“和美”二字也有了新的注脚：守正不守旧，创新不离根。

五粮液在20世纪80年代开创性地将计算机应用到传统的勾调技艺中，利用计算机模拟勾调专家经验，二者的结合，既保留了传统技艺的“匠心”，又通过科学手段提升了勾调效率，实现了“惟精惟一”的技术突破。

基础酒的排列组合并非随意为之，而是基于对基础酒个性特征与品质差异的深入理解。勾调师会根据产品的目标风味和口感，将具有互补或协同作用的基础酒进行搭配。能够使酒液的香气更加丰富、层次更加分明；将口感醇厚的基础酒与口感爽净的基础酒搭配，能够使酒液的口感更加平衡。在组合过程中，勾调师会通过反复试验和感官品鉴，不断调整基础酒的比例，以达到最佳的风味效果。

调味酒在勾调过程中起着画龙点睛的作用。调味酒具有非常独特的个性特征，能够对基酒的风味进行针对性调整。调味酒的种类繁多，包括陈醇、香浓、绵甜、醇甜、香爽、净爽等。不同种类的调味酒具有不同的风味特点，陈醇调味酒具有优雅的陈香，能够提升酒液的陈香和醇绵度；绵甜调味酒能提升酒体绵柔、甜感与层次复杂度；香浓调味酒赋予酒体浓郁的窖香与浓厚感。

在勾调过程中，勾调师还会通过气相色谱-质谱联用仪等先进设备，对酒液中的香味成分进行分析，了解酒液中各种香味成分的含量和比例变化；同时结合感官品鉴结果，对酒液的风味进行综合评估，及时调整优化勾调方案，确保酒液的风味平衡和风格稳定。

三、感官品鉴之要

（一）专业品鉴

专业品鉴是五粮液勾调过程中的关键环节，它为勾调方案的调整提供了直接而准确的依据。五粮液拥有业内资深品酒师、酿酒大师以及相关领域的专业学者组成专家团队，对勾调的半成品酒进行全面、细致的感官品鉴。

品鉴过程严格遵循专业标准，从色泽、香气、口感、余味、风格等多个维度进行评价。在色泽方面，品酒师会将酒液倒入透明的玻璃杯中，在自然光下观察其色泽。优质的基酒应呈现出清澈透明或微黄的色泽，无浑浊、沉淀现象。任何细微的色泽变化都可能暗示着酒液的品质问题，如浑浊可能是由于微生物污染或酒液中的大分子物质沉淀所致。

香气是品鉴的重要环节，品酒师凭借敏锐的嗅觉，捕捉酒液中每一丝香气的变化。他们会将酒杯靠近鼻子，轻轻嗅闻，感受酒液的香气强度、类型和协调性。五粮液酒的香气馥郁而丰满，包括窖香、粮香、陈香、曲香等多种香气，各种复合香气有机融合。品酒师会精准描述这些香气的层次和特点，判断是否浓郁、纯正、持久，如粮香是否饱满、陈香是否醇厚悠久、曲香是否浓郁协调等。

口感的品鉴需要品酒师充分调动味觉和触觉感官。他们会小抿一口酒液，让酒液在口腔中充分散开，感受其口感的醇厚、绵柔、爽净程度。醇厚感体现在酒液的浓稠度和丰满度上，绵柔感则体现在酒液入口的顺滑程度和刺激性的强弱上，爽净感则体现在酒液咽下后的清爽感觉。品酒师还会注意酒液的酸甜苦涩等味道的平衡以及口感的协调性和持续性。

余味是品鉴很关键的环节，品酒师会在咽下酒液后，让酒气随呼吸从鼻腔呼出，感受鼻腔和口腔中残留的香气和味道。优质的酒体余味悠长，香气和味道在口腔中久久不散，唇齿留香、历久弥香。

品鉴的最后一个环节是体会酒体风格，通过前面观其色、闻其香、品其味，对酒体的色、香、味进行综合评价，从而判断酒的整体特点及独特风格。五粮液正是凭借代代勾调师的智慧与匠心，使得产品始终保持这份独特魅力，成为中国名酒品质标杆。

（二）反馈调整

根据品鉴结果，微调勾调方案是确保最终酒体/产品达到最佳状态的关键步骤。专家团队将品鉴过程中发现的问题和提出的建议及时反馈给勾调师，勾调师依据这些反馈，对勾调方案进行精细调整。

若发现酒的某些香气不够浓郁，勾调师会适当增加具有该浓郁香气的调味酒比例。增加陈味调味酒的比例，以提升酒液的陈香；或增加粮香调味酒的比例，使酒液的香气更加饱满。若口感不够协调，勾调师会重新调整基酒的组合比例。增加口感醇厚的基酒比例，以提升酒液的醇厚感；或增加口感爽净的基酒比例，使酒液的口感更加清爽。

在调整过程中，勾调师会再次进行感官品鉴和理化分析，确保调整后的酒液在香气、口感、风格等方面达到和谐统一。这个过程可能需要反复多次，直到酒品达到最佳状态。通过不断地反馈与调整，五粮液能够满足消费者对高品质美酒的期待，成就五粮美酒独特而完美的风味。

在全球化背景下，五粮液的勾调技术正在与国际蒸馏酒工艺进行深度对话。例如，五粮液与苏格兰威士忌协会合作，共同研究“陈香”与“烟熏香”的风味融合；与法国干邑产区合作，探索“窖香”与“橡木香”的平衡之道。这种跨文化的技艺交流，不仅推动了五粮液技术的持续创新，也为全球蒸馏酒行业提供了新的发展方向。未来，随着消费者对品质与美学需求的提升，“和美勾调”或将成为全球蒸馏酒工艺创新的重要参照，为世界白酒文化注入新的活力与深度。

四、“各味谐调”的和谐之美

首先，五粮液的勾调技艺是其“和美”哲学的核心体现，首创的“以酒调酒”工艺（拒绝添加非自然固态发酵物质），通过对不同基础酒的组合与调味，实现酒体风格的稳定与和谐。勾调师需从不同车间、窖池、窖龄、酒龄的基础酒中选取精华，通过排列组合平衡酒体的“浓、淡、清”。例如，有的原酒醇厚浓郁，有的原酒清爽甘洌，通过比例调整让二者互补，避免单一风味的过强或过弱。在组合基础上，加入不同类型的调味酒（如双轮底酒），对酒体中的微量香味成分（醇、醛、酮、酸、酯等）进行综合平衡。这种“恰到好处”的调整，让酒体的

“香、甜、净、浓、爽”五大风味达到“和”的境界——整体和谐统一。

其次，五粮液的勾调技艺是自然规律与人文匠心的融合，体现了“天人合一”的和谐理念。勾调过程严格遵循“天人共酿”的原则，依托宜宾独特的生态环境和古窖池群，让微生物自然参与发酵与陈酿。陶坛陈酿过程中，酒分子与香味物质通过陶坛孔隙缓慢交融，氧气进入后发生氧化反应，使酒体更醇厚、协调，这是自然力量与人工技艺的完美结合。

勾调师是“和美”哲学的践行者，他们通过长期的感官训练和经验积累，将“和”的理念转化为具体的操作。优秀的勾调师能通过“闻香、尝味、看色”判断原酒的特性，再通过“组合+调味”让酒体达到“各味谐调、恰到好处”的状态，这种匠心是对“和美”文化的传承与诠释。

五粮液的勾调技艺本质上是“和”的实践。通过五种粮食之“和”（配比与融合）、工艺之“和”（组合与调味）、自然之“和”（遵循规律），最终实现酒体的“和”——各味协调、风格稳定、自然协调。这种“和美”不仅是酒体品质的体现，更是中国传统文化的传承，让每一杯五粮液都成为“和而不同”的文化符号，传递着“美美与共、天下大同”的美好愿景。

参考文献

[1] 赵东,杨韵霞.探秘五粮液[M].北京:化学工业出版社,2022.

[2] 眭婷,曾筝,王曦,等.中国工业遗产“宜宾五粮液窖池群及酿酒作坊”文化旅游发展路径研究[J].旅游纵览,2024(4):170−173.

[3] 曾从钦.赓续五粮文脉,谱写和美新篇[J].企业家,2024(1):14−16.

[4] 王明峰.创新驱动发展 共创和美未来[J].平安校园,2024(1):51.

[5] 黎群,杨韵霞,赵东.从一粒种子到一滴美酒——五粮液全生命周期质量管理[J].企业管理,2024(1):73−76.

[6] 筱鹂.五粮液举行2023种粮大典[J].酿酒科技,2023(5):93.

[7] 良夜.五粮液:播种希望之粮 酿造和美之味[J].中国酒,2022(4):80.

三生万物

五生和美

第十章 微生物种群共生五粮和美

五粮液的酿造环境孕育了极为丰富的微生物群落，涵盖了众多门、纲、目、科、属的微生物，其多样性和数量在蒸馏酒领域首屈一指。这些微生物在酿造过程中相互协作，形成了复杂的共生体系。借助高通量测序、宏基因组学、代谢组学等前沿生物技术，微生物群落多样性、适应性及其在风味生成中的关键作用得到了系统验证。微生物种群在不同发酵阶段各司其职，共同构建了独特的和美机制。这种微生物群落的丰富性、适应性、自组性、协同性不仅确保了五粮液的独特风味，也彰显了五粮液酿造工艺的科学性和艺术性，是五粮液“和美”理念在微生物层面的生动体现。

如何深入理解五粮和美之道？不妨将眼光深入显微镜下的微生物群落。五粮液酿造系统中微生物群落的多样性，在全球蒸馏酒领域首屈一指。观察它们的生长繁衍，观察它们微小至纳米级的形态之美，观察它们如何在协同与竞争中的共生共处，我们将会发现其间无处不在的科学之美。回到五粮液微生物群落所处的外部世界，无论宏观环境还是微观空间，我们将深刻认识到支配其运行的，正是数千年来由自然地理、人文智慧、科学原理共同建构而成的万物和美的运行法则。

第一节 微生物种群的科学之美

为什么五粮液这般的美酒更易诱人?

这个问题似乎并没有标准答案。一般而言，饮者经验中美酒比起一般酒品至少在感官上香气更馥郁，更易于入口，口感也更醇厚，即便多喝两杯也不会上头。毋庸置疑，优质美酒意味着更多美好。相对较高的酒精度经由调和释放出更低调而又不失强劲的冲击与震撼，精细的发酵工艺带来更多奇妙的风味物质，在代谢进程中与神经系统产生协同反应，在颊齿和唇舌间引发丰盛而极富层次的愉悦感，令人更快地陶醉其中——意识到自己有三分醉意，而周遭的一切是如此清晰、和谐、美好。这仅仅是一瓶美酒所呈现出的美好的表面——唯有深入酿酒微生物的世界，了解其天生具有的数学、物理、化学之美，是如何从微观层面映射了自然界乃至于整个宇宙运作的底层逻辑——无论是其内部蕴含的数学结构之美，还是群落运行所遵循的物理法则。

五粮液酿造微生物群落的特色及其与“五粮和美”的内在关联，是自然生态、传统工艺与现代科技深度融合的典范。其微生物群落的多样性、适应性及其在风味物质生成中的关键作用，已通过高通量测序、宏基因组学、代谢组学等现代生物技术得到系统验证。

让我们通过五粮液酿造微生物生命活动中的数学、物理、化学等科学之美，形态之美，生态之美，了解一瓶好酒如何通过“规则的确定性”与“演化的复杂性”，最终展示出属于自己的和美之道。

一、五粮液酿造微生物群落的数学之美

从生长动力学到网络拓扑的算法实践，五粮液微生物群落演化呈现出天然的数学规律，至少从三个维度，展现出生命自然演化进程中极其复杂、与生俱来的系统性智慧。

首先，是微生物群落指数增长的精确性。以五粮液窖泥新发现的菌种（图10-1）呈现出指数增长的精简与准确性为例，研究表明，产香梭状芽孢杆菌（WLY-B-L2，图10-2）在适宜条件pH 6.0~7.0，温度30~40℃时表现出最高生长活性，种群密度翻倍时间平均仅需2小时。这种指数增长的精准性源于其代谢网络的模块化设计——菌株可在营养充足时快速摄取碳源，实现能量与物质的高效转化。这种增长期的“速度美学”以快速增殖的微生物确保了底物高效转化，避免杂菌污染，确保了酒体“干净度”。

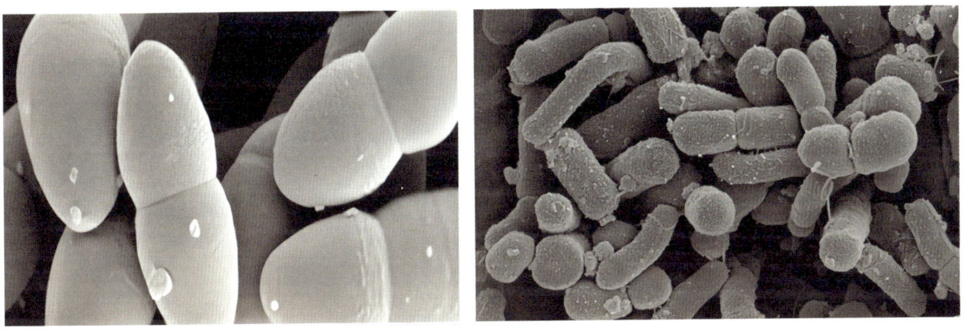

图10-1 五粮液窖泥中发现的全新微生物新菌种，从左到右分别是：JNU-WLY1368（解乳酸己小杆菌）、JNU-WLY501（丙酸嗜蛋白菌）

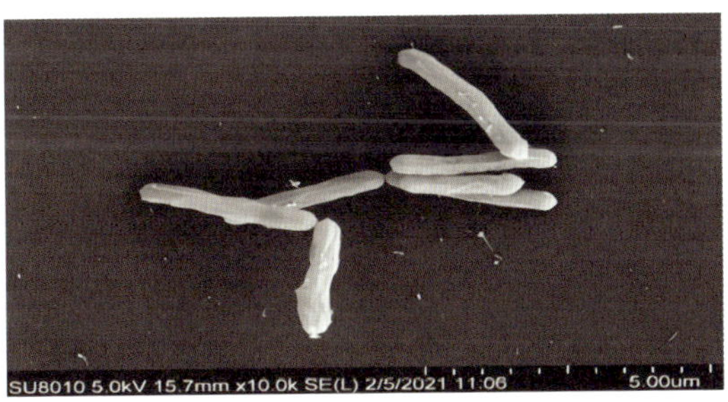

图10-2 产香梭状芽孢杆菌

其次，五粮液微生物代谢中有明显的拓扑结构之美。五粮液微生物菌种代谢过程中有典型的拓扑结构：JNU-WLY1368通过代谢节点（如乳酸脱氢酶、己酸合成酶）连接代谢通路，JNU-WLY501通过关键节点（如丙酸合成相关酶、乙酸激酶等）连接代谢通路，WLY-B-L2通过核心代谢节点（涵盖酶、辅因子及转运蛋白）连接代谢通路。这些微生物的分布，反映出五粮液微生物群落代谢网络呈现的无标度特性，与互联网和电力网络的数学拓扑结构高度相似。

第三，五粮液微生物中的产香菌种在发酵进程中具有逻辑斯蒂(Logistic)曲线的动态平衡：产香梭状芽孢杆菌（WLY-B-L2）生长动力学符合修正的Logistic方程，代表微生物生长逐渐进入逻辑斯蒂曲线的稳定期，保持自身的动态平衡。这种动态平衡机制使微生物群落既能快速响应环境变化，又能维持系统稳定性。稳定期的“平衡美学”以微生物群落的动态平衡保证了风味物质的有序合成，如酯类与酸类的比例协调，形成酒体独有的口味。

二、五粮液酿造微生物群落的物理之美

五粮液酿造微生物群落的物理之美贯通分子力学与宏观现象，其间尤以五粮液窖泥中的微生物生物膜最具代表性。

分形，是由数学家本华·曼德博（Benoît B. Mandelbrot）于1975年提出的概念，其理论和方法在物理学、地理学、生物学等多个学科中应用广泛，常用于描述具有自相似性（局部与整体相似）、分数维度和复杂不规则结构的几何对象。大自然中具有分形特征的事物极具特征且广泛分布，比如雪花的形状、流动的海岸线、山脉和闪电。五粮液微生物膜呈现典型的分形结构，其分形维数与自然海岸线的分形特征相比更接近二维平面，这种分形结构使生物膜的有效比表面积超过普通生物膜的数倍。

一直以来，风味的长期稳定性，是评估酒体品质的关键指标。五粮液高品质的稳定性，与其风味微生物自身的稳定有着一定的关联。研究发现，五粮液微生物的生物膜具有的力学稳定性，主要通过两种机制实现。一是其独特的层状结构：外层为疏松的多糖网络，内层为致密的蛋白质-矿物质复合体，形成“软-硬”梯度结构；二是具有动态修复机制：当局部应力超过阈值时，如产香梭状芽孢杆菌通过分泌基质金属蛋白酶降解受损区域，并启动胞外聚合物快速合成。

微生物的生命过程严格遵循物理学的底层逻辑，其生存策略本质上是对物理

法则的适应和运用。五粮液酿造微生物群落运行证明生命是利用环境能量流构建局部有序的熵减系统，这是宇宙中所有耗散结构的共同生存法则。

三、五粮液酿造微生物群落的化学之美

五粮液酿造微生物的化学之美首先体现在其具有精密化学工程特征。五粮液酿造微生物群落的化学反应从分子合成到风味调控，可谓巧夺天工的精密工程。比如酒体中独特坚果风味的产生，丙酸嗜蛋白菌（JNU-WLY501）通过丙酸代谢路径贡献独特的坚果香气。五粮液的主体香物质己酸乙酯是由解乳酸己小杆菌（JNU-WLY1368）通过反向β-氧化途径生成己酸，与乙醇在乙酯合成酶催化下酯化而成。空气丛梗孢酵母（WLY-L-M-1，图10-3）能将抗氧化前体物质阿魏酸转化成4-乙烯基愈创木酚和4-乙基愈创木酚，赋予五粮液独特的抗氧化酚类物质。

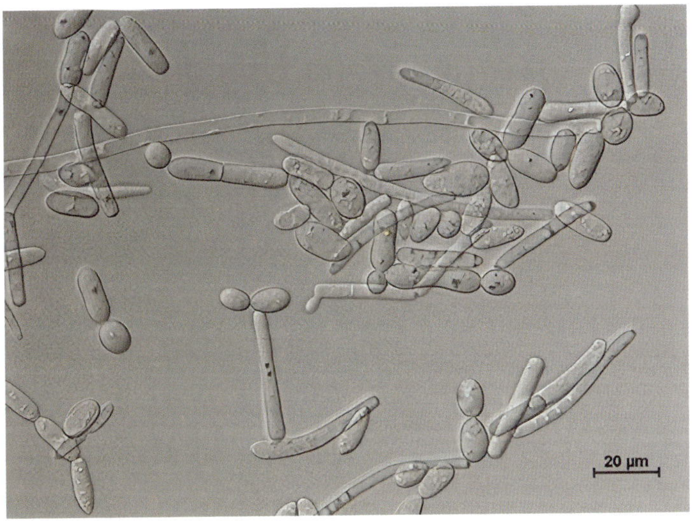

图10-3 空气丛梗孢酵母

产香梭状芽孢杆菌（WLY-B-L2）通过丁酸代谢途径贡献丁酸，并生成戊酸乙酯、乙酸乙酯和2-戊酮等具有果香味的风味成分。浓香芽孢杆菌（WLY-B-L8）通过合成蛋白酶和淀粉酶，分解蛋白质和淀粉，形成2-哌啶酮、苯乙醇、3-苯丙酸、乙偶姻等挥发性风味物质。宜宾副球菌（WLY502）通过代谢形成具有抗氧化功能的次级代谢产物类胡萝卜素。新的气相色谱-飞行时间质谱技术，使得人们从五粮液第八代产品中鉴定出3000余种化合物。其中己酸乙酯、己酸、乳酸

乙酯、乳酸、乙酸乙酯、乙酸、丁酸乙酯、丁酸、异戊醇、丁醇、丙醇和乙缩醛，构成了五粮液浓香的“骨架”。

勾调技艺与计算机科技的融合，催生出五粮液智能勾调的化学计量学。五粮液独有的“范氏勾调技术”与计算机系统结合，通过主成分分析和偏最小二乘法建立风味物质与感官品质的定量关系。比如，当己酸乙酯/乳酸乙酯比值控制在1.2~1.5时，酒体呈现“香气悠久，味醇厚，入口甘美，入喉净爽，各味谐调，恰到好处，尤以酒味全面而著称”的典型风格。

五粮液微生物世界的数学、物理、化学之美，是自然选择对现有基本科学规律的创造性应用。从代谢网络的无标度拓扑到传热传质的物理调控，从酯类合成的酶促反应到风味物质的化学计量，这些机制揭示了复杂生命系统通用的运行规律。

第二节 五粮液五大微生物种群

五粮液微生物五大主要种群自身拥有何种独门秘技？彼此间又是如何相互作用以共同求存?其独有的风味体系是如何形成?又是如何展示出微生物种群和美与共的生态美学?

五粮液微生物生态圈主要由五大种群、几千种微生物形成精密的代谢网络。这五个种群为：己酸菌、乳酸菌、乙酸菌、丁酸菌和酵母菌。五大种群之间，相互依存共生，彼此间的协同与平衡堪称精妙绝伦，以相生相克、协同进化的智慧，共同谱写出跨越七百年的大国浓香史诗。

一、五大主要种群的核心功能

第一种：己酸菌，堪称五粮液浓香型白酒香型“建筑师”。己酸菌属厌氧革兰氏阳性菌，通过代谢合成的己酸可与乙醇生成浓香型白酒的主体香己酸乙酯。己酸菌还可利用氨基酸、短链脂肪酸合成丁酸乙酯、戊酸乙酯等伴生酯类，从而形成酒体的复合香。2023年一项来自《食品科学》的研究发现，五粮液窖泥中的己酸菌，其编码酯化酶活性比普通己酸菌高37%，且耐酸阈值显著优于传统菌株。江南大学2024年一项关于代谢组学的研究分析显示，己酸菌代谢产物能促进酒体中陈香物质形成。

第二种：乳酸菌，是群落保持微生态平衡的“奠基者”。乳酸菌通过糖酵解途径将葡萄糖转化为乳酸，并伴随少量乙酸、丙酸生成。在发酵初期的1~3天内，快速降低环境中的pH，抑制杂菌生长，为后续菌种创造出必需的酸性厌氧环境。乳酸也充当着己酸菌的关键碳源，乳酸菌代谢物质赋予了酒体特殊口感。植物乳杆菌分泌的细菌素，可维持环境中的乳酸、乙酸平衡。

第三种：酵母菌，是激发酒精和酒体风味的核心“引擎”。酵母菌将葡萄糖转化为乙醇，同时通过甲羟戊酸途径、氨基酸降解途径生成上百种风味物质，其中醇类和酯类风味物质构成酒体骨架，羰基化合物则形成清新香味。当乙醇浓度达到一定程度时，酵母菌会启动应激响应机制并激活己酸菌，产生协同效应。

第四种：乙酸菌，是酒香与酸爽感之间的最佳“平衡者”。乙酸菌主要功能一是将乙醇氧化为乙酸，二是通过酯类合成，让酒体中主要香型与辅助香型协同。包括维持发酵环境pH，避免过度酸化。新的研究成果表明，乙酸菌与丁酸菌可共享碳源，减少底物竞争，提升整体代谢效率。

第五种：丁酸菌，充当酒体中各种复杂风味的“调和者”。丁酸菌是五粮液窖池特有的耐酸菌，参与高级脂肪酸乙酯合成，增加酒体尾香的绵长程度。丁酸菌分泌的代谢产物可以作为己酸菌的底物，帮助合成中链脂肪酸，维持群落结构的稳定性。总体而言，五粮液微生物群落中的五大种群，在酒体风味形成过程中各司其职，己酸菌是浓香型白酒的“灵魂菌种”，赋予酒体“浓郁果香、窖香”，其对酒体的风味贡献占比在60%以上；乳酸菌负责稳定酒体风味；酵母菌提升风味物质生成效率；乙酸菌赋予酒体“浓郁窖香”；丁酸菌则为酒体带来“甜润醇厚”的层次感。

二、五大种群的共生和谐机制

常言道，酒是时间的产物。时间也提供了我们透视五粮液微生物五大主要种群之间的“接力式发酵”的最佳维度。

发酵前期，可谓由乳酸菌主导的“奠基期”。乳酸菌以葡萄糖为底物，快速产出乳酸，pH从6.0左右降至4.2左右，同时分泌细菌素抑制杂菌。此时酵母菌处于增量繁殖阶段，霉菌则开始分解原料中的蛋白质，释放氨基酸；发酵中期，酵母菌进入酒精发酵高峰期，同时产生甘油、高级醇等副产物。己酸菌在乳酸和乙醇诱导下，启动反向β-氧化途径的基因表达，己酸乙酯快速积累。丁酸菌与乙酸菌在窖池上层开始氧化乙醇生成乙酸。发酵后期，酒体风味进入优化期。乙醇到达一定浓度后，酵母菌活性减弱，但乙酸菌在低氧条件下持续产出乙酸，与己酸菌竞争乙醇底物，形成“乙酯类物质动态平衡”。丁酸菌则通过降解酵母菌自溶产物，生成吡嗪类、呋喃类化合物，赋予酒体特有的“陈香”和“焦香”。

代谢过程中，不同维度的微生物底物通过资源共享，互补，构建了“共享网络”，实现信号传递。五粮液微生物五大菌种的共享行为首先是碳源共享。乳酸菌产乳酸，到己酸菌生成己酸乙酯；酵母菌产乙醇，与己酸菌、乙酸菌共同作用生成乙酯类；丁酸菌转化乳酸为丁酸，减少酸胁迫，由此形成碳源循环。其次，是氮源互补。霉菌分解多肽，释放氨基酸与酵母菌合成菌体蛋白，酵母菌自溶释放核苷酸，己酸菌作为信号分子调节酯化酶活性。第三，是信号传递。酵母菌通过释放法尼醇诱导己酸菌聚集，形成微菌落结构，使酯化效率提升40%。乳酸菌分泌的乳酸链球菌素抑制乙酸菌过度产酸，维持酸酯平衡。

五粮液曲块见图10-4。

图10-4 五粮液曲块

除了时间，从空间维度观察，五大菌种也有自己专属的空间分布规律和效用。窖池垂直剖面（窖泥、窖壁、泥-醅界面、醅心），五大菌种形成梯度分布：表层氧气相对充足，乙酸菌主导乙醇→乙酸转化；中层厌氧微环境中丁酸菌与乳酸菌形成“丁酸和乳酸”生产核心区；底层有高浓度乙醇和有机酸，己酸菌与耐酒精酵母，一起完成风味物质的最终调和。

五粮液五大核心菌种的共生并非简单的一加一等于二，而是通过时间接力、代谢耦合、空间分工，形成了“动态平衡的超级有机体”：乳酸菌奠定酸性底盘，酵母菌制造酒精骨架，己酸菌建构五粮液主体香，乙酸菌平衡酸酯比，丁酸菌修饰复杂风味。最新研究揭示，这种协同关系本质上是基因水平转移、群体感应信号、代谢通路交叉共同作用的结果，其核心在于共享底物利用的非竞争性与代谢产物之间的互惠。正如专业评论指出：五粮液的微生物群落堪比自然选择与人工驯化共同造就的“风味工厂”。在窖池这个“交响乐厅”中，每个菌都是乐手，各自按亿万年自然进化出的“总谱”演奏属于自己的独一无二的风味乐章。而不同菌种之间的协同精度，则堪比在世界上最伟大的指挥家的指挥棒下，共同演绎出一系列伟大的协奏曲。这种由源自自然和人类智慧共同传承而最终形成的“微生物命运交响乐章”所诠释和传递的，正是五粮液“千年老窖万年糟”传统技艺的科学本质，也是其风味之所以具有不可复制、不可替代的唯一性的终极密码。

三、微生物种群与自然节律的耦合共进

如果将酿酒微生物不同种群之间的协同共生视为内在协同，那么微生物种群与外部自然节律之间存在的独特协同机制，则可谓天作之美的自然协同。自然节律，一般包括昼夜节律、季节演化节律、气候变化引发的温度变动等。微生物种群与自然节律的协同，本质上是环境筛选与基因适应性共同塑造的生态艺术。

五粮液微生物种群与自然节律的协同效应，体现在“气候-微生态-风味”三位一体的动态耦合上。五粮液集团联合江南大学徐岩团队连续四年跟踪窖池动态数据发现，气温与湿度的季节性波动，驱动窖泥中原核、真核微生物的“节律性演替”。春季温度回升，解乳酸己小杆菌和产香梭菌等己酸菌群丰度迅速升高，推动己酸乙酯含量升高，形成了“春酿”香气高峰。反之，盛夏高温抑制己酸菌，却富集了耐热芽孢杆菌，导致乳酸乙酯和己酸乙酯比值升高，酒体偏甜。研究还发现，这种周期性的波动，与长江、沱江流域的温湿节律高度吻

合，表明气候节律通过环境驱动微生物群落演替。宏基因组网络分析则显示季节更替增强了微生物之间的互利共生，提升了发酵系统的稳定性。五粮液据此实施“压排”工艺，延长发酵周期，补偿菌群失衡。同时，曲房微环境同样受昼夜自然节律变动影响。徐岩团队利用宏转录组证实，包包曲曲心温度升高到55℃时，热胁迫蛋白在芽孢杆菌中上调，驱动淀粉水解酶活性分值与昼夜温差同步，从而实现糖化效应最大化。通过对关键菌群与优势菌群的交互网络的进一步分析，研究团队证明自然节律通过增强微生物互作稳定性，降低了不同批次的酒体之间的风味波动。

对微生物种群与自然节律之间关系的深入研究，揭示了自然节律通过“环境选择-群落自组织-功能涌现”三级耦合机制，完美实现了酿酒微生物种群与自然生态系统的协同进化。

四、五粮液微生物群的和美互动

五粮液微生物群落的和美之道，实质上完成了中国白酒从微观生态到酿造技艺的共生叙事。

首先，其多样性与统一性，犹如演奏微生物王国的交响曲。

五粮液的酿造体系是一个由细菌、真菌、酵母等3000种微生物构成的复杂生态系统，其多样性远超一般白酒。五粮液元明古窖泥中每克含百亿级微生物，包括国际首次发现的解乳酸己小杆菌、丙酸嗜蛋白菌、空气从梗孢酵母菌、产香梭状芽孢杆菌、发酵窖泥杆菌、浓香芽孢杆菌、宜宾副球菌等新物种。这些微生物群落分工精确细密。从独特浓香型主体香型的确立，到赋予酒体醇厚口感，到关键风味物质的生成，这种多样性并非无序堆积，而是通过代谢网络形成统一性：真菌分解多糖，酵母转化糖分，细菌负责产酸，共同完成“糖化、发酵、生香”全链。

微生物群落的统一性体现在功能互补与代谢协同方面。例如乳酸菌产生乳酸为己酸菌提供碳源，己酸菌生成的己酸乙酯又抑制杂菌生长，形成“酸酯”互促机制。江南大学研究发现，正是这种互促式协同效应，维持了微生物群落的稳定性。这种多样性与统一性的辩证关系，恰如中国哲学所强调的“和而不同”，在差异中展现出整体的和谐。

其次，千年古窖的生态智慧，催生了微生物群落之间的动态平衡机制。

五粮液古窖池群（图10-5）在700余年的时间里不间断酿造，构建了微生物群落的动态平衡机制。发酵过程中，微生物群落经历从富集到竞争再到稳定的演

图10-5 长发升窖池

替周期：发酵前期酵母菌和霉菌快速增殖分解原料；发酵中期乳酸菌主导产酸；发酵后期己酸菌等厌氧菌成为优势种群，生成酸类并最终形成酯类物质。这种动态变化与环境周遭的温度、湿度、酸度等的周期性波动高度耦合，由此形成微生物与周边生态环境的协同进化。其动态平衡则主要体现在三个层面：一是微生物种群的自我调控，如解乳酸己小杆菌通过群体感应抑制过度繁殖；二是人工干预的精准调控，如“包包曲”工艺通过中高温培曲筛选耐中/高温微生物，分层起糟技术实现不同窖层微生物的梯度效应；三是生态系统的自我修复，老窖池通过“以糟养窖”持续富集功能微生物，新窖泥添加特定功能微生物进行人工老熟可加速向老窖池微生物群落靠拢。这种动态平衡使得五粮液在保持风味稳定性的同时，不断迭代进化，确保名酒率不断提升。

再则，共生共存，织就了微生物群落之间的互惠网络。

五粮液微生物群落的共生性，体现在代谢互作与功能互补上。解乳酸己小杆菌与产香梭状芽孢杆菌形成碳源与能量互馈；丙酸嗜蛋白菌与酵母菌则通过氮源和碳源的交换实现共生。这种共生关系不仅能提升代谢效率，还能产生协同效应。五粮液微生物群落内还存在利他主义行为。例如空气丛梗孢酵母分泌抗菌肽抑制腐败菌，为其他微生物创造有利环境。这种共生性并非偶然，而是千年自然选择的结果——五粮液古窖泥中微生物通过水平基因转移共享代谢基因，形成高效协作的“超级生物体”。

作为中国白酒代表的五粮液，其风味奥秘更是备受关注。五粮液的元明古窖池群中，每克古窖泥都含有数以十亿计的功能微生物，这些微生物在浓香型白酒独特的泥窖发酵技术和“续糟配料”工艺下不断“进化”，赋予了五粮液独特的香味。在微生物研究领域，五粮液联合江南大学取得了重大突破，率先发现并公布了一系列白酒典型微生物菌种，包括“解乳酸己小杆菌”在内的国际上首次发现的7株主体功能菌新菌种，有力推动了现代生物技术复刻老窖泥工艺的进步。不仅如此，五粮液还首次公布了超3000种化合物的风味指纹图谱。风味指纹图谱，就像是五粮液的“风味身份证”，它通过固相萃取技术进行系统提取和分馏，再利用全二维气相色谱-飞行时间质谱仪进行整体分析，将五粮液中复杂的风味化合物进行数据化呈现。这超3000种化合物中，包含了赋予五粮液各味谐调、酒味全面特点的风味成分，还有环二肽、萜烯、吡嗪、有机酸、酚类等活性成分。

我们还可以从天人同酿的传统智慧角度，透视出五粮液微生物群落中存在的社会行为学特征。五粮液的酿造过程深刻体现了“天人同酿”的哲学智慧，其微生物群落的社会行为学特征与活态根基，本质上是自然生态、传统工艺与微生物协同进化的结果。

五粮液微生物群落通过功能分化形成高度有序的社会分工体系。比如在包包曲中，霉菌负责分泌淀粉酶和蛋白酶，酵母菌主导酒精发酵，同时生成多种风味物质。这种分工模式类似于人类社会里，公司不同部门的划分与协同，确保五粮原料的高效转化和风味物质的有序生成。

五粮液微生物通过复杂的代谢互作网络实现群体智慧，例如产己酸菌与产甲烷菌通过氢转移机制形成共生关系；产香梭状芽孢杆菌远程调控其他微生物的代谢活性等。这种群体智慧使得微生物群落能够动态响应环境变化，优化风味物质的生成路径。

五粮液微生物群落呈现显著的时空演替规律。发酵初期酵母菌和霉菌占优势，中期乳酸菌成为优势菌群以调节pH，后期产己酸菌和产甲烷菌活跃生成酯类物质，这种演替与古窖池“万年糟”循环发酵工艺紧密关联，通过连续迭代驯化，微生物群落逐步形成稳定的功能菌群。

宜宾独特的地理环境则为五粮液微生物的社会化行为提供了不可复制的生态位。适宜的气候条件下筛选出适合酿酒的丰富微生物，通过分工协同作用共同酿成了一杯美酒。此外，古窖泥中富含的矿物质和复杂有机质，为产香微生物提供了独特的营养源。

至此，人们不禁想从科学角度探索，究竟什么才是五粮液生命力的活态根基？从科学角度探索五粮液酒生命的活力源头，首推鲜活的五粮液元明古窖池群——全球现存最早、持续使用时间最长的地穴式曲酒发酵窖池。每克古窖泥中含超过百亿微生物。群落富集产己酸菌、产甲烷菌等功能菌群。且微生物多样性指数超过新窖池2~3倍，功能菌群丰度显著，印证了“窖老酒好”的科学基础。

五粮液独特的酿造工艺，如五粮配方、包包曲、混蒸混烧、双轮底发酵、跑窖循环等，则实现了对生物群落的定向驯化和生态干预。包包曲的“包包”部位品温可达63℃，迫使微生物群落向耐高温方向演替；嗜热放线菌等耐高温菌种筛选；泥窖密封发酵形成的厌氧环境促进功能菌群代谢活动等。五粮液酿造系统则是一个既开放又封闭交替的动态生态系统。这种动态平衡既保持了微生物群落的遗传多样性，又通过自然选择优化了功能菌群的丰度和活性。古窖池的微生物遗产、五粮配方的协同效应、工艺调控的生态干预，共同构成五粮液白酒的活态根基，更是五粮液品质独一无二、不可复制的关键。

从地理和空间角度，五粮液代表了天地人和的自然禀赋与人类智慧的共振。

宜宾地处北纬28度，属亚热带湿润气候，年均温17.9℃，相对湿度81%~85%，为微生物提供理想温床。这种气候条件与微生物群落的代谢需求高度匹配：解乳酸己小杆菌最适生长温度为30~35℃，与窖池发酵中期温度曲线完全重合。五粮液酿酒用水取自岷江古河道，富含锂、硒等20余种微量元素，促进微生物活性；宜宾黄黏土（图10-6）弱酸性、高黏性，为厌氧菌提供天然屏障，其镍、钴等矿

图10-6 宜宾黄黏土

物质含量是普通土壤的3倍。古窖池群独特的“微生态圈”的空气中悬浮的微生物与窖泥、糟醅构成三维立体网络。天时地利，构成了五粮液产区成为不可复制的“酿酒微生物王国”。

传统工艺的科学性体现在对微生物的精准调控上。包包曲通过曲面结构增加与空气接触面，网罗丰富的酿酒微生物；“跑窖循环”工艺混合不同窖池糟醅，促进不同微生物群落之间的交流；“分层起糟”实现风味物质的梯度提取。现代科技则赋予传统智慧新内涵：十万库容的菌种资源库，应用宏基因组技术解析其群落功能，通过合成微生物群落精准调控风味物质。

从五粮液微生物群落的内在运行机制，到古窖池传承的酿造智慧，到自然、地理、空间天赋，贯穿其间的五粮和美之道，实则体现的是中国传统哲学的时代升华。

五粮液微生物群落的生态智慧本质上是中国传统“和”文化的微观呈现。其多样性与统一性的辩证关系，暗合《周易》“阴阳相生”的宇宙观；动态平衡机制体现《道德经》“反者道之动”的哲学思想；共生性则诠释了儒家“万物并育而不相害”的共生理念。这种“和美”不仅是技术成就，更是中华文明对自然万物与人类命运共同体关系的深刻认知。实践当中，五粮液的微生物研究通过多组学技术解析群落功能，利用合成生物学优化代谢网络，结合生态工程调控发酵环境。这同样是中国人的“古为今用、洋为中用”，擅长透过历史与当下焕发智慧活力，不断创新探索之道：既保持传统，同时又实现可持续的创新。

五粮液微生物群落的多样性如天地万物之繁，统一性似太极阴阳之合；动态平衡若四季轮回之序，五行共生如群鸟相鸣之和谐。五粮液微观生态的和谐交响曲，成就了大国浓香传奇，其微生物生态蕴含的丰富哲学内涵，为人类理解生命系统、构建和谐社会提供了珍贵的范例，也昭示着唯有尊重自然规律，尊重历史，尊重科学，才能有源源不断的创新并实现可持续的高质量发展。

第三节 群落协同性的和美机制

五粮液作为中国浓香型白酒的典型代表，虽然酿造过程本质上是微生物群落协同作用的复杂生态工程，但其中贯穿的却是“和美共生”的中国美学观。让我们从协同机制、演替规律、精准调控、新物种发现、智能酿造及跨学科合作六个维度，揭示其“微生物群落协同之美”的科学内涵与美学特质，为中国白酒酿造传统的现代化，建构跨学科融合的全新美学叙事。

一、协同之道，菌群生长的和美历程

其协同之道，首要关键是微生物和美协同机制，包括蕴含的系统美学，和而不同的美学观照以及群落演替的和美共生。

（一）微生物群落体现的系统美学的整体性原理

李泽厚在《系统美学》著述中提出系统的美，源于要素间有机协同形成的整体涌现性。五粮液微生物群落可谓其系统美学理论在微观世界的体现：由酿酒酵母、己酸菌、乳酸菌等丰富的功能微生物构成的动态协同系统。这些微生物通过代谢网络形成“互生、共生、竞争”的关系，如酵母代谢产生的乙醇为产酯微生物提供底物，而乳酸菌生成的有机酸则调节体系pH，促进酯化反应等。这种协同作用使酿造系统产生单一微生物无法实现的风味物质多样性，体现出“整体美大于部分美之和”的系统美学原理（图10-7）。

图10-7 523车间大景

（二）“和而不同”的美学观照

著名学者易中天曾指出：“美是差异共存的和谐状态”。五粮液微生物群落中，优势菌与功能菌形成“主从协同”局面：优势菌主导能量代谢，功能菌负责风味物质构建。例如己酸菌生成己酸，与酵母产生的乙醇酯化形成浓香型白酒主体香成分己酸乙酯，二者代谢路径虽异，却共同构筑了酒体“果香、窖香浓郁”的美学特质。这种“和而不同”的协同机制，正是“差异中见统一”的美学典范。

（三）群落演替规律下的和美共生

系统美学认为动态过程中的秩序性构成时间维度的美。五粮液酿造周期中群落演替规律明显呈现出时间性的美学特征：发酵初期嗜温好氧的芽孢杆菌主导糖酵解；发酵中期酿酒酵母进入对数生长期，兼性厌氧的乳酸菌开始增殖；发酵后期产酯微生物成为优势菌群。这一过程犹如交响乐演奏中的“序曲、高潮、尾声”，通过时间序列的菌群更迭，实现了代谢功能的有序衔接。空间层面，五粮液窖池微生物群落生态位分布的空间特征，则是系统美学中“空间布局的合理性是美的直观体现”这一概念的体现。在五粮液窖池微生态系统中，不同菌群占据特定生态位：窖底泥中富集丁酸菌等厌氧菌，形成“酸性发酵带”；窖壁中层栖息大量己酸菌构成“香味物质合成带”；窖面糟醅则是以酵母菌、霉菌为主的“糖化发酵带”。这种立体分布避免了资源竞争，使能量与物质代谢在空间维度实现“各美其美，美美与共”，暗合中国传统美学“虚实相生，错落有致”的空间美学构成原则。

二、精准调控，结构与尺度的美学把控

微生物群落体现出的精准调控美学，包括系统美学的结构性原理展示和“恰到好处”的美学尺度把控。

（一）系统美学的结构优化原理

系统美学理论强调“结构决定功能，优化结构是实现系统美的关键”。高通量测序解析五粮液群落结构，发现发酵成熟期优势菌群共现网络中酿酒酵母与产酯酵母存在强协同作用。通过添加酵母促生长因子，将酿酒酵母丰度从32%提升

到41%，同时使产酯酵母比例增加9%，最终使己酸乙酯含量提高15%。这种数据驱动的精准调控模式，体现了系统美学“以结构优化实现功能优化”的科学之美。

（二）“恰到好处”的美学尺度

美，存在于度的精准把握之中。五粮液窖池温度控制始终处于20~35℃，水分含量按55%~60%精准调控，为微生物群落提供了“美的舒适区”，可使酯合成酶活性保持在最佳区间，避免因温度骤变导致的菌群失衡。这种对“度”的精准把握，恰似中国传统美学中“增之一分则太长，减之一分则太短”的审美理想。

三、和美新生，不同新物种挖掘与风味创新

伊利亚·普里高津（Ilya Prigogine）在系统美学理论中提出：“开放系统通过引入新要素实现美的迭代”。五粮液微生物研究团队采用免培养技术，从百年老窖泥中发现多个细菌新菌种及一个真菌新种。这些新物种携带独特的风味合成基因簇，其代谢产物中检测到新的化合物为酒体风味增添了“清新雅致”的新维度。这种从传统生态中挖掘新美的过程，诠释了系统美学“在继承中创新”的开放品格。审美需要适度的陌生化刺激。新物种的发现打破了传统酿造菌群的认知边界，有新菌种在30℃厌氧条件下可产生特征性风味物质，为浓香型白酒注入了“跨界之美”。这种“熟悉的陌生感”，恰如艺术创作中对传统题材的现代性转化，在守正与创新的张力中创造新的审美体验。

四、智能酿造，微生物群落的智性之美

系统美学主张“技术是实现系统优化的重要手段”。五粮液智能酿造示范车间秉持的理念是必须基于传统酿造工艺，遵循“品质第一”的严苛要求，依据“敬畏传统、装备服从工艺、工艺不做让步、柔性仿生、人机协同”的理念，以现代科技赋能传统酿造，坚持质量第一、效率优先、兼顾经济性的同时改善作业环境、提高工作质量，坚持人机协同，保障对传统酿造工艺的传承和发扬。某种程度上，这也代表了科技与人文交融的新美学理想：真正的美应是科技理性与人文感性的统一，这种科技与人文的和美共生，彰显了现代工业美学的独特品格。

五、和美创造，源于跨学科的跨界协同与创新

跨学科整合是催生系统创新的源泉。五粮液微生物研究团队整合微生物组学、代谢组学、流变学等多学科方法，构建了“菌群-代谢物-风味品质”关联模型。通过代谢网络分析发现丁酸菌与酵母菌的互作强度与酒体绵甜感呈正相关，这一发现突破了传统“酯香主导”的单一认知，为风味调控研究和实践提供了新方向。

五粮液微生物群落演化中展现的系统之美，本质上是自然规律与人文理想的共振。其系统的科学之美在于遵循系统美学的整体性和开放性原理，通过微生物群落结构优化和功能协同，实现涌现效应；其系统的技术之美，则是将传统工艺的经验性转化为可量化、可调控的科学参数，达成“精准与自由的统一”；其系统的人文之美，则是在菌落演替、跨界创新中延续中国传统的“天人合一”的文化基因，让微生物的代谢活动成为中国白酒审美的全新实践。

参考文献

[1] 钱学森.系统科学、思维科学与人体科学[M].上海:上海科学技术出版社,1996.

[2] 冯友兰.中国哲学简史[M].北京:北京大学出版社,1985.

[3] 易中天.美的历程[M].天津:天津社会科学院出版社,2007.

[4] Nakamura Y,et al.Metagenomic insights into the microbial community of Chinese Luzhou-flavor liquor fermentation[J].Food Microbiology,2021(94):103687.

[5] 张伟,李娜.己酸菌产酯酶特性及其在白酒中的应用[J].中国酿造,2022, 41(7):12-16.

[6] 王明奎.五粮液酿造微生物群落结构解析[J].食品科学,2020,41(5):8-15.

[7] 陈坚,应汉杰.发酵工程原理与技术[M].北京:化学工业出版社,2019.

[8] 朱光潜.谈美[M].北京:北京大学出版社,2012.

[9] 黄隽.等.五粮液文脉史脉谱系研究报告[R].北京:中国人民大学,2024.

[10] 徐岩.等.浓香型白酒酿造系统特征微生物新种研究[J].食品科学,2022(4):1-8.

[11] 赵东.等.浓香型白酒酿造微生物群落结构与功能[J].酿酒科技,2022(10):1-6.

[12] 胡宝兰,赵东,等.变温生态系统中代谢产物共享促进细菌互利共生[J].浙江大学学报(农业与生命科学版),2023,49(9):1-10.

[13] 孙金沅.等.中国白酒发酵过程中挥发性有机化合物介导的内源性微生物相互作用[J].国际食品微生物学杂志,2023(12):1-10.

三生万物

五生和美

第十一章

千年传承书写五粮和美文明史

蜀酒浓无敌，川酒甲天下。始终以“和”为曲，以“美”为窖，五粮液的传承，是让文明在裂变中保持基因的纯粹，每一滴五粮液都是液态的“史记”。宜宾这片被联合国教科文组织誉为“地球同纬度上最适合酿造优质蒸馏白酒”的沃土，延续着千年不辍的酿酒传奇。这种传承便超越了技艺的范畴，升华为“经典产业”的存在方式——在长江的褶皱里，明代的窖池菌群依然代谢着二十一世纪的碳基物，而“强基、重构、立新”的三大路径，正以科技与文化的双螺旋，书写中国白酒高质量发展的量子篇章。

在岷江与金沙江的交汇处，五粮液的窖池群连续酿造七百余年，将“长期主义”刻入每一粒发酵的粮醅中。这正是“传统工艺与智改数转相结合”的微观演绎：传承在数字孪生中重构，北斗导航以毫米波精准控制着株距，根系传感器实时回传“地气”数据，将“品质强基”的硬通货注入每一株作物的生长节律。五粮液的传承，是让文明在裂变中保持基因的纯粹，正如学者所说：“每一滴五粮液都是液态的《史记》，记载着人类如何以‘长期主义’为舟楫，在‘和美’的长河中驶向永恒的黎明。”这种传承便超越了技艺的范畴，升华为“经典产业”的存在方式——在长江的褶皱里，元明的窖池菌群依然代谢着21世纪的二氧化碳，而“强基、重构、立新”的三大路径，正以科技与文化的双螺旋，书写着中国白酒高质量发展的量子篇章。

第一节 千年技艺史

宜宾，这座被岷江、金沙江、长江深情环抱的千年酒都，空气中浮动着微醺的芬芳，那是时光与谷物共同谱写的史诗。三江在宜宾的襟抱间交汇奔流，自商周陶杯初举，汉墓沽俑含笑，这片被联合国教科文组织誉为“地球同纬度上最适合酿造优质蒸馏白酒”的沃土，便以水为血脉，以粮为精魂，开启了千年不辍的酿酒传奇。

一、从先秦到北宋：五粮液的和美序曲

先秦僚人酿制清酒，秦汉僰人创制枸酱酒，三国鬏鬏苗人用野生小红果酿果酒，而南北朝时彝族以小麦、青稞等混合酿制咂酒，开启了多粮酿酒先河。当唐时明月映照戎州城垣，“重碧酒”的醇香已漫溢于市井坊间。杜甫舟泊宜宾，挥毫写下“重碧拈春酒”的赞叹，这琥珀色的玉液，正是五粮液溯流而上的初源形态。彼时蜀南粮仓丰饶，匠人以蜀地高粱、稻米为基，取三江清流浸润，于陶瓮

泥窖中发酵生香。酒液澄澈如春水，入口绵柔而回甘，既蕴巴山蜀水的峻烈，又化中原醪醴的温润。这一杯“重碧”，是天地水土与人间匠心的初次和鸣，亦是盛唐气象在杯盏间的微缩乾坤。至北宋，戎州酿酒技艺更臻精妙。乡绅姚君玉融汇蜀地千年多粮酿法，取岷江江心之水，以高粱、大米、糯米、荞麦、小米五谷酿造，创“姚子雪曲”。其酒“清而不薄，厚而不浊，甘而不哕，辛而不螫”——黄庭坚谪居宜宾时，一盏入喉，手风顿愈，惊为“神药”，挥毫作《安乐泉颂》，盛赞其“杯色争玉，白云生谷”。

二、窖池定型与五粮初成

宋末元初，中国白酒迎来划时代的蜕变。宜宾“东鑫和酿酒作坊遗址”的考古发现，将地穴式曲酒发酵窖池的实物证据推至元代，泥窖中微生物菌落如星河繁衍，开启固态蒸馏的技艺新篇章。及至明洪武元年（1368年），陈氏家族承接姚氏产业，宜宾“温德丰”酒坊的第一锹窖泥悄然落下，深深嵌入长江上游这片肥沃的冲积平原中。陈氏家族于《陈氏秘方》中凝练出“荞子成半黍半成，大米糯米各两成，川南红粮凑足数，地窖发酵天锅蒸”的五粮配比玄机。此方暗合阴阳五行：小麦属木主筋，大米属水平脉，玉米属土养肌，糯米属金润肺，高粱属火生血，五性相生，五味调和。

陈氏扩建窖池，以宜宾独有的弱酸性黄黏土筑窖，窖泥吸附粮醅精华，千百年来生生不息。微生物群落代代叠加，如“亿万年华的活化石”，终使酒液生出“窖香幽邃，陈味隽永”的魂魄。彼时酒名“杂粮”，市井痛饮酣畅，士人雅称“姚子雪曲”，一盏玉液，兼容庙堂之高与江湖之远，正是“和而不同”的东方和美智慧。“平为福　庆有余”题刻发现于五粮液“钟三和”古酒坊内窖池壁上（图11-1），是国内酒坊罕见的声语题刻，反映了古代酒坊主的高雅兴致和人文情怀。

清末的宜宾糟坊林立，酒旗蔽空。时间推进至1909年的春日。在宜宾“利川永”酒坊那被岁月熏染得黝黑的厅堂内，晚清举人杨惠泉和酒坊主人邓子均参加当地团练局团总雷东垣组织的宴会，细细品鉴新酿的杂粮酒。琥珀色的酒液在龙泉青瓷杯中荡漾，折射出奇异而温润的光彩。杨惠泉凝视杯中琼浆，轻嗅慢品，沉吟良久，忽而击节赞叹：“此酒集五粮之精华，酿天地之灵气，实乃玉液琼浆！‘杂粮’之名，粗鄙不足以显其珍，何不更名为‘五粮液’？”这一字之易，如点睛之笔，让这承载着中华农耕文明精髓的琼浆，拥有了一个足以辉映其品质的传世之名。

图11-1 五粮液“钟三和”古酒坊内窖池壁上，题刻有“平为福 庆有余”等字样

三、1915，酒香破壁，一举夺金

1915年2月，美国旧金山湾畔，巴拿马太平洋万国博览会拉开帷幕。这场历时九个半月的盛会，汇聚了40多个国家、500多个团体的上万件展品，中国馆内亦是茶酒飘香、丝绸流彩。在琳琅满目的展台间，一批来自四川宜宾、装在土陶瓶中的五粮液，静立于中国酒类展区。其包装朴实无华，在众多西洋玻璃瓶与精美器皿中，显得格外低调。这批五粮液，由宜宾“利川永”酒坊的邓子均精选酒体，经上海“利川东”商号几经周折，才得以送展。原来，酒运至上海时，因水运延误，错过了事务局统一收件时间，最终只能借助已报名的“江苏丹徒上海万源酒号”之名转递赴美。邓子均虽对陶瓶装束能否引人注目心存疑虑，但仍将希望寄予远在海外的中国代表团。

展期渐深，西方游客与评委穿行各馆，初时对中国酒类多是一瞥而过。面对冷遇，中国代表团并未退缩，他们克服内向，主动打开酒坛，将五粮液及其他中国美酒分批倾入杯中。顷刻间，一股醇厚馥郁的酒香弥漫在展区内，不少观众循香而来，纷纷举杯品鉴。其中一款酒体绵甜净爽，引人连连询问——那正是来自“利川永”的五粮液。

数月之后，评审结果揭晓：五粮液以其卓越品质，从全球数千种参赛酒类中脱颖而出，荣膺博览会食品类金奖。喜讯越洋传回，利川永酒坊一片欢腾，邓子均先是错愕，继而振奋。他未曾想到，那朴拙土陶瓶中封藏的酒液，竟能以香引人、以味服人，远渡重洋赢得国际认可。

这一奖，不仅为五粮液叩开了海外市场的大门，也让中国白酒的酿艺精髓首次震撼西方世界。而那征服世界的酒体，正源自“利川永”酒坊的明代古窖池——数百年的微生物生态，至今仍在五粮液501车间的核心区域，酝酿着每一滴酒的岁月之味。

四、五粮和美迈入新时代

1950年，“长发升”“利川永”“张万和”“钟三和”“全恒昌”“天锡福”“刘鼎兴”“听月楼”八家拥有深厚底蕴的古酒坊，连同它们的窖池、工匠联营成立“宜宾大曲酒酿造工业联营社”，后更名为“川南行署区专卖事业公司宜宾专卖事业处国营第二十四酒厂”。1954年，邓子均大义献出“陈氏秘方”誊录的纸张早已泛黄，字迹却依然清晰有力。“这是五粮液的命脉啊，”老人声音哽咽，却无比坚定，“交给新国家，我放心！”这份无价的赤诚，成为公私合营浪潮中最珍贵的献礼，开启了五粮液发展的崭新纪元。

当“四川省地方国营宜宾五粮液酒厂”的崭新招牌在晨曦中熠熠生辉地挂起时，在香气氤氲的勾调室，另一场关乎酒体灵魂的“交响乐”正在上演。勾调大师范玉平，面对着数百坛风格迥异、个性张扬的基酒——有的窖香浓郁却口感稍烈，有的醇甜柔顺却香气稍短，有的陈味突出却略显沉闷。他如同一位技艺超群的乐队指挥，手中的量杯就是他的指挥棒。通过无数次的品尝、分析、组合、验证，他创造性地总结出“缓冲平衡定风格”的核心原理。这原理如同高明的太极之道，利用不同基酒之间的相互缓冲作用（如酸与酯的平衡、醇与醛的协调），巧妙地平衡、驯服那些桀骜不驯的酒分子，使它们在陶坛中跳起和谐之舞。他精准地把握住“以酒调酒”的精髓，最终确立并稳定了五粮液“香气悠久，味醇厚，入口甘美，入喉净爽，各味谐调，恰到好处”的独特风格。

1963年，在国家轻工业部主持召开的全国评酒会现场，气氛庄重而紧张。来自全国的顶级评酒专家们，对参评的数十种名酒进行着极其严苛的盲品。当评委们端起一杯编号为“川酒甲组一号”的样品，闭目轻嗅，那复合而协调的窖香、粮香、陈香瞬间充盈鼻腔；浅酌入口，甘美醇厚的酒体在舌尖流淌，入喉一线而下，净爽无比，回味悠长。评委们相互交换着赞许的眼神，精练而传神的评语脱口而出：“香气悠久，味醇厚，入口甘美，入喉净爽”！五粮液以无可争议的最高分（图11-2），首次荣膺“中国名酒”称号的金匾，并由此开启了在第二、三、四、五届全国评酒会上蝉联“中国名酒”桂冠的辉煌传奇，奠定了其在中国白酒界不可撼动的地位。

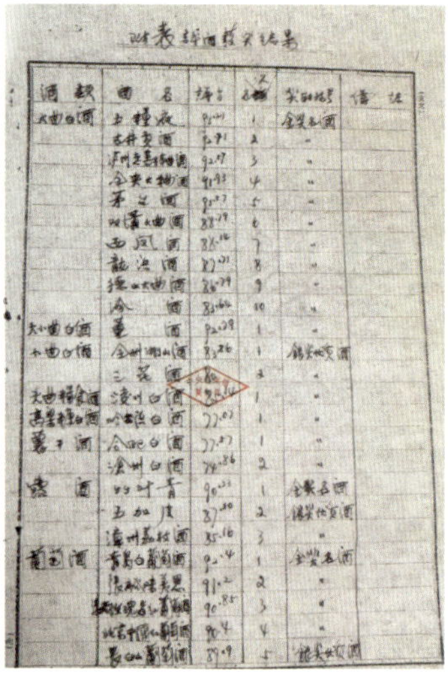

图11-2 五粮液在1963年第二届全国评酒会上荣获93.21高分位列第一的评分表

历史的车轮驶入1985年。在五粮液酒厂一场隆重的开窖仪式上，厂长站在新建成的万吨级车间顶楼，凭栏远眺，眼前不再是昔日星罗棋布、各自为战的小作坊景象，而是一片绵延十里的现代化工业酒城的壮阔图景：3000口按照科学布局、严格标准新建的窖池，如同纪律严明的列兵方阵，整齐排列；从德国引进的克朗斯全自动灌装线，闪耀着冷冽而高效的银光，每小时灌装量高达上万瓶；507车间巨大的穹顶之下，蒸粮的蒸汽升腾缭绕，形成一片翻涌的云海，蔚为壮观。这便是被载入中国白酒工业史册的“七五技改”工程！这是一场充满魄力的豪赌，它将五粮液的生产能力从千吨级一举推向15万吨的高峰，使其一跃成为全球规模最大的单体白酒酿造基地，完成了从传统作坊向现代化工业巨擘的华丽蜕变。

当1992年初春的阳光洒进成都全国糖酒商品交易会的会场时，一瓶造型独特的鼓形瓶五粮液成为全场焦点。引发轰动的不仅是其新颖的包装设计，更是那赫然标价“228元”的标签——这价格是同类型高端酒的两倍有余！在计划经济坚冰初融、市场观念尚显稚嫩的时代，五粮液率先驾起了市场化的破冰船，以品牌价值为引领，勇敢地重塑了中国高端白酒的价格体系与市场格局。1993年，五粮液酒厂正处于品牌发展的关键时期。为彰显其深厚底蕴与卓越品质，厂方慕名恳请已年逾九旬、德高望重的数学泰斗苏步青先生题词。尽管年事已高，且身处上海，苏老在了解到五粮液独特的历史传承与酿造工艺后，欣然应允，为五粮液题字：“一醉五粮液，吟诗天下闻，问君何能尔，香气自凌霄。”五粮液市场化的步伐迅猛而坚定：1995年，在成都举办的中国首例商标使用权拍卖会上，“浏阳河”“金六福”“京酒”等五粮液子品牌的使用权以令人咋舌的天价落槌，开创了白酒品牌授权经营的先河，极大地拓展了市场覆盖率与品牌影响力；同年，在纽约曼哈顿繁华的第五大道上，五粮液海外首家子公司正式挂牌成立，深红色的经典酒瓶开始出现在全球各大机场免税店最显眼的橱窗里，成为一张张向世界传递和美文化的“中国液态名片”。

新千年的曙光，穿透古老的酿酒车间，带来了科学理性的光芒。2000年，一支来自江南大学的顶尖科研团队，在五粮液古老的窖泥中发现了令人惊叹的秘密——一层厚厚的、富含生命活力的“菌毯”。通过先进的分子生物学技术，他们鉴定出其中包含己酸菌、丁酸菌等在内的百余种功能微生物，这些微生物构成了一个极其复杂、相互依存、协同作用的生态系统。这份详尽的科学报告，首次用严谨的现代科学语言，揭示了“千年老窖万年糟，酒好全凭窖池老”这一古老谚语背后的微生物学奥秘，将口耳相传的经验升华为可验证的科学理论。

当时间来到2025年，步入五粮液产业园区，一座面向未来的智能酒厂图景正徐徐展开：在占地广袤的30万吨陶坛陈酿库中，成千上万个陶坛如同静默的士兵。每个陶坛都嵌入了微型传感器，实时监测并传输着酒液的温度、湿度、微量成分变化等数据至云端大数据中心。AI系统通过对这些海量数据的深度学习和分析，能够精准预测每一坛酒的最佳陈酿期，甚至模拟其风味演化轨迹。

对可持续发展的追求同样令人瞩目：巨大的酒糟沼气发电厂高效运转，将酿酒产生的废弃物转化为清洁能源——绿电，点亮了整个园区的夜晚；而经过尖端生物技术处理的酿酒废水，则成为培育高营养螺旋藻的优质培养基，这些螺旋藻进一步转化为高蛋白饲料，实现了资源循环利用的闭环。更令人振奋的发现来自健康研究实验室：科学家们通过严谨的体外实验和动物模型研究，证实五粮液酒体中富含的萜烯类（如柠檬烯、芳樟醇）、吡嗪类（如四甲基吡嗪）等天然活性物质，具有显著的抗氧化、抗炎及潜在的心血管保护功效，为“适量饮酒，有益健康”的传统认知提供了现代科学注解，开启了“酒体健康价值”研究的新篇章。在千里之外的河北邯郸永不分梨酒业（五粮液控股子公司）生产线上，一种融合传统工艺与现代生物技术的奇观正在上演——精选的优质鸭梨在无菌环境下被小心置入透明酒瓶中，注入五粮液特制基酒。在精密控制的光照、温度和营养条件下，梨子奇迹般地在酒瓶中继续生长、成熟，最终成为瓶中的“活体果实”。这一创新不仅创造了视觉奇观，更使得梨的天然营养成分、风味物质与五粮液酒体在瓶中发生着缓慢而美妙的融合反应，演绎着“以酒载果，果酒共生”

的现代健康传奇，为古老的酿酒业注入了全新的生命力和想象空间。

回望百年风云，从明代初年的第一锹窖泥，到巴拿马博览会的惊世一摔；从邓子均献出的发黄秘方，到十里酒城；从范玉平量杯中的和谐之舞，到质谱仪上展开的3000种风味密码。五粮液的传承密码，在长江水的浩荡奔流中逐渐清晰。五粮液用跨越世纪的时光长卷，雄辩地证明：真正的传承，从来不是将历史供奉为凝固的标本，而是在创新的熔炉中，一次次淬炼、升华、浴火重生的凤凰。

第二节 非遗匠心传

在五粮液悠长的非遗传承历史长河中，年份不过是一个微小的刻度。然而，正是这无数个平凡瞬间的叠加，构成了千年酒脉奔涌向前的磅礴力量。指尖触碰的温热糟醅，是连接过去与未来的媒介；鼻翼翕动间捕捉的微妙气息，是匠人与微生物群落跨越物种的隐秘对话。千年悠悠岁月，仿佛在这一刻被压缩、凝聚，沉淀于眼前这一方方深褐色的窖池之中。

古窖不语，却见证着永恒。穿越千年的酒香，从未断绝，它流淌在古窖池永不干涸的微生物生态里，更烙印在每一代匠人“择一事，终一生”的赤诚坚守中。

一、匠心淬炼的永恒坚守：毫厘之间的极致追求

2025年3月，文化和旅游部公布第六批国家级非遗代表性传承人名单，五粮液技术总顾问赵东的名字赫然在列。这位享受国务院政府特殊津贴的中国酿酒大师，用38年光阴书写了一段传承传奇。

1987年，刚从无锡轻工业学院毕业的赵东来到五粮液，他连续三个月吃住在车间，记录下数百个工艺参数，最终提炼出“一极三优六首创六精酿”的“1366”工艺体系。

2008年，“五粮液酒传统酿造技艺”正式入选新一批国家级非物质文化遗产名录，这既是对其悠久历史的崇高认定，也标志着保护与传承进入国家层面。而彼时，一场更为宏大、系统化的活态传承工程已在五粮液内部全面启动：五粮

液的“金字塔梯队”传承人体系已经形成，包含国家级、省级、市级、区级及公司级传承人。通过严格的“师带徒”制度，他们结合自己的实际经验，提炼出了“1366匠心密码”（图11-3），“一极”指的是五粮液的极致酿造工艺，“三优”意味着环境、老窖池以及匠人匠心三大核心优势，“六首创”和“六精酿”分别对应“五粮配方、包包曲、跑窖循环、沸点量水、双轮底发酵和勾调双绝六大五粮液首创工艺”和“分层入窖、分层起糟、分层蒸馏、量质摘酒、按质并坛、分级储存六个精酿流程”。

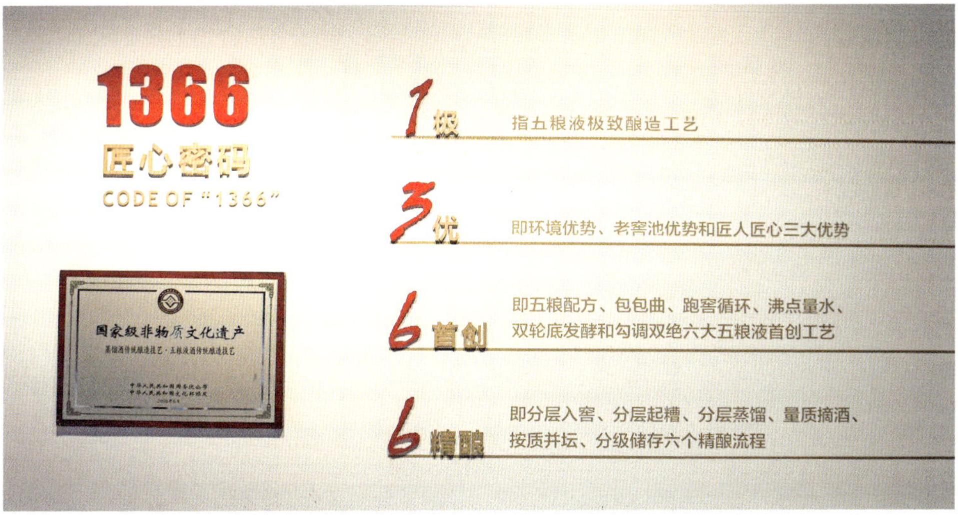

图11-3 五粮液“1366”匠心密码

五粮液“1366”工艺体系，这一串看似简洁的数字密码，实则凝聚了中国浓香型白酒酿造技艺的巅峰智慧，它由一极、三优、六首创、六精酿四大维度共同构成，不仅彰显了五粮液对极致品质的苛求，更是一部流淌着时间、自然与匠人精神的酿造史诗。五粮液酒酿造工艺流程多、生产过程复杂、操作要求精细、操作技能要求高、参数控制难度大、入窖淀粉浓度和酸度高、入窖水分低、入窖糟醅黏性大、单轮次发酵周期长、配料受季节影响大、生产成本高的特点，是白酒同行中最为极致和复杂的生产工艺条件。然而五粮液人“用心不计代价，用功不计成本，用时不计岁月”，将这种“极端”转化为“极致”，成就了浓香型白酒中公认的珍品。

“三优”则揭示了五粮液不可复制的天赋与传承：宜宾的“三位一体”自然环境是首重优势——亚热带湿润气候下年均温17.9℃、无霜期超340天，弱酸性黄黏土富含稀有的镍、钴矿物，垂直深入岷江古河道90米汲取的矿泉水质清洌甘润，共同构建了微生物繁育的天堂；窖池优势更堪称活态文物，元明古窖池群持续使用数百年，每克窖泥含数以亿计的微生物（如解淀粉梭状芽孢杆菌），形成独特的风味基因图谱，赋予酒体时间沉淀的醇厚；而匠人匠心则是技艺的灵魂，从献出“陈氏秘方”的邓子均到勾调大师范国琼，匠心一脉相承——范国琼为守护酒质纯净，立下“不涂口红、不用化妆品、不食辛辣酸甜”的“三不规矩”，数十年如一日与淡食为伴，将感官淬炼成精密仪器。

“六首创”以技术创新定义行业标杆：五粮配方（高粱36%、大米22%、糯米18%、小麦16%、玉米8%）暗合五行，集五谷精华“化杂成醇”；独创的包包曲形如馒头，兼蓄中高温曲特性，富集多菌酶系为发酵注入澎湃动力；跑窖循环使糟醅在窖池间流动，使有益微生物种源在窖池内扩大培养和合理利用，促进发酵均衡。沸点量水法将水温提至近100℃，更好地起到糊化、糖化作用；双轮底发酵选择性把窖池底部部分糟醅的发酵期延长一轮，使酸醇酯化等更加充分，有利于香味物质的大量生成与积累；而勾调双绝则将计算机系统与人工技艺融合，范国琼父女等大师凭借经验与科技，调度3000余种风味物质和谐共舞。

最后的“六精酿”是优中选优的淬炼艺术：从分层入窖、分层起糟（图11-4）、分层蒸馏，到量质摘酒、按质并坛、分级储存，每一步皆是对差异的精准把

图11-4 分层起糟

控——分层起糟时，针对窖池内不同层次、感官特征的糟醅，面糟、上层糟、中层糟和下层糟、双轮底糟分层次起糟，保障不同发酵特征的糟醅不被随意均质。避免风味干扰；量质摘酒则需“掐头去尾”，及时分段分质取，以保障基酒品质被有效细分，为酒体设计奠定基础。

“1366”不仅是工艺密码，更是五粮液穿越时空的品质誓言：它让古窖微生物在科技解码中焕发新生，以双轮发酵提升营养转化；更在智能制造时代，将“1366”经验参数化，依托5G与区块链，让AGV小车运输酒醅的智能车间与千年窖池共生——这一粒粒粮食的升华之旅，终以“各味谐调，恰到好处”的浓香典范，成就世界杯中流淌的中国匠心。

五粮液的一代代匠人用生命接力守护着这门技艺。目前五粮液已构建起完整的传承梯队：国家级传承人1名、省级传承人5名、市区级传承人7名、公司级传承人21名。这支队伍中，既有坚守50年的老师傅，也有留学归来的新生代，他们共同奏响了传承的交响乐。在506勾调车间，“70后”勾调师李曦跟随师傅范国琼学习近20年。范国琼从1981年进入五粮液，为保持感官灵敏度从不化妆、不吃辛辣食品。2018年退休后被返聘为“首席技术顾问”，她表示：“我从事的不仅仅是一项工作，更是一个技艺，我要把这个技艺一代一代地传下去。”范国琼的尝评技艺堪称传奇。这种极致坚守让她能辨别0.1%的微量成分差异，成为五粮液酒体质量的“守护神”。

这些毫厘之间的极致追求，造就了五粮液的卓越品质。2024年，在国际酒类大赛中，五粮液连续第七年获得“最佳烈酒”称号。评委会主席的评价意味深长：“这不是工业化的产品，而是匠人用时间雕刻的艺术品。”

二、古法新绎的天人共酿：传统智慧的现代表达

五粮液窖池群，其建造工艺堪称绝妙。窖壁精选本地特有黄泥，掺入细腻的观音土，反复捶打夯实，形成致密如脂的窖壁。每一口窖池都是微缩的生态宇宙，窖泥中栖息着世代繁衍、不可复制的微生物群落。它们如同最勤恳的酿酒师，默默参与每一次糖化与发酵。这些窖池历经明、清、民国直至今日，从未间断酿造，被尊为“会酿酒的活文物”。2015年，中国科学院微生物研究所对501车间明代老窖泥进行深度基因测序，震惊地发现其中蕴藏着多种功能微生物，包括主导生香的己酸菌、丁酸菌，以及大量未知功能的古老菌株，其复杂性与稳定性远超现代新建窖池。正是这些持续活跃了千百年的微生物群落，赋予了五粮液

独一无二的“窖香幽雅，陈味隽永”的基石风味。

五粮液的工艺革新源于一场兼具天时地利人和的偶然。1968年冬天，酿酒师傅赶着看电影，匆忙中两甑酒糟被窖泥掩埋。次日取出续酿时，经140天双轮发酵的酒醅竟散发出异香——这便是“双轮底发酵”技艺的肇始，如今这项工艺可使酯类物质显著增加。

“沸点量水”的发现更充满生活智慧。1982年，酿酒师从母亲做醪糟的过程中获得灵感，将80℃量水改为100℃沸水，使淀粉充分吸水。这项看似简单的改进，使优级酒产量猛增。传统的量水（加水）温度多在温水范围（60~80℃），他敏锐地意识到这可能是制约淀粉充分糊化、影响出酒率和品质的关键。一个大胆的想法在他脑中形成。在一次蒸粮过程中，他突然抓起沸腾的开水瓢，果断地泼向酒醅！蒸汽弥漫中，他顶着巨大的压力，坚持记录下每一个细微的温度变化和操作参数。三个月的不懈试验与数据积累，使“沸点量水法”横空出世！酿酒师回忆道：“我观察打进去的量水温度一般是80℃左右，而刚出甑的酒糟温度是100℃。我联想到母亲做醪糟时直接用刚烧开的锅底水，于是尝试用100℃的沸水打量水，发现吸收效果很好。”厂里立即采纳建议，通过对比实践证实了沸点量水的优越性，科学数据证明：100℃的沸水能瞬间使粮食淀粉颗粒爆裂，优级酒的产出率也随之骤增。这一创新性工艺，极大提升了五粮液的产量与品质稳定性。有人建议他申请专利，但他拒绝了：“不申请专利，让白酒行业共享这一技术，有助于推动白酒品质整体提升。”如今，整个浓香型白酒行业都已采用100℃量水工艺。

2024年推出的“数字酒窖”项目，通过区块链技术让消费者可追溯每一滴酒的“生命轨迹”。五粮液的酿造工艺被刘友金概括为“一苦、二奇、三长、四特殊”：一苦：指酿酒辛苦。二奇：指神奇的五粮配方和神奇的包包曲块。三长：指酿酒窖池窖龄长，糟醅发酵周期长（70天左右一轮，双轮共计140天），工艺传承时间长。四特殊：指跑窖循环、续糟发酵；双轮底发酵、沸点量水；分层起糟、混蒸混烧；量质摘酒、精心勾调。五粮液这套工艺体系凝聚了历代匠人的智慧结晶，被提炼为“1366匠心密码”。五粮液的酿造技艺是天人共酿的生动演绎，更是其品质的重要保证。

三、非遗基因的现代表达：中国酒香的世界之旅

2025年春节，五粮液景区的“非遗工坊”人头攒动。来自法国的游客马克尝

试用古法蒸馏器接酒，当第一滴酒液落入杯中时，他惊呼："这就是活着的文化遗产！"

非遗传承需要制度护航。五粮液构建的"从一粒种子到一滴美酒"全产业链质量管理体系，包含数百个专检点。2023年五粮液荣膺白酒行业唯一的"中国质量奖"提名奖，正是对这种坚守的肯定。更难得的是，五粮液将非遗保护写入公司章程。

五粮液还拥有着不可复制的核心优势——始于元明时期的古窖池群已连续不间断生产七百余年，2012年入选中国世界文化遗产预备名录，2013年成为全国重点文物保护单位。2005年，古窖池群的老窖泥作为唯一"活文物"被国家博物馆永久收藏，也是馆藏文物中唯一一件"活国宝"。

视线越过十里酒城蒸腾的雾气，在全球化的舞台上，五粮液的"和美"之音正激荡起更辽阔的回响。纽约时代广场的巨幕之上，五粮液的新春拜年影像将东方酿艺的厚重与新春的喜悦，投射进"世界十字路口"的喧嚣；而在虚拟的社交空间里，小红书上一则则由年轻用户创作的创意Vlog，正以灵动时尚的语言，解构着古老酒香的奥秘，让"中国的五粮液，世界的五粮液"这一宣言，在指尖滑动间深入人心。从物理的窖池到数字的云端，从宜宾的晨雾到世界的目光，传承的疆域正以前所未有的广度延展。

当古法酿造的匠心独运，拥抱现代科技的精准赋能；当师徒间耳提面命的经验传承，融入全球化语境下的多元表达，五粮液"活态传承"的终极密码便愈发清晰可见：它绝非僵化的教条复制，而是一场永不停歇的、充满敬畏的动态平衡。对古窖的虔诚守护、对配方的极致恪守是敬畏的根基；对工艺的科学探索、对表达的创新突破是前行的动力。正是这份深植于敬畏之中的创新勇气，让最悠久的技艺得以穿越时光的迷雾，在每一个时代焕发出新的生机。

第三节
文化传承链

在长江的褶皱里，五粮液的窖池群是活态的文化基因库，用七百余年的持续发酵诠释着传承的真谛。古窖泥中持续发酵的微生物，如同未断代的历史书写者——它们以代谢网络复刻明代《天工开物》的酿造密码，又在区块链温度传感器的监测下续写数字时代的曲谱。这不是技艺的简单传递，而是《周易》“变易·简易·不易”的哲学实践：祭祀大典上青铜鼎中的火焰，与“超级粉丝节”AR技术投射的苏轼赤壁月色，在时空褶皱中达成阴阳互济；三星堆酒樽的饕餮纹经3D打印重生为玻璃瓶身的量子纹路，将《考工记》“审曲面势”的造物理念注入现代设计。当非遗代表性传承人以手掌感知酒醅温度时，其神经突触激活的不仅是《齐民要术》中的农事记忆，更是对“传承即创造”的顿悟，文化传承的本质，是让《尚书·洪范》的五行学说在全球化味蕾上绽放新芽，令杜甫“重碧酒”的诗意与纽约霓虹共享同一滴玉液的倒影。

一、生态酿造体系：天人合一的微生物共生体

在岷江与金沙江交汇的宜宾，五粮液用七百余年的窖池群书写着一部活的《齐民要术》。当晨雾从冠英街的青瓦上蒸腾而起，酿酒师们便与沉睡在紫色土中的“天府菌”展开一场跨越时空的对话——北纬30°附近的独特地理禀赋，让这里的土壤如同被造物主调制的调色盘，硒、锌等元素编织成微生物的黄金罗网。这让人想起《淮南子》所言：“天地合气，万物自生”，五粮液的“四维种植体系”恰是对此的现代诠释：北斗导航的无人机掠过连片的高粱地，将农药施用量精准控制在克级单位；发酵后的酒糟穿越生物科技的时空隧道，化作滋养土地的黑色黄金，使土壤有机质含量得以提升。这种“取之自然，归于自然”的循环，不仅是庄子“万物与我为一”的具象化表现，更暗合了量子物理中的能量守恒定律——每一粒在酒窖中重生的粮食，都在完成从光合作用到乙醇合成的能量转化。

二、文化仪式传承：时空折叠中的文明基因重组

当五粮液祭祀大典的编钟声在长江畔响起，时间仿佛被揉皱又展开的帛书：唐代的《霓裳羽衣曲》与元宇宙的数字投影同频共振，黄庭坚“姚子雪曲”的诗句化作全息影像在窖池上空流转。这不是简单的古今拼贴，而是《周易》中“变易·简易·不易”哲学的三重变奏——在元明古窖池的夯土墙上，连续使用七百余年的窖泥正在演绎着微生物的《史记》，上千余种菌群如同司马迁笔下的列传人物，各自在温度梯度的舞台上演着代谢的悲喜剧；而在“12·18超级粉丝节”

的现场，年轻人用AR技术扫描酒瓶，瞬间穿越到苏轼“把酒问青天”的赤壁江岸，数字诗笺与实体酒液在增强现实中完成量子纠缠。这种时空折叠的魔力，让人想起马塞尔·普鲁斯特（Marcel Proust）的玛德琳蛋糕：当2024年限量版“和美金樽”的消费者轻启瓶盖时，他们品味的不仅是五粮液的绵柔，更是被数字化封存的杜甫“重碧拈春酒”的盛唐气象。更精妙的是五粮液对“器物之道”的现代转译：那尊在博鳌论坛亮相的“世界之窗”酒樽，瓶身篆刻的“和合共生”四字既是对《尚书·尧典》“协和万邦”的致敬，也是对区块链技术的隐喻——每一笔订单数据都如同铭文般永恒镌刻在分布式账本上。当海南免税店的游客手握镌刻有论坛LOGO的尊享红金版五粮液时，他们或许不会想到，这个动作正暗合着三星堆青铜酒尊的祭祀传统：三千年前的古蜀人将天命刻于礼器上，而今人将全球治理的愿景注入酒瓶，文明的基因链在玻璃与数据的双重载体中完成重组。

三、诗酒艺术融合：感官宇宙的量子纠缠

五粮液与中国诗歌学会共酿的“中国诗酒文化研究中心”，正进行着一场横跨千年的艺术实验。当现代诗人笔锋触及“窖池的呼吸”，他们或许不知道，这诗意化的描述竟与中子散射仪的检测数据惊人契合：陈酿八年的酒体中，乙醇-水团簇从0.42纳米收缩至0.37纳米的微观运动，恰似李商隐“一寸相思一寸灰”的意象在分子层面的显影。这种科学与诗学的量子纠缠，在五粮液的“五步品鉴法”中达到极致：观色时的琥珀流光让人想起敦煌壁画的矿物质颜料，闻香时1729种风味物质的共舞堪比《霓裳羽衣曲》的复调结构，而悟格时对“绵柔净爽”的领悟，则暗合王阳明“心外无物”的哲学顿悟。更令人惊叹的是五粮液对情感场景的量子化塑造：在西湖的断桥边，“玫瑰婚典”的新人们饮下的交杯酒，其瓶身镶嵌的施华洛世奇水晶折射出的七彩光斑，恰与酒液中检测到的β-大马酮分子结构形成分形对应——这是《周礼》六艺中“乐”与“数”的现代合奏。而当巴黎米其林三星餐厅的主厨发现五粮液与鹅肝的搭配效果竟超越干邑与鹅肝的搭配效果时，他触碰到的不仅是味觉的奥秘，更是《吕氏春秋》中“鼎中之变”在全球化语境下的重新诠释：那些在电子舌38维向量空间中跳动的数据点，那些在卢浮宫展出的启功书法与塞尚静物画的对话，都在证明一个真理——真正的美酒，是让《文心雕龙》的“神思”与质谱仪的“质核比”在量子场中达成和解。

土地的默契无需显微镜的证明。古窖中的微生物群落，如同代代相传的匠人，用数百年的光阴雕琢出独特的发酵密码。它们将高粱、大米、糯米、小麦、玉米的魂魄悄然融合，恰如“文化基因永续论”的具象：白酒作为“经典产业”，其生命力源自文化属性与科学壁垒的双螺旋。

五粮液用千百年的实践证明：文明的永生，不在于对抗或变革，而在于让每个时代的技术都成为传承的载体——从北斗卫星定位的糯红高粱田，到苏黎世联邦理工冷冻电镜下的蛋白分子，再到纽约元宇宙中的《酒德颂》，最终都汇入那条名为“和美”的长河，带着菌群、今天的代码与未来的星光，永恒奔流（图11-5）。

图11-5 五粮液核心酿酒园区

参考文献

[1] 李后强.中国白酒“周期说”[J].当代县域经济,2023(2):14−21.

[2] 李后强.中国白酒的历史转折:“喝酒文化”转向“品酒文明”[J].当代县域经济,2024(6):6−7.

[3]《齐民要术》校注组.齐民要术校注[M].北京:农业出版社,1982.

[4] 冯天瑜.中华文化史[M].上海:上海世纪出版集团,2019.

[5] 李泽厚.美的历程[M].北京:三联书店,2009.

[6] 普鲁斯特.追忆似水年华[M].南京:译林出版社,2012.

[7] 赵东,郑佳,彭志云,等.高通量测序技术解析五粮液窖泥原核微生物群落结构[J].食品与发酵工业,2017,43(9):1−8.

[8] 赵东,牛广杰,彭志云,等.五粮液包包曲中微生物区系变化及其理化因子演变[J].酿酒科技,2009(12):38−40.

[9] 王子今."考古五粮液"成就对酒文化研究及汉代酒史考察的启示[J].四川文物,2022(3):89−95.

[10] 黄均红.五粮液酒文化的特征与历史文化价值研究[J].中华文化论坛,2009(4):130−133.

[11] 王国维.人间词话[M].北京:中华书局,2016.

[12] 李泽厚,刘纲纪.中国美学史[M].北京:中国社会科学出版社,1987.

三生万物

五生和美

第十二章 五粮和美在守正中创新

守正夯基础，创新添动力。五粮液以“守正创新”与“和美”理念为核心，在产品、技术、传播三方面推动发展。产品端，构建多元矩阵，布局全国及区域大单品；酒精度创新覆盖“年轻化”客群，适配多元需求；香型协同依托古窖微生物，强化浓香优势。技术端，优化酿造工艺，实现智能酿造与数字化转型。传播端，跨国“和美全球行”讲中国故事，跨界艺术、媒体、餐饮融合文化，并首创“五步品酒法”。“和美”贯穿始终，推动传统与现代和谐共生。

守正创新是一种在传承中寻求发展的智慧。“守正”是指坚持事物运行的规律和优良传统，是发展的基础和源泉；“创新”则是在守正的基础上，运用新方法和新技术，是推动事物发展的动力。守正与创新相辅相成，共同构成了事物发展的双翼。“和美”理念则是一种和谐与美好的价值追求，强调事物内在和谐与外在美好之间的统一，倡导人与人、人与自然以及人与社会之间的和谐共生。

守正创新与“和美”理念密切相关。一方面，“守正”是实现“和美”的基础。只有遵循事物发展的规律，才能把握正确的发展方向，为“和美”的实现提供坚实保障。另一方面，“创新”是推动“和美”实现的动力。只有通过不断创新，突破传统的束缚，开拓新的发展空间，才能使得“和美”理念在更广泛的领域得到实践与推广。在五粮液的发展历程中，“和美”理念与守正创新始终贯穿其中。五粮液在坚守中国传统白酒的酿造工艺和文化精髓的同时，不断探索新的品类、技术、业态和传播方式，以满足消费者多样化的需求。在这一过程中，“和美”理念成为了五粮液企业文化的核心价值引领，推动企业不断向前发展，实现了传统与现代、传承与创新的和谐统一。

第一节 产品创新把握基因转译

五粮液作为中国白酒的典型代表，一直在白酒市场占据重要地位。近年来，五粮液在产品品类上不断创新，产品线日益丰富，不同品类、不同档次的产品共同形成了多样化的体系，满足了不同消费群体的需求，体现了对不同地域文化的尊重与融合，构建了和谐的产品生态，是“和美”理念在产品层面的具体体现。

一、五粮液品类创新

长久以来，五粮液作为中国白酒领军企业，胸怀全球视野，积极投身于打造品类丰富、层次多元的酒类品牌组合。其产品涵盖 29度、39度、45度、52度、56度、60度、68度、72度等高中低酒度，构建起了能充分满足不同层次消费者需求的全产品线体系。这一庞大且精细的体系，主要分为三支。

（一）主品牌系列

五粮液主品牌系列，包括以第八代五粮液为代表的代际系列，以501五粮液为代表的古窖系列，以经典五粮液为代表的年份系列，以生肖造型酒为代表的文化定制系列。

其中，以第八代五粮液为代表的代际系列，凭借卓越的品质与口感，稳居千元价位带，已然成为市场上高端白酒的标志性产品。其在 2024年市场表现极为出色，销售业绩稳健增长，深受消费者的信赖与追捧。同时，五粮液在产品创新上持续发力，于该年焕新上市45度、68度五粮液，为消费者提供了更多个性化的选择。

以501五粮液为代表的古窖系列，依托五粮液传承数百年的古窖池，这些老窖池内蕴含着独特且丰富的微生物菌群，在漫长岁月中持续参与发酵过程，赋予了白酒独特的风味与醇厚口感。每一滴501五粮液都凝聚着岁月的沉淀和古老酿造技艺的精髓，是五粮液高端品质的有力象征。作为古窖系列的首要代表，501五粮液被誉为“王冠上的明珠”，产自五粮液最古老的501车间——明清古窖池（图12-1），是五粮液品牌的价值彰显，在投放量上十分稀缺，立足10万元以上超

图12-1 五粮液501车间——元明古窖池

高端市场，以“限定车间、限定窖池、限定匠人”确保产品高品质、稀缺性，具备极高的收藏价值。

以经典五粮液为代表的年份系列，则精准聚焦于高端收藏和品鉴市场。2024年，五粮液战略发布经典五粮液10、经典五粮液20、经典五粮液30、经典五粮液50等产品系列，进一步丰富了该系列的产品线，满足了不同消费者对于年份酒的差异化需求。经典系列产品占据2000元至万元价位段，承载着五粮液品牌价值提升的重要使命，旨在与第八代五粮液形成高端市场份额的双轮驱动。这些年份酒在口感上更加醇厚、细腻，香气层次愈发丰富，成为众多白酒收藏爱好者和高端品鉴人士竞相追逐的珍品。

以生肖造型酒为代表的文化定制系列，巧妙地将中国传统文化中的生肖元素与五粮液的品牌形象深度融合。每年推出的生肖酒都凭借其独特的包装设计和文化内涵，在市场上引发强烈反响。2024年的龙年生肖酒，从年初发布以来热度居高不下，不仅成为消费者节日礼赠的热门选择，更是收藏市场的宠儿，全年保持旺销态势。从不同角度挖掘和展现中国传统文化与酒文化的融合魅力，极大地丰富了产品的文化价值。不仅如此，第八代五粮液·环保版、五粮液·萌动十二生肖还斩获德国 iF 设计大奖、红点设计大奖，进一步彰显了五粮液在产品设计创新方面的实力，使得产品矩阵不断丰富与完善。

（二）五粮液浓香酒品牌

浓香酒品牌在五粮液的产品体系中占据着重要地位，承担着拓展市场份额、满足不同消费层次需求的重任。五粮液浓香酒品牌，包括以五粮春、五粮醇、五粮特曲、尖庄为重点的四个全国性战略大单品，以及以五粮头曲、五粮人家、友酒、百家宴、火爆为补充的区域重点品牌。

五粮春凭借其清新雅致的口感和良好的品牌口碑，在中高端浓香酒市场拥有稳定的消费群体；五粮醇则以其甘醇爽净、醇正浓香的口感，深受广大消费者喜爱，市场覆盖面持续扩大；五粮特曲在品质上严格把控，突出了“特曲”的独特风味，在中高端市场竞争中展现出强劲的实力；尖庄作为五粮液旗下的亲民品牌，以高性价比的产品定位，在大众消费市场中拥有极高的知名度和市场占有率，成为众多消费者日常饮用和宴请聚会的首选。

同时，五粮头曲、五粮人家、友酒、百家宴等区域重点品牌，根据不同区域的消费特点和市场需求，进行精准的市场定位和产品推广。五粮头曲在区域市场中凭借其扎实的品质和合理的价格，深受消费者认可；五粮人家则主打家庭消费场景，以温馨、亲和的品牌形象赢得了家庭消费者的青睐；友酒聚焦于朋友聚会、社交宴请等场景，强调友情与分享的品牌内涵；百家宴则针对各类宴席市场，凭借其丰富的产品线和良好的性价比，成为众多消费者举办宴席时的热门选择。通过这些区域重点品牌的深耕细作，五粮液浓香酒品牌在全国范围内实现了市场的全面渗透和深度覆盖。

（三）仙林生态品牌

仙林生态品牌是五粮液在酒类市场多元化发展战略中的重要布局，致力于为消费者提供更加健康、多元的饮酒选择，包括以“五粮本草”为代表的草本露酒，以“仙林”为代表的特色果酒，以“亚洲”为代表的干红葡萄酒。

以“五粮本草”为代表的草本露酒，采用公司酒体设计大师工作室精心筛选的独特配方，以优质五粮白酒与多种草本精华精制而成。酒体色泽晶莹微黄、自然老陈，酒花细腻持久，酒香典雅芬芳，酒味绵甜醇厚，回味悠长，别具一格。五粮优质白酒与萃取的多种草本植物精华形成有机结合，度数多样化，彰显品质保障，更加贴合低度化和时尚化的高端需求。

以“仙林”为代表的特色果酒，精选四川大邑优质青梅为原料，融入药食同源物质重瓣红玫瑰形成独特配方，经传统工艺酿造而成，融合花香、果香为一体，在提升酒体风味的同时增加酒体口感的丰富性。

以“亚洲”为代表的干红葡萄酒，经10位国家级果露酒评委把关，采用全球优质葡萄酒产区葡萄精心酿造，以优质进口原浆，按照亚洲人口感需求调配组合、分瓶灌装，让消费者不出国门，尽享世界不同风味。

二、五粮液酒精度创新

2024年，五粮液联合中国科学院理化技术研究所江雷院士团队在材料学顶级期刊 *Matter*（影响因子18.9）上发表突破性研究成果，首次揭示了“黄金酒精度”的科学机理。研究通过氢核磁共振（^{1}H NMR）、分子动力学模拟（MD）等技术发现，酒精-水混合体系在38~68度区间内呈现独特的分子团簇结构：低酒精度（如39度和45度）时，水分子四面体团簇占主导，赋予酒体柔和顺滑的感官特征；高酒精度（如52度和68度）时，乙醇分子链状结构形成，呈现“高而不烈”的感官平衡。

这一发现颠覆了传统认知：酒精度数并非简单的线性指标，而是分子协同作用的美学呈现。研究团队通过接触角实验证实，在黄金酒精度区间内，乙醇与水的分子亲和力达到最优状态，使酒体呈现“入口甘美、入喉净爽”的感官特质。科学理论与感官体验的深度耦合，让五粮液的酒精度创新成为“分子级美学”的典范。

随着中国白酒市场消费需求的增长以及个性化趋势的增强，消费者对高端白酒的需求日益多样化。五粮液通过差异化布局不同酒精度的产品，精准满足了目标消费群体的需求。五粮液产品的酒精度覆盖范围广泛，从低度、中度、高度到超高度均有相应的产品。多样化的酒精度选择不仅展示了五粮液精湛的酿造工艺，更体现了其对消费者需求的深刻洞察和尊重。消费者可以根据个人口味和偏好，选择最适合自己的酒精度，享受个性化的饮酒体验，从而在品味中感受“和美”理念的独特魅力。表12-1列出了五粮液不同酒精度的产品。

高度酒是指酒精度数介于50度到60度之间的产品。作为五粮液的主打产品，高度酒涵盖了50度、52度、55度等不同度数的酒产品。通常，五粮液的产品会选择以52度为主，因为这一度数的酒精与水分子缔合效果最佳，形成的酒体醇厚协调，口感极佳，被公认为最佳饮用度数。第八代五粮液（52度）是五粮液最具代表性的产品，以其卓越的品质和独特的口感赢得了消费者的广泛赞誉，成为商务宴请与节庆场合的首选。此外，五粮液还推出了超高度酒产品，如68度五粮液，填补了中国高端超高度白酒市场的空白，充分满足了消费者对高品质、高度数白酒的需求。

中度酒是指酒精度数介于40度到50度之间的产品。与低度酒和高度酒相比，中度酒的酒精含量较为适宜，能在口感与风味之间实现良好平衡，是酒企把握消费者需求变化，优化产品布局的重要策略。基于对白酒未来消费趋势的深入分析和精准预测，五粮液抓住了中度酒市场发展的新契机，率先推出了覆盖42度、45度和48度等不同度数的中度酒产品。2024年5月，五粮液新上市了45度五粮液，作为五粮液代际系列的核心中度酒产品，标志着五粮液品牌市场布局的进一步完善。

在酒类行业中，通常将40度设定为划分低度酒与其他酒类的标准，酒精度低于40度的即为低度酒。近年来，低度酒在酒类行业中的发展态势备受瞩目。一方面，当下年轻消费者正成为酒行业的主流消费群体，健康化、理性化饮酒已成为新的白酒消费潮流。在此背景下，推出低度酒是酒企与年轻消费者建立互动，推动品牌年轻化的关键路径。另一方面，从白酒国际化的发展需求来看，国际上欧美国家的烈酒度数大多不超过40度，日本与韩国的烈酒度数通常保持在25度以

表 12-1 五粮液不同酒精度产品

酒精度分类	酒精度	产品
低度酒（40度以下）	30度及以下	仙林果酒系列：亚洲干红、舒醺、青梅宝贝、仙林、冰酒
	35度	35度五粮春·一代、35度五粮醇·醇香系列等
	38度	38度五粮液、38度尖庄·1911、38度尖庄·大光、38度尖庄·小庄等
	39度	39度五粮液、39度五粮液·缘定晶生、五粮液·紫气东来、39度五粮头曲等
中度酒(40度~50度）	40度	40度五粮醇·醇香系列等
	42度	42度五粮液、42度五粮醇·醇品系列、42度五粮特曲系列、42度百家宴·红禧、42度尖庄·1911等
	45度	45度五粮液、45度五粮春·名门、45度五粮春·和美等
	48度	48度五粮液等
高度酒（50度~60度）	50度	50度五粮春·一代、50度尖庄·高光、50度尖庄·小庄等
	52度	52度第八代五粮液、52度五粮液·1618、52度五粮液·熊猫造型酒、52度五粮春·二代、52度五粮浓香生肖酒等
	55度	55度五粮液等
超高度酒（60度以上）	68度	68度五粮液等
	70度	五粮液·千里江山图等
	72度	原度五粮液等

资料来源：笔者根据五粮液集团官网产品中心整理。

下，白酒低度化已成为未来国际酒业发展的重要方向。五粮液凭借出色的酿造工艺已经将产品链拓展到了低度酒领域，为消费者提供了35度、38度、39度等不同度数的产品选择。五粮液低度酒不仅保留了五粮液独特的香气和口感，且口感更加温和绵柔，酒精含量相对较低，既适合日常饮用，也适用于调制各类混合饮品。

此外，五粮液还推出了低度的仙林果酒系列，同时保留了水果的天然口感和香气。仙林果酒以优质鲜果为原料，经发酵、浸渍等工艺精酿而成，酒体晶莹透亮，果香清新自然。入口展现出成熟水果的天然甜润与清新酸度，层次丰富，酒体酸甜舒适，微妙的醇香与果香交织，形成甜而不腻、醇而不烈的平衡风格。酒精度在8~15度，适配佐餐、休闲等多场景。

三、五粮液香型协同

由于酿造环境和工艺的差异，我国白酒以浓香、酱香、清香和米香四种为基础香型，最受消费者青睐。浓香型白酒是中国白酒的主流产品。

作为浓香型白酒的典型代表，五粮液凭借其独特的酿造技艺与卓越的产品品质，在市场上赢得了高度认可，成为浓香型白酒的主要生产企业。五粮液的核心产品，如第八代五粮液、五粮液1618和五粮液金装等，均属于浓香型白酒。五粮液的浓香型白酒大多为多粮型，由小麦、大米、玉米、高粱、糯米五种粮食发酵酿制而成。其中，第八代五粮液具有“香气悠久、味醇厚、入口甘美、入喉净爽、各味谐调、恰到好处，尤以酒味全面而著称”的独特风格，契合了大部分国人的口味偏好。

在浓香型工艺端，依托元明古窖池的厌氧环境，JNU-WLY1368菌（解乳酸己小杆菌）主导己酸乙酯合成，较普通窖池提升显著。这种工艺协同的生态智慧，源于对微生物群落动力学的深刻洞察。宏基因组测序显示，双工艺体系下窖泥中产香梭状芽孢杆菌（WLY-B-L2菌）丰度提升明显，其分泌的丁酸，为形成丁酸乙酯和己酸乙酯的前体物质，还能同时产生戊酸乙酯、乙酸乙酯和2-戊酮等具有果香味的挥发性风味成分，赋予酒体“窖香浓郁、回味悠长”的复合风味。

第二节
技术创新推动工艺变革

优秀且独特的酿造技术是五粮液不断推出高品质新产品的坚实保障。作为中国白酒行业的领军企业，五粮液在传承传统酿造工艺与酿造秘方的基础上，不断进行改革创新，在微生物研究与培养领域取得了突破性进展，进一步引入了高端智能化设备，创新性地对白酒制造工序进行改造升级，从而形成了五粮液独特的酿造工艺，是守正创新与“和美”理念的重要体现。

一、用科技解构香型

颠覆传统的五谷罗尼鸡尾酒，以五粮液为基酒，与意大利金巴厘利口酒按3：7黄金比例调和。经液氮瞬时冷却（−196℃处理3秒）打破乙醇-水分子氢键，使酯类物质释放效率提升40%。该产品于2024年上海外滩快闪店创下单日5000杯销量纪录，其成功印证了“味觉全球化”趋势——通过超临界CO_2萃取技术提取五粮液中的己酸乙酯，与利口酒中的苦橙苷形成风味协同。

这种创新本质上是文化编码的重构：将“五粮配方”的东方智慧与意大利开胃酒文化碰撞，通过分子料理技术（球形化封装工艺）实现味觉的蒙太奇效应。《新京报》评价其“用实验室语言解构了白酒的在地性，为国际化开辟味觉丝绸之路”。

五粮液通过建立“中国工业微生物菌种保藏管理中心白酒微生物研究分中心”，保藏了400余种、10000余株菌种，构建起全球最大的酿酒微生物数据库。2023年，“人工窖泥定向培育技术”的突破性应用，将明显缩短新窖池产名酒周期。技术的精妙之处在于：以古窖菌群为母本，通过数字化建模解析微生物互作网络，再以标准化工艺复刻生态位环境。当第三代窖泥培育技术将核心菌种从“自然富集”升级为“精准复刻”，传统酿造中玄妙的“以糟养窖、以窖养糟”循环，被解构为可量化、可迭代的科技载体。

近年来五粮液在科学研究、工艺技术和设备升级方面均取得了显著的进展。根据国家知识产权局专利检索平台数据统计，截至2025年五粮液在技术创新方面处于公开授权以及实质审查状态的专利共有345项，主要包含发明专利和实用新型专利两类。具体而言，科学研究方面的专利数量为151项，工艺技术方面的专利数量为128项，设备升级方面的专利数量为66项。

二、科研水平业内领先

在科学研究方面，近年来五粮液持续加大科研投入，通过产学研协同创新模式，在微生物研究与培养方面取得了显著成果。2019—2023年期间，五粮液研发投入年均增长率超过20%，构建了以国家企业技术中心为核心的科技创新体系，设立了包括国家白酒产品质量检测检验中心、国家企业技术中心[连续四年以考核分超82分（2023年达84.1分）稳居行业第一]、国家级工业设计中心在内的7个国家级和9个省部级创新平台。此外，五粮液还拥有国家级、省级专家人才170人，以宜宾杰出科技人才、宜宾工匠等为代表的市级骨干人才500余人，以品酒师、酿酒师为主体的各类专业技术技能人才1万余人。同时，五粮液已与30余所国内外大学及科研机构建立了紧密的产学研合作关系，共同合作实现了30余项重大科技创新成果，获得了超过20项省部级及以上科技进步奖，并发表了700多篇学术论文，其科研水平在行业内处于领先地位。

在白酒的酿造过程中，微生物群落及其相互作用对白酒的品质和风味具有重要影响。随着现代科学技术的发展，越来越多的白酒企业逐渐意识到微生物研究的重要性，并开始加大对白酒微生物菌群的研究和培养力度。五粮液对于窖泥微生物的研究起步较早，目前已取得了突破性进展。五粮液的元明古窖池群已有700余年的不间断酿造历史，悠悠岁月是酿出一壶壶美酒的根基与底气。经勘测，古窖泥中每克含有超过百亿个微生物，形成了复杂的微生物群落。1975年，沈怡方教授带领的科研小组从五粮液的老窖泥中成功分离出了优质的己酸菌菌株，并对其展开了全面深入的研究，为后续人工窖泥技术的发展奠定了基础，促进了浓香型白酒酿造工艺的推广。2021年，五粮液与江南大学科研人员联合攻关，对我国主要浓香型白酒产区窖泥中的己酸菌进行了研究，成功从五粮液老窖泥中分离得到了编号为“JNU-WLY1368”的微生物新物种，被鉴定为浓香型白酒酿造的主体己酸菌，打破了此前认为梭状芽孢杆菌（*Clostridium*）属细菌是主体菌的固有观念。2022年，五粮液科研团队进一步在老窖泥中发现拟杆菌纲全新菌种“JNU-WLY501”，进一步揭示了浓香型白酒酿造背后的科学原理。2023年，五粮液从古窖泥中分离出一株有利于白酒风味的全新厌氧微生物“WLY-B-L2”。2025年，五粮液再次发现了一株新菌种Me2菌，是产生乙酸和丙酸的功能菌。此外，五粮液近几年还在酿造环境中发现了三株新菌种：酵母菌新品种

“WLY-L-M-1”、副球菌新品种“502菌”、芽孢杆菌新品种“L8菌”。这七株全新微生物菌种的发现不仅提升了五粮液的产品质量，也使我国在国际酿酒微生物研究领域的地位大大提高。

三、酿造工艺创新

在酿造工艺方面，五粮液已实现了从原辅料、制曲、酿酒、陈酿、勾调到包装的全流程技术发展，形成了“一极三优六首创六精酿”的独特酿造工艺体系，其中“六首创”分别是五粮配方、包包曲、跑窖循环、沸点量水、双轮底发酵和勾调双绝，体现了五粮液的核心工艺创新优势。

在原辅料配比上，五粮液的第一代配方源自明朝的陈氏秘方，选用高粱、大米、玉米、荞麦和糯米五种原料。从陈氏秘方到现行配方，五粮液经过了多次创新与调整，优化了五种原料的配比，并以小麦替代荞麦以消除酒中苦味，最终形成了高粱36%、大米22%、糯米18%、小麦16%、玉米8%的科学配比。

制曲是白酒酿造中的关键工序，大曲不仅是糖化剂和发酵剂，也是白酒糟醅发酵中微生物的主要来源。包包曲（图12-2）是五粮液首创的制曲工艺，是其酿造工艺的一大特色。

打量水是保证正常发酵的重要工艺。对粮糟进行蒸酒和蒸粮后，仍然不足以

图12-2 包包曲是五粮液首创的制曲工艺

满足入窖所需的最适宜水分要求，因此需要通过打量水来增加粮糟的水分，从而确保发酵的顺利进行。不同的量水温度会对粮食的糊化效果产生不同的影响。“沸点量水”是五粮液首创的酿造工艺。

入窖发酵是白酒酿造过程中最复杂的工艺环节。窖池作为酿酒微生物的重要载体，其差异会直接影响原酒的风味。为了保证白酒品质与风味的稳定性，五粮液创新性地采用“跑窖循环”这一独特的窖池运用方法。此外，为了进一步提升白酒的品质和口感，五粮液深入研究延长发酵周期的方法，首创了“双轮底发酵”这一能够使得浓香型白酒发酵增香的方法，为中国白酒的品位升级提供了重要的助力。该工艺通过将窖池底部的少部分糟醅连续发酵两轮，将发酵期延长至140天左右，增加了窖池底部糟醅与窖泥的接触面积与时间，促进了香味物质的生成与积累，从而能够酿造出品质更优的白酒。

在白酒的调配环节，由于不同车间酿造出的产品味道存在差异，需要通过勾调技术组合不同基础酒，以平衡酒体并协调香味。为精准保持五粮液的独特风格，五粮液集团采用了科学化、现代化的勾调方式，结合华罗庚的优选法原理，深入探究了酒中关键微量成分含量与酒质之间的关联，进而开发了五粮液计算机勾调专家系统。该系统与五粮液人工勾调技术的巧妙结合，形成了五粮液独有的、现代化的成品酒调配技术体系，被誉为“勾调双绝”。

2025年3月21日，五粮液与四川长虹电器股份有限公司联合研发的“端云一体智能光谱数据分析系统”通过由四川省科技协同创新促进会组织的成果评价，技术达到国际领先水平，标志着中国白酒在“智能化检测”领域取得重大进展。该系统将高光谱成像、3D视觉定位与边缘计算深度融合，在虚拟空间构建起与现实酿造完全同步的数字化镜像。在五粮液智能酿造示范车间，装甑机器人通过触觉传感器实现糟醅松紧度0.1牛顿级的精准控制，其动作轨迹经傅里叶变换建模后的误差率仅0.03%，较人工操作稳定性提升15倍。

这种精微控制的美学价值，在于其完美平衡了工业精度与传统智慧。机械臂的“轻撒匀铺”动作，既保留了老师傅的工艺精髓，又通过动力学模型将操作分解为多维度的控制参数。数智化酿造不是对传统的颠覆，而是用科技语言重新诠释“天人共酿”的哲学。

四、“智改数转”设备升级

在设备升级方面，“智改数转”即企业数字化智能化转型，是近年来四川省制造业的重要行动目标，也是实现白酒产业高质量发展的必经之路。作为四川省乃至全国白酒产业的龙头企业，五粮液正加速传统酿酒工艺与大数据、人工智能技术的深度融合。通过提升生产环节自动化水平，引入数字化设备，加强关键环节管控等措施，五粮液正不断实现稳生产、提质量、促转型的目标。

图12-3展示的是五粮液数字化指挥中心。

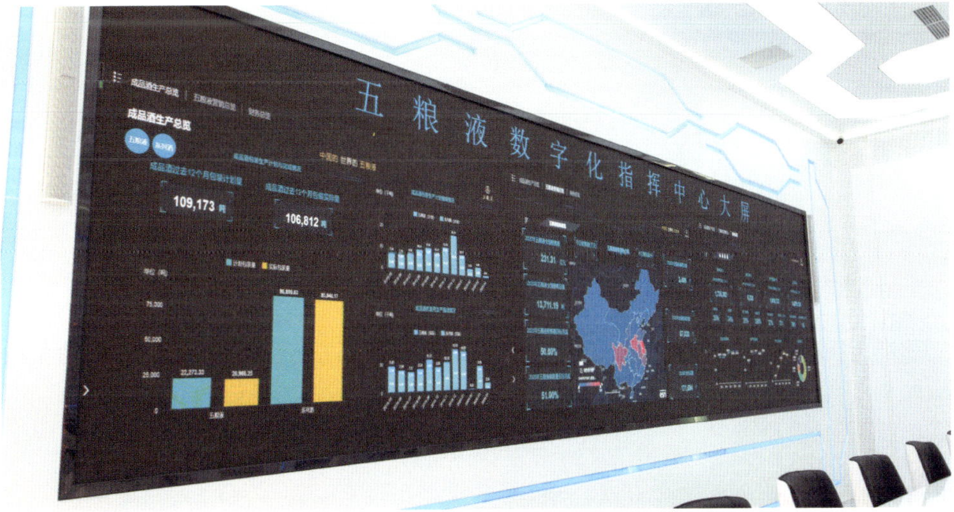

图12-3　五粮液数字化指挥中心

在检测设备方面，五粮液与宜宾学院合作共建的固态发酵资源利用四川省重点实验室配备了价值超亿元的一系列高精度仪器，其中有数十台设备的单价超过了200万元，涵盖了气相色谱-单四级杆质谱联用仪、二维气相色谱-嗅闻-单四级杆质谱联用仪、超高效液相色谱-四级杆飞行时间质谱联用仪、全二维气相色谱-飞行时间质谱联用仪、气相色谱-三重四级杆质谱联用仪、多功能气相色谱仪、离子色谱、轨道阱质谱仪、高通量测序仪、扫描电镜等多种尖端设备，为分离和鉴定包包曲、糟醅、酒体等中的复杂成分提供了有力的技术支持。

在智能化、数字化改造升级上，五粮液采用了近红外光谱仪及实验室信息管理系统(Laboratory Information Management System，LIMS)系统等先进工具，严格把控包装材料和酿造原料的质量；通过供应商关系管理(Supplier Relationship Management，SRM)系统与集中采购平台优化供应链管理，显著降低了包装材料及办公用品的采购成本；在生产过程中全面接入企业资源计划(Enterprise Resource Planning, ERP)系统，结合物联网技术，将制曲与酿造的关键生产环节数字化，构建了制曲与酿造的生产算法模型；在物流运输中，借助5G和物联网技术实时追踪和监控运输车辆的运行轨迹与状态，确保货物的时效性与完整性，大幅提升了供应链管理的透明度和协同效率。

此外，五粮液在国际范围内率先引入了“一芯双频射频识别（Radio Frequency Identification，RFID”技术，全面升级防伪体系，实现了“一次一证”闭环认证，进一步推动了企业的数字化转型升级。

第三节 传播创新促进品牌跃升

作为拥有700余年历史文化传承的民族品牌，五粮液始终坚持以“和美”精神作为价值追求，致力于中国传统文化的传播与创新。通过策划并实施一系列跨国、跨界文化交流活动，五粮液以中国白酒为媒介，向世界展示了中国传统文化的深厚底蕴和独特魅力。

一、跨国文化交流

在跨国文化交流方面，五粮液不断向世界讲述中国故事，传播“和美”理念。“和美全球行”是五粮液实现跨国文化交流、提升其品牌影响力的重要途径。2023年，五粮液“和美全球行”活动从法国巴黎启程，通过一系列品牌展示与文化交流的活动，旨在以美酒这一穿越历史、跨越国界的世界语言，探索与不同文明互鉴互赏的创新表达，向世界讲述五粮液“和美”故事，持续展现中国文化、中国品质、中国精神，为构建新发展格局、助力中国白酒国际化和繁荣全球酒业贡献和美力量。

2024年，五粮液延续了“和美全球行”活动，以“香遇世界、和美共生”为主题，相继走进新西兰、智利、巴西、意大利等13个国家及地区。

在智利站，五粮液携手玛尔瓦·万徒勒里合作的“五粮液·中智和美”限定礼盒概念正式发布。该礼盒以“浩浩长江”为设计灵感，寓意着中智友谊源远流长，就如浩浩江水般绵延不绝，同时也契合五粮液深厚的传承底蕴、对精益求精酿造美酒的不懈追求。同时，在主题推介环节智利国舞奎卡舞与中国国粹川剧变脸进行文艺碰撞，将现场氛围推向新高，进一步加深了智利嘉宾美好的中国印象、中国体验，促进了两国的民心相通。

在意大利交流期间，五粮液与宝格丽酒店品牌、欧洲设计学院IED以及意大利银器品牌GANCI等多家知名品牌与机构进行了深入交流，汲取相关设计、制造经验，探索东西方文化交融的创新表达。同时，五粮液作为米兰侨界庆祝新中国成立75周年暨中秋招待晚宴的合作伙伴，为晚宴提供了定制的月饼以及以五粮液白酒为基酒调制的鸡尾酒，将中国白酒与糕点、西方美酒巧妙融合。

在中法建交60周年之际，五粮液在法国举行“千年传承 · 和美世界”五粮液中法艺术作品展，五粮液文化博览馆收藏的部分书画作品代表首次亮相海外，其中包括《五粮液大赋》。与此同时，中国当代著名艺术家宋连民、法国美术家协会主席雷米・艾融（Rémy Aron）、法国美术家协会法中两国当代艺术总监马泽霖(Ma Zelin)等顶尖艺术家携各自代表作品共同出展。通过灵感的碰撞，不断拓展想象力、创造力的边界，共建和谐美好的艺术世界。

在美国华盛顿访问期间，五粮液将美酒与音乐相结合，邀请全美知名乐团在林肯剧院演奏了西方古典音乐与中国传统乐曲，实现了中西文化的交融共赏，传递了中华民族的“和美”理念，向世界传播了中国白酒文化的独特魅力，体现了“和美”理念下不同文化之间的交流与融合。

在2024年和美全球行期间，五粮液还作为四川省特色优势产业代表，深度融入中国（四川）-奥地利、中国（四川）-法国等经贸交流会及对接活动。

除此之外，五粮液还持续站位高端平台，提升品牌的国际话语权，持续聚焦政治规格高、社会影响强、民众关注大的国际国内盛会，将品牌在高端调性、体验场景、国际价值上进行深度绑定，全方位、多维度、高水准讲述品牌故事，扩大品牌的全球影响力，如五粮液积极参与APEC峰会、世博会、进博会、博鳌亚洲论坛等国际交流活动，不断向世界讲述中国故事，为推动形成多元共赢的交流新局面贡献力量。

二、跨界文化交流

五粮液不断寻求跨界文化交流的机会，通过艺术、社交媒体、餐饮、设计等多元形式，推进文化价值的表达，并在传播形式上实现创新性发展，不断提升文化内涵和品牌形象，深刻诠释了“和美”理念的时代价值。

在艺术领域，五粮液多次与书画频道合作，举办了五粮液集团书画藏品展、书画艺术展暨产品品鉴会、“进万家”活动等，将自身品牌文化与书画艺术深度融合，使其“大国浓香”的品牌形象深入广大书画爱好者心中。这不仅丰富了五粮液的品牌文化内涵，也为书画艺术的传播和发展提供了新的平台。

此外，诗酒文化作为我国优秀传统文化的重要组成部分，体现了诗歌与美酒的紧密联系，既彰显了中国诗歌的独特韵味，也体现了中国白酒独有的文化底蕴与气质。2024年，五粮液与中国诗歌学会合作成立了中国诗酒文化研究中心，并举办了“五粮液杯”中国诗歌大赛、授牌“中国诗歌创作基地”等活动，凸显五粮液进一步讲好诗酒文化故事的使命担当。图12-4展示的是第二届“五粮液杯”中国诗歌大赛启动仪式现场。

在媒体共创领域，五粮液充分利用媒体平台优势，积极与影视、娱乐等领域开展跨界合作，拓宽了自身的传播渠道，提升了五粮液的品牌知名度。近年来，五粮液与央视进行战略合作，在CCTV-1、CCTV-2等核心频道投放品牌形象、产品广告，与春晚（图12-5）、秋晚等重要节目深度合作，定制《美美与共》《千里江山如画》特别节目，实现品牌价值与主流文化的同频共振；同时，五粮液携手湖南卫视，与《中餐厅》《歌手2024》《来者何人》及跨年晚会等高热度IP达成深度合作，精准触达更广泛的年轻受众群体，增强品牌在现代娱乐语境中的亲和力与话题性；在文化内容共创方面，五粮液联合《南方周末》推出“大国之道”“经

图12-4 第二届“五粮液杯”中国诗歌大赛启动仪式

典'围读会'""一江文脉里的和美生活"等深度人文项目，与《人民日报》共创"多彩中国乐"，与新华社合作"国宝里的诗酒文化"，从经典文化、国宝艺术、地域文脉等维度系统传递"和美"文化理念。此外，五粮液还与《四川经济日报》共同发起"大江之韵 探寻金沙江"系列主题采风活动，将品牌叙事融入地域经济与人文脉络之中。通过这些多层次、高规格的媒体共创实践，五粮液不仅实现了品牌曝光与情感共鸣的双重提升，更逐步构建起一个融贯传统与现代、连接家国与日常的中国白酒文化传播体系。

此外，五粮液已连续举办四届"和美文化节"，通过整合线上线下多元互动形式，有效增强了品牌与年轻消费群体之间的情感链接与文化共鸣。通过该活动以全国大型灯光秀、创意主题快闪店、短视频等创新方式，将"和美"文化融入现代生活场景与青年社交语境，显著提升了品牌在年轻人群中的认知度与好感度，使"和美"理念以更时尚、更亲切的方式深入人心。

在餐饮领域，五粮液致力于构建"美酒+美食"的和美文化，深度融合了美食与美酒文化，展现了两者相辅相成的紧密关系。携手米其林指南，共同探索了"美食+美酒"的新表达，成功打造了"舌尖盛宴"的合作新范式，为全球消费者带来了卓越的品质体验；五粮液携手中国烹饪协会举办了第33届中国厨师节暨2024中国厨师节博览会，以酒融食，生动诠释了中国博大精深的"和美"饮食文化。同年，五粮液独家冠名的美食节目《中餐厅8》正式播出，吸引了全球众多

图12-5 五粮液2025年冠名央视总台春晚，全媒体累计触达168亿人次

消费者的广泛关注。五粮液借助此节目向世界传播了其“和美”价值理念，为世界了解中国传统文化开辟了一扇重要窗口，创新性地拓展了“中国酒+中国菜”的文化传播模式。

三、情景式品鉴场景创新

五粮液以独创的“步步高五步品酒法”重新定义白酒品鉴，将传统技艺与现代消费需求深度融合，其以“观其色、闻其香、品其味、悟其格、感其美”的完整链条，开创了“从舌尖到心尖”的体验革命，将“各味谐调、恰到好处”的味觉体验，升华为“和合共生、美美与共”的文化表达。这一创新不仅是对中国白酒风味美学的极致诠释，更是对东方“和美”哲学的生动演绎——从粮食与时间的和洽，到风味与感官的和谐；从传统与现代的融合，到个体与群体的和睦，五步之间，藏着中国白酒最深厚的文化密码。

五粮液独创的“步步高五步品酒法”品酒现场图见图12-6。

第一步，观其色，以澄明见天地之和。举杯齐眉，酒面与眉眼同高，光线恰好穿透杯壁。此时，世界安静得能听见自己的心跳，酒体的黏稠度、透明度、微黄光泽纤毫毕现。澄明，是“和”的第一重境界——去杂质、存本真。澄明亦是人心的投射。古人以“君子坦荡荡”喻水之清澈，酒之澄明则提醒饮者先净心，

图12-6 五粮液独创的“步步高五步品酒法”品酒现场图

再入口。学会“观色”，便完成了从“买酒”到“读酒”的跃迁——酒不再是消耗品，而是一部可以反复翻阅的“时间之书”。

第二步，闻其香，以呼吸通古今之和。倾杯，鼻尖微探，鼻翼轻启。先是喷薄的窖香，随后是蒸腾的粮香、果香、花香层层铺陈。香气是酒的语言，更是时间的信使——在七百余年古窖泥中繁衍的微生物，与1963年全国评酒会上专家评语里的“香气悠久”遥相呼应。五粮液香气骨架由己酸乙酯、乙酸乙酯、乳酸乙酯等比例协调构成，呈现“窖香浓郁、多香韵而不艳”。闻香让仪式有了“共时性”。父母闻到的可能是20世纪90年代供销社打酒的回忆，95后闻到的则是微醺社交的松弛感。同一段香气，不同世代各取所需，却又在同一空间达成和解。

第三步，品其味，以味蕾调五感之和。轻啜，让酒液铺满舌面。舌尖先感甜，舌侧转酸，舌根泛苦，顷刻间生津回甘。五味轮转，恰似五行相生：高粱之烈、大米之净、糯米之绵、小麦之冲、玉米之甜，在口腔里完成最后的拼合。味觉的自由调配，消解了“专家标准”与“个人偏好”的鸿沟——专业被拆解成可感知的颗粒度，再由用户自行重组，这正是“和合共生”的现代转译。

第四步，悟其格，以咽喉证身心之和。一饮而尽，酒线穿喉而下，如暖流般直抵胸腔。此刻的“格”，既是感官的终点，也是精神的起点。五粮液酒体酸酯协调，高级醇含量低，饮后毛细血管迅速扩张，带来微醺的松弛。当“入喉净爽”成为可复制的体验，酒桌的“权力博弈”让位于“情绪共鸣”。商务宴请不再比拼酒量，而是分享各自调出的“独家比例”；老友相聚无需豪言壮语，一句“这杯有我20岁的记忆”足以抵过万言。由此，酒桌升华为“心桌”，五粮液完成了从“商品”到“媒介”的身份转换。

第五步，感其美，以空杯载众美之和。酒尽杯空，香气却更盛。粮香、窖香、陈香层层叠叠，凝成“空杯留香”的尾章。五粮液新酒杯以五种粮食配比作刻度，66毫米寓意六六大顺，95毫米致敬九五至尊，99毫米祝福长长久久。杯壁外撇9°，利于香气回旋；材质选用高岭土二次还原烧制，呈“青如天、明如镜、薄如纸、声如磬”的宋瓷质感。空杯留香，留的亦是“和”的余味。它提示我们，真正的奢华不是占有，而是共享；不是独饮，而是众乐。

“步步高五步品酒法”的“和美”，不止于舌尖的风味，更在于文化的交融。它以现代仪式为载体，将千年酒文化的基因转化为可感知、可参与的体验，实现了传统与现代的“和鸣”，让东方美学在当代生活中焕发新生。

这种“和”，首先是对历史的致敬与活化。当消费者按“举杯齐眉”的姿势观色时，实则在复刻评酒专家当年的品鉴场景；当细嗅“香气悠久”时，实则在与六十多年前的味觉标准对话。这种“古今和鸣”，让传统文化不再是博物馆里的标本，而是通过仪式感成为“流动的历史”，实现“过去与现在”的精神联结。

其次是对仪式的创新与重构。中国酒文化历来重“礼”，从商周青铜酒器的祭祀礼仪，到唐宋文人的宴饮雅集，仪式感始终是酒文化的核心。但传统仪式多有门槛，或需特定场合，或需专业知识，难以融入现代生活。“步步高五步品酒法”则对传统仪式进行了“轻量化创新”—— 保留“敬”的内核，简化“繁”的形式：无需复杂器皿，青瓷杯盏即可；无需冗长流程，五步动作即毕；无需专业背景，普通人稍加指引便能掌握。这种“传统仪式的现代转译”，让文化传承摆脱了“沉重感”，变得“可亲近”，实现了“古典与当代”的和谐共生。

更妙的是交互的自由。老饕们可用39度五粮液勾调第八代五粮液，调制专属口感；分酒器上标注的66毫米（六六大顺）、95毫米（九五至尊）刻度，让每一次斟酒都成了文化符号的传递。2024年，老酒饮用场景的渗透率同比大幅提升，印证了这场“从饮用到品鉴”的变革已深入人心。

在白酒行业进入存量竞争的当下，“步步高五步品酒法”的推出，不仅是五粮液的品牌创新，更以“守正创新”的实践为行业注入“和美”动能——既坚守品质根基，又创新消费体验；既激活自身增长，又带动行业升级，展现了头部企业的“和合共生”担当。

品质为“正”，创新为“和”，筑牢行业发展根基。“步步高五步品酒法”能引发共鸣，核心在于其背后“不可复制”的品质支撑：七百余年连续使用的元明古窖池群，为酒体提供独特的微生物环境；“五种粮食”的科学配比，经现代微生物学验证具有风味优势；代际传承的勾调技艺，让新酒与老酒的融合达到极致。这种“品质为根”的坚守，是“守正”；而将品质优势转化为“可体验”的五步流程，通过“勾调 DIY”让消费者感知品质差异，则是“创新”。正因为“守正”与“创新”的和谐统一，“步步高五步品酒法”才不是空中楼阁——消费者在“观色”时看到的清澈，源于酿造的洁净；在“勾调”时尝到的差异，源于勾调的精准。这种“品质与体验”的结合，为行业树立了“以质为基、以体验为桥”的范本，推动行业从“价格竞争”转向“价值竞争”。

五粮液的传播创新实践是一场全面而深刻的变革，通过构建文化传承、数字交互、跨界融合、全球叙事与责任担当“五位一体”的传播创新体系，成功实现了品牌价值的全球化升维。在这一过程中，“和美”理念贯穿始终，无论是非遗技艺与现代科技的融合、节庆 IP 与消费者情感的共振，还是数字生态的构建、跨界合作的拓展、国际传播的创新以及社会责任的履行，五粮液都秉持“和而不同、美美与共”的原则，将传统文化与现代元素、本土特色与国际视野、商业利益与社会责任有机结合。其传播创新经验为传统行业品牌在新时代背景下的发展提供了宝贵的借鉴，证明了传统文化品牌的现代化转型需要在坚守文化基因的基础上，充分借助科技力量，积极拓展传播渠道，深入挖掘品牌内涵，主动承担社会责任，实现品牌价值的全方位提升。

参考文献

[1] 宜宾五粮液股份有限公司.品质为基 文化铸魂 守正创新 永续大国浓香传奇[J].中国食品安全,2024(4):50-52.

[2] 宜宾.拥抱和美2024！五粮液闪耀全球跨年时刻[J].中国酒,2024(1):58.

[3] 黎群.五粮液基于“双遗”的品牌文化建设[J].企业家,2023(9):80-83.

[4] 龚友国.五粮液:引领酒业高质量发展，打造中国式现代化酒业样本[N].中国企业报,2023-03-10(018).

[5] 启程.五粮液守正创新启新程和美与共谱新篇[J].中国酒,2022(12):62-63.

[6] 赵东,杨韵霞.探秘五粮液[M].北京:化学工业出版社,2022.

[7] 筱鹂.五粮液和美文化节实现2.8亿曝光量[J].酿酒科技,2022(6):134.

[8] 良夜.五粮液:播种希望之粮 酿造和美之味[J].中国酒,2022(4):80.

[9] 曾从钦:勇挑大梁！推动白酒产业稳健发展[J].中国酒,2024(3):34.

[10] 王明峰.创新驱动发展 共创和美未来 [J].平安校园,2024(1):51.

[11]李后强,韩毅.从日本清酒发展方略看中国白酒突围路径[EB/OL]. (2025-08-11)[2025-08-20]. https://www.thepaper.cn/newsDetail_forward_31372181.

三生万物

五生和美

第十三章 格局彰显和美情怀

五粮液通过产业融入、跨业整合、生活美学三个层级，将“和美”理念逐步融入中国人的日常，带入极具国际影响力的高质量消费场景和品质生活场域。五粮液的和美理念在产业实践、行业实践、社会实践中释放强大协同效应，向世界展示出中国白酒企业“和而不同，美美与共”的发展格局和广阔胸怀。身为中国白酒行业的领军企业，五粮和美的内涵早已超越单一维度，从宏观战略层面出发，站在家国和美的情怀高度，为中国式现代化添砖加瓦。

五粮液在中国乃至世界范畴内，通过“和美”理念的系统化建构，在产业实践、行业实践、社会实践中释放巨大的协同效应，向世界展示出了中国企业“和而不同，美美与共”的发展格局和广阔胸怀，从理论到实践，已成为中国和美文化走向世界，融入世界的代表。

第一节 和美有道

五粮液的和美之道源于实践，有着丰富的历史实践、时代背景和现实基础，体现出五粮液作为中国酒业领军企业的大局观，蕴含着企业对百年未有之大变局的深刻洞察和思考，既有对中华优秀传统文化的反思与传承，也有基于跻身全球企业文明进程的深刻洞见与展望。五粮液“和美”之道的核心特征，就是“和合共生”。

作为行业领航者，五粮液凭借宏阔的格局与担当，成功引领构建了“和美与共”的中国企业发展新生态。

一、三次浪潮

中国酒业协会发布的《2024中国白酒产业发展年度报告》中，2025年被视为中国白酒产业转型重塑的关键年。与之呼应，2025年开年春季糖酒会之间的行业沉寂，则与2024年的酒业喧嚣一时的酒企互访形成了鲜明对比。2024年新春既有茅台、习酒、郎酒新春恳谈会；随后3月汾酒、茅台行；4月十三届T9峰会；5月贵州圆桌会议；6月郎酒、习酒互访，郎酒古井行；11月黄淮产区峰会，郎酒、汾酒互动，茅台进西凤；12月茅台、五粮液、泸州老窖、洋河、剑南春世界名酒发展大会，几乎每个月都有中国酒企之间的高频互访互动，其所传递的竞合之声，也更像是行业集体抱团取暖，共同抵御周期性危机的又一轮探索交流。毕竟，竞合探讨几乎贯穿了中国白酒行业和市场经历的每次跌宕，抱团取暖对中国酒企来说并不陌生。

让我们稍微把时间轴拉长一点展开回溯。仅2022年，规模百亿级的白酒头部酒企以茅台、五粮液、洋河、泸州老窖、汾酒、习酒、郎酒为代表，所展开的企业访问活动就高达10次，其间不乏行业历史上等级最高、规模最大、范围最广的酒业访问活动：时任企业一二把手参与成为“标配”，高管团队更是集体出席；三大浓香龙头、三大酱香龙头以及一大清香龙头全员并进；所涉川黔苏晋四大省份几乎覆盖了中国白酒“核心产区”。彼时各大头部酒企互访中强调的重点要点则分别是“品质为王”；香型竞争要求同存异，做精做美；以文化资源赋能持续发展；落点于共同推动中国白酒行业高质量发展。正所谓“龙头强，则行业强；头部稳，则行业稳”，中国白酒头部企业历来是行业风向标与定盘针，一时之间“各美其美，美美与共”成为中国白酒领头羊迈入新时代的共同的“竞合”表达。2022年酒企高频互访所传递的行业信号与2025年的抱团取暖截然不同，几乎可以等同于吹响行业发展新时代号角。各美其美，最终美美与共，共同做大白酒市场，加强交流合作、实现互促共进成为2022年行业互动达成的广泛共识，堪称自2018年中国白酒行业首度掀起“竞合潮”以来的第二次竞合浪潮。的确，若仅仅聚焦于产业发展维度，香型多元化、多产区塑造可看作行业大竞合时代到来的显性表现。香型差异化发展让消费者有了更多选择，而白酒产区概念逐渐被放在更加重要的位置，以产区为背书抱团发展成为很多地区的选择，贵州酱酒产区、白酒金三角产区、山西清香型产区、黄淮名酒带产区等概念也随即成为主流。四川省早在2020年就提出要突出白酒产区优势、做大做响白酒品牌，错位提升“六朵金花”企业和“十朵小金花”企业，这一举措对推动四川白酒行业加速发展的功效有目共睹，可视为酒企良性竞合关系在产业升级进程中的正面典型：政府推动、龙头表率、多强参与和商家整合致力于整条产业价值链的通力合作。

然而，令人遗憾的是短短不到两年时间，宏观和微观整体经济高速增长态势陡然止步，市场也随之急转直下。现象背后，是全球化逆潮汹涌，地缘波动，需求不足等内外多重因素叠加下的经济疲软和消费乏力，受此冲击，企业由来已久的内卷，动销不畅、库存高企、价格倒挂等问题集中爆发。人口结构变动，消费迭代促发的消费场景结构性变迁，正强势倒逼白酒行业展开一场深入骨髓的变革，也让整个白酒行业的前景充满不确定性。无论市值多少，规模多大，中国酒企几乎无一例外已悄然置身于巨大变局之中。

置身于此，身为中国最具影响力的头部酒企五粮液，其动作却与其他酒企截然不同，整个2024年企业动态和营销活动的注意力，几乎完全聚焦于“和美全球行”活动升级，围绕其“和美”理念和战略布局，在喧嚣与沉寂间展示中国头部酒企独有的胸怀和格局，以及迎风而立、从容不迫的巨大自信。

实际上，五粮液对于中国白酒企业的竞合浪潮不仅不生疏，反而其自身正是中国白酒第一轮竞合浪潮的主角，可以说五粮液是以自身为表率，开创了中华人民共和国成立后中国白酒行业内酒企之间携手合作的先例。

回溯中国白酒当代发展史，头部酒企能拥有今日地位，受益于中华人民共和国成立后至改革开放初期的计划经济体制（白酒不是作为一般消费品而是作为一种稀缺物资，由国营糖烟酒公司“统购统销”的大一统体系垄断分配）是无可争议的事实。在相当长的时间里，广大消费者评价和判定一款高品质好酒的标准就是产品背后的“国家背书”。1952—1989年，主管部门根据香型分类组织了五届全国白酒评比，分别产生了“四大名酒”“八大名酒”“十三大名酒”和“十七大名酒”，获奖者随之成为代表身份和地位的象征。五粮液与茅台、泸州老窖、汾酒、古井贡酒都成为了受消费者和市场广泛认可的“老八大名酒”之一，“老八大名酒”还包括全兴大曲、西凤酒、董酒。

五粮液、茅台、汾酒、泸州老窖在评酒会上多次获奖，逐渐成为白酒行业的领军品牌，拥有了极高的知名度和美誉度。清香型汾酒因五次蝉联全国评酒会金奖，也成就了今日“汾老大”的名声。在当年，炙手可热的稀缺资源，计划管控下的求大于供，各“名酒”之间价位相近，所谓竞争，更多是在各自产量上暗自较劲，尽可能满足市场的基本需求。1988年7月名酒价格管制放开，1989年全国评酒会取消，中国酒企正式进入开放性市场，彼此之间也开启了真正意义上的市场竞争。20世纪90年代中期秦池酒“标王事件”让仅仅依托大规模广告投放成为市场赢家的广告酒泡沫破灭，中国酒企开启了对何谓品牌价值的深刻认知。酒企也从名酒之争、广告竞争迈入品牌竞争时代。改革开放后，以清香型的汾酒受益于体制变革，以及清香工艺本身具有的生产周期短、成本低、出酒率高的特点，快速扩量，迅速填补了改革开放后高速增长的大众级消费需求。相关数据显示，1987年汾酒厂实现利税8830.58万元，是五粮液的4倍，茅台的6倍，汾酒迅速超越了泸州老窖特曲国民酒的地位成为“汾老大”。但随着广大人民群众生活改善，对高品质酒品需求的井喷，五粮液很快通过渠道变革迎来了属于自己的王者时代。1989年五粮液率先提价，1994年再次提价，并于1998年超过茅台售价。五粮液凭借品牌代工和大商制，借助强大的经销商资源迅速实现全国化布局，1999—2005年，其营收和市场份额稳居行业首位，掌握了中国高端白酒定价权。然而，成也萧何败也萧何，随后的竞争中，五粮液也遭遇来自具有强劲渠道管控力的茅台在高端白领领域的强力竞争。茅台凭借高端市场品牌基础，通过对渠道以及终端的强力掌控，大力推广传统工艺价值，强势传播价值稀缺性，历经长达近十年的竞争，茅台终于于2009年成功在终端定价上超过五粮液，2013年，茅台品牌营收超过五粮液，成为新的中国高端白酒品牌龙头。随后，茅台的强势复苏引发产业资本助力，2017年起在中国白酒市场上掀起了一轮酱香酒热潮。

二、龙头和合

不妨让我们把时间拉回到2018年，回溯当时五粮液何以能首开先河，开创中国白酒头部酒企携手和合新篇章的时代、行业、市场背景。

2018年的中国宏观经济持续保持稳定增长，国内生产总值达到 900309亿元，按可比价格计算，同比增长达 6.6%。经济的稳定增长使得居民收入水平提高，消费者对高端白酒的消费能力和意愿同步增强，商务宴请、礼品赠送以及个人消费增加，促使酒企通过品牌和品质提升来满足消费升级趋势的意愿强烈。地方政府对优势产区发展寄予厚望，加大政策力度推动产业集聚和升级。整个中国白酒行业在遭受2012年塑化剂事件和三公禁令引发价格倒挂，量价齐跌几近断崖式冲击后，也已呈现出明显复苏迹象。时年贵州茅台酒类营收达到735.65亿元，在高端白酒市场拥有绝对定价权，产能增加，但核心产品茅台酒市场占比出现回落，较2015年下降近7%；同年五粮液营收近400亿元，在精简品牌、聚焦高端、终止大量贴牌产品后，集团产品收入正逐渐向高端酒产品集中，但相较于茅台销售费用占比居高不下，数度提价后稳价效果不如预期；泸州老窖全年营收130.55亿元，增速强劲，国窖 1573 高端大单品营收占比逐年增加的同时也遭遇提价后产品价格倒挂的困扰。显而易见，2018年的经济环境和产业发展，一方面让地方主管部门感知到了打造优势产区对提升区域经济的巨大潜力，也使得位居中国白酒三甲的五粮液、茅台和泸州老窖都不约而同地意识到高端白酒将是满足国人消费升级趋势和需求的关键，而稳定和固化自己在高端白酒市场的地位和份额，捍卫得之不易的议价权，则是共同的迫切之需。正是在此背景下，2018年7月，由企业所在地政府主动带队出面，中国浓香巨头五粮液，中国酱香龙头茅台首次走到了一起，双方的合作交流座谈会在宜宾五粮液厂区举行。五粮液和茅台的见面会，缔结了一段载入中国白酒发展史的和美竞合佳话。这次相会，双方就携手推动中国白酒和谐发展，共同做大中国白酒的蛋糕，共同做强民族产业，引领中国白酒开启竞合新时代，达成充分共识并签署了战略合作协议。其具体合作要点包括：共同加强对经济形势和行业形势的研判，带头把握好行业发展的主动权；共同加强长江上游生态圈的建设，全面提升白酒品质和品牌；共同加强行业发展新秩序的建设，带头推进白酒产业的持续健康发展，构建行业共商共建共享的合作机制；共同推进科技创新，共同保护好优良生态环境、推动绿色发展；共同弘扬中华优秀传统文化、推动文化赋能，讲好白酒品质故事；共同拥抱数字化国际化机遇、加快转型升级；共同营造诚信守法经营氛围、维护良好秩序。会后，五粮液和茅台共同对外宣告：五粮液与茅台是近邻、是朋友、是兄弟，要为行业做榜样，携手在2019年共同破千亿、共创中国白酒新时代。

中国白酒行业的后续发展证明，2018年的“茅五会”对中国白酒产业格局、市场未来影响深远。一是中国白酒高端化进程加速，重塑行业价格体系。包括通过精品茅台、生肖酒，五粮液“普五”升级和新高端产品，让800元以上的价格带，成为竞争焦点；进一步释放市场红利，带动泸州老窖国窖1573、舍得酒等新兴高端白酒品牌顺势崛起，整个行业进入“高利润、高价位、高增长”新阶段。最终，与会双方也达成预期，茅台终端价突破2000元/瓶，五粮液批发价攀升至800元/瓶以上，确立高端白酒价值锚点，推动消费升级趋势下的价格体系重构。其次，五粮液和茅台加速渠道变革，缩短层级，提升效率，稳定价格体系，某种程度上也影响了洋河、汾酒扁平化渠道演变，导致终端资源竞争加剧，区域市场竞争更加白热化。第三，五粮液和茅台通过弘扬传统文化重构中国白酒叙事，带动中国白酒酒企从产品竞争、品牌竞争过渡到文化竞争，纷纷尝试寻求更深层次的文化认同。第四，五粮液和茅台以信息化平台整合生产、供应链等环节，提升管理效率，同样起到释放效应，开启了中国酒企的数字化管理和运营之门，促使整个行业数字化转型，提高运营效率和决策科学性。第五，五粮液和茅台率先推动技术标准互认和市场开放，为中国白酒走向国际市场奠定基础。综合而言，“茅五会”标志着中国酒企竞合关系深化，从单纯企业竞争、品牌竞争走向产区协同、国际合作；推动整个产业升级，加速行业向品牌化、集约化、全球化方向转型。这些变化为后续白酒行业的“结构性复苏”奠定了基础，更为区域酒企和中高端品牌创造了差异化增长空间。

作为同业和美竞合的先锋，实际上，五粮液与近邻泸州老窖自2010年起，就有过协同与合作。在四川省政府主管部门的推动下，双方共同与川黔产区携手共建“中国白酒金三角”，整合赤水河流域资源，推动区域品牌溢价。通过联合申报世界烈酒产区、制定质量标准等举措，提升浓香型白酒的国际影响力。2018“茅五会”后，中国白酒业也掀起了业内第一轮酒企互访的竞合浪潮。五粮液与泸州老窖的合作也进一步深入。“茅五会”刚过，2018年12月，泸州老窖代表团即赴五粮液考察，双方达成四点共识：共同挖掘浓香型白酒文化底蕴，强化工艺优势宣传；助推四川省食品饮料万亿级产业建设；共建白酒产区质量标准，打造生态标杆；深化供应链、数字化等管理经验交流。五粮液考察了泸州老窖黄舣酿酒生态园的“智能酿造科技”，探索传统工艺与数字化融合路径，推动行业智能制造升级。双方联合布局上游原料基地，并于2023年在鄂州市共建2万亩酒用高粱种植基地，保障“红缨子”“两糯一号”等优质原料供应。2024年，双方更展开跨界项目合作与区域协同，深化宜宾、泸州两地产业协作，增强区域竞争力，共建年产20万吨特种竹纤维材料项目，利用竹资源发展绿色造纸产业，延伸产业链，建设陈醋产业基地、博物馆及研学中心，推动三产融合。品牌层面则加强协同，共同发起成立“一带一路国际名酒联盟”，推动中国白酒文化出海。五粮液与泸州老窖的一系列合作不仅强化了浓香型白酒的市场地位，更通过技术创新与产业协同，为中国白酒行业的集约化、全球化发展提供了参考。

中国白酒行业的三次竞合浪潮的涌动，各为不同时势与产业背景、企业发展需求所推动。如果说最具代表性的2018“茅五会”是行业巨头为重构市场格局展开的自觉性合作，2022年启动的第二轮竞合浪潮则更像是中国酒企集体自发推动的一场市场复兴运动，而2024年的第三轮竞合浪潮则是大变局下的酒企面向未来的探索和布局。三次浪潮浓缩了中国白酒企业乃至于中国市场经济近十年来的跌宕起伏。如果把中国白酒产业和企业视为一个系统，无论是从现代企业管理所涉及的竞争和协同理论，还是以中国传统“和”文化角度透视和观察中国企业竞合关系的发展及其价值，对中国白酒的当下和未来仍具有新的启发、洞见和意义。

三、渠道之和

中国白酒行业发展至今，形成了由众多酒企、供应链、市场、政策等维度构成的复杂系统。在这个系统之中，每个要素都会对企业竞争的五力（迈克尔波特企业竞争战略的五力：供应商议价能力、购买者议价能力、潜在进入者威胁、替代品威胁、同业竞争程度）产生作用，并直接影响到企业成本、差异化、集中化和价值链。五粮液、茅台、泸州老窖通过产区共建（如中国白酒金三角）、技术共享（智能酿造）、构建价格同盟等方式，将竞争焦点从“份额争夺”转向“蛋糕做大”，共同提升高端市场份额，增强议价权；通过共建联盟（如一带一路名酒联盟），推动中外标准互认，提升中国白酒在国际市场的定价权；不断强化品牌作为“中国白酒高端文化符号”的差异化定位，巩固壁垒，削弱冲击。

然而，由五粮液、茅台、泸州老窖三大头部酒企共同带动的竞合浪潮，并未克服长期以来困扰中国酒企的高库存难题，未能及时而系统性地疏通避免酒企和渠道之间反复出现价格倒挂顽疾，更值得从系统论的角度加以反思。

酒企和渠道商的关系，实际上更能反映出企业竞合关系的实质和内在。从表面看，一般商业逻辑会认为经济持续保持增长，市场环境好，企业产品稀缺，渠道商是求着要货；市场低迷，动销困难，渠道商库存量占比过大，一旦严重影响资金周转，自然会无力顾及企业利益发生低价倾销的行为，打破企业价格体系，最终不仅对品牌声誉形成冲击，更直接危害双方利益。既然看上去道理如此，企业和渠道商为了避免受损，难道不懂得及时合作，共同管控库存，保护彼此的共同利益吗？透过媒体公开的消息，我们也看到每当经济低迷、市场疲软时，头部酒企为维护市场，推出各种报价和渠道商刺激政策，强调双方坚持以良好的合作关系应对挑战。问题在于，纵观中国白酒行业发展，类似场景为何反复出现并让整个行业反复受挫。

酒企和渠道商之间的竞合同样是一个系统问题。麻省理工学院系统动力学教授德内拉·梅多斯指出，系统是由相互连接的要素组成的整体，其行为由要素、连接（反馈关系）和目标共同决定。同一个系统中存在很多不同类型的反馈回路并以复杂的方式相互联系。酒企面对众多的经销商，经销商也同时面对多家酒企，在技术条件不足的前提下，其决策层或管理者都置身于一个缺乏及时的信息反馈的系统之中。由于存在物理的分割和时间延迟，他们很难甚至不可能实时地了解自己的行为对于库存量变化的影响。关键是也难以判断消费者下一步的行为，即使是面对库存和消费者相关的大量日报、周报、月报、季度报告，当消费行为发生变化时，他们也难以及时准确地判断该变化是否会持续，并在一定的时间后构成新的消费趋势。在实际商业环境中，企业和渠道商以及各种关系资源之间的信息不对称，信息传递受制于管理体系带来的物理延迟更为普遍。由此引发的库存变动和价格体系的动荡，从系统的角度来看即是无可避免的。即便是通过强大的智能化工具和信息技术投资也能提高反馈效率，作为管理者若沉浸于过往的思维范式，不能及时洞悉问题根源，洞见趋势，则很难捕捉到趋势性因素转化为杠杆效应后形成的后果。

经济学家哈耶克曾有过论断：任何个人或机构都无法拥有完整的代表社会全体的信息和认知能力。所幸，我们可以看到，丰田通过“看板系统”，海尔通过人单合一实现零库存，避免了库存波动；亚马逊的小型自组织单元通过简化连接，设计跨职能协作机制提高效率。有着互联网技术背景的中国快时尚类企业通过非线性思维、创新思维快速试错，快速迭代产品应对瞬息万变的时尚趋势赢得巨大成功，尽管其互联网企业基因短时间内并非传统企业所能具备，但随着人工智能科技等新兴技术不断应用于中国白酒企业，智能化将极大地助力企业把握和识别影响系统中不同层级的杠杆性要素——比如年轻人真的不再喜欢白酒了吗？热爱白酒的中年群体规模在未来十年内究竟会有何变化？这为中国白酒企业高效应对库存波动和价格体系动荡提供了机会。

除了不断创新和技术变革改善系统，强化系统对市场的适应性，站在五粮液和美之道的角度来看，五粮液和渠道的关系也早已超越了简单的购销关系，也并非传统的一味单方面要求的上下同欲和同舟共济，而是以和为美，相互支持，相互赋能的系统共生关系，是共建、共商、共享的长期共生。

对包括五粮液在内的中国标杆型酒企而言（图13-1），积极改变传统思维范式，加强企业适应力——一种在不确定性因素下让环境多变的未来保持自身的存

图13-1 五粮液厂景

在和运作的能力，才是关键。事实上，当我们习惯把经济、社会、政策、市场、生产、消费、舆论都视为一个系统时，短期震荡、阶段性动荡甚至是周期性的兴衰、高潮与崩溃，都属正常。对企业、企业合作伙伴、竞争对手来说，需要的是获得强大的适应力来复原。企业之间良好的竞合关系和协同能力，则对提升企业适应力有着巨大的推动作用。影响全球管理理论长达五十年的“协同论”创立者物理学家哈肯教授就指出，竞争是在生物进化过程中必不可少的选择手段，但在系统秩序化进程中，合作与竞争具有同等的重要性，甚至在很多情况下，合作更起到主导作用。毕竟，过度竞争带来的资源浪费和彼此消耗有目共睹。源于自然科学规律的协同论更好地诠释了从无序到有序的动态系统运动规律。从协同论出发，包括五粮液在内，基于东方“和”文化和哲学，中国企业“和而不同，美美与共”的管理理念和实践，不仅很好地展示出合作协同的特征，也取得了巨大的实际成就。在竞争中选择合作，本质上是在动态环境中追求价值创造与风险控制的平衡，建构的是不断迭进的系统性和谐新秩序。

2025年被五粮液定位为“营销提升执行年”。开年第一季度，五粮液在渠道转型、品牌运营方面均做出重大升级，预示着白酒行业的竞争规则正在悄然升级，标志着五粮液在渠道整合和品牌战略上的进一步深化，传递出三大信号——从粗放扩张到精耕细作：通过渠道扁平化压缩中间环节，提升终端利润；从厂商博弈到命运共生：经销商参股平台公司，构建新型合作关系；从规模优先到质量并举：社会库存严控在警戒线以内，追求健康增长。随着五粮液旗下两家专业酒类销售平台公司四川五钧酒类销售有限公司、四川五浚酒类销售有限公司成立，五粮液重构厂商利益同盟版图清晰，经销商与酒企的关系已然从“利益共同体”迈向“命运共同体”。

五粮液倡导、追求、引领和美之道，是情怀，更是一种格局。三生万物，五生奇美。五粮液的基因就是一个“五”字。五粮液和美之道，出发点是基于系统的复杂性，立足点是世界的多元性和协同性，落脚点是人类对真善美的极致追求。美在多元，多元是和的前提，而包容、共生、协同，即是不同物质元素之间的耦合、共振互补，五粮液的和美，本质上就展示了胸怀、气度、格局。五粮液既是中国的五粮液，也是世界的五粮液。中国白酒一家人，天下烈酒共争春。五粮液和美竞合艺术，展现的是企业与企业之间，企业与伙伴之间高质量高维度关系，正所谓海纳百川，有容乃大。

第二节
和美无界

通过产业融入、跨业整合、生活美学三个层级，五粮液全力将“和美”理念融入中国人的日常生活，融入极具国际影响力的高质量消费场景和品质生活场域，实现五粮液“和美”哲学与文化价值的无边界外溢。

一、生态和美，贯穿产业链条

作为中国浓香型白酒的龙头企业，五粮液无疑在整个浓香产业价值链上占据主动，其一举一动，都将产生系统性的影响力，影响到全价值链上下游各节点企业的生态。事实上，五粮液以其“和美”理念帮助其建构了正向反馈系统。正向反馈系统是系统论里的一个重要概念。当系统中的某个要素发生变化时，这种变化会引发一系列连锁反应，而这些连锁反应反过来又会进一步加剧最初的那个变化，让系统偏离原本的状态，形成一种“滚雪球”般的放大效应。五粮液据此重构了产业链价值逻辑，强化技术创新赋能、推动绿色可持续发展等系统性策略，有效带动了上下游企业协同发展，形成了“链主引领、多方共赢”的产业新格局。

一方面，五粮液通过绿色标准倒逼上下游企业升级，形成了“生态—质量—品牌”的和美闭环。其全产业链生态化闭环设计，从源头到终端全面实现了绿色渗透和覆盖：上游种植端，五粮液建设200万亩专用粮基地，通过智慧农业溯源系统实现全程品质追溯。推广有机种植技术，帮扶农户改进种植方式，减少化肥农药使用，提升原粮品质，确保原料100%绿色；生产制造环节，以“零碳酒企”为目标，实施酒糟生物质热电联产，一年减排20万吨，沼气发电一年减排4000吨，将生产环节的资源消耗和碳排放降至行业最低；下游包装物流环节，全面采用无害环保材料，以绿色自动化包装生产线为载体，推动物流环节新能源应用，实现全链条碳足迹可控。同时，五粮液不断加强循环经济投入，确保资源高效利用。构建“酿酒废弃物—有机肥—绿色种植”后端闭环。酒糟、废水等副产品经处理后转化为农业肥料，减少污染的同时降低原料成本。其酒糟发电项目不仅解决了废弃物处理难题，也为企业自身提供了清洁能源，赢得了经济与环保的双重收益。

通过科技赋能，数字化与标准化建设，五粮液有效地形成了绿色系统正向反馈机制：搭建全球供应链数智平台，实时监测生产、能耗、排放等数据，通过 AI 算法优化资源配置。例如冷却水循环利用率提升至90%，制水自用水率控制在5%以内，这些数据优化反过来推动更严格的绿色标准；能源环保信息化平台帮助企业集成碳排放核算、能效分析等功能，成功实现全流程绿色指标动态管理；五粮液还主导制定了多达13项国家及行业双碳标准，包括产品碳足迹量化、绿色工厂评价等。经ISO4064国际认证的五粮液已形成“标准领先—技术升级—市场认可”的正循环。入选工业和信息化部绿色设计示范企业，则成为利用外部压力倒逼自身持续改进机制的契机，促进企业进一步强化绿色制造能力，推动行业整体向低碳转型。

基于“和美生态化产品定位”，五粮液实现了品牌价值增长和市场竞争的协同效应：第八代五粮液绿色设计认证不仅提升了产品附加值，也让消费者对环保品牌的偏好逐步形成市场拉力，促进各大酒企加大绿色投入，形成“绿色高投入—绿色高品质—绿色高溢价”绿色生态正向溢价能力；绿色产品占比100%的成果（销售额、产量双达标）又进一步吸引和聚合了更多具备环保意识的合作伙伴，大大反哺并增强了五粮液绿色供应链的协同效应；参与长江生态修复，建设生态湿地，不仅提升企业社会形象，收获消费者信任，也成为“环保投入”到“品牌增值”到“市场扩张”良性循环的典型；响应国家“双碳”战略，通过“零碳酒企建设，使得五粮液得到相应的政府补贴和税收优惠，降低了企业绿色转型成本。

美美与共的和谐理念，也体现在五粮液对技术创新与共享机制的持续赋能上：联合科研机构攻克微生物发酵、清洁生产等技术，如酒糟发电、循环水系统等，将技术成果转化为绿色生产力；三株国际新菌株的发现提升了发酵效率，间接减少资源浪费；通过技术共享帮扶上下游企业，形成“龙头创新—链条升级—整体绿色”的价值传导体系。五粮液还开发全生命周期绿色设计平台，将绿色理念嵌入产品设计、生产、回收各环节，其仅是塑料防伪瓶盖绿色自动化生产线的一项应用，就使包装环节能耗降低，在整个供应链得以迅速推广。

综合来看，五粮液“和美”的理念在构建绿色生态实践中硕果丰收。资源循环利用减少了废弃物处理成本，提升了经济效益，反哺绿色技术研发；数字化管理优化了能耗与排放，形成了可量化的环保成果，增强了市场信任；品牌溢价与政策支持提供了持续投入的资金保障，推动绿色标准不断升级；行业协同与技术共享扩大了绿色生产的覆盖面，形成行业级正向反馈。五粮液“和美”绿色生态理念在系统中的每个要素都能对另一生产要素产生正向作用，产生协同效应，这种效应又在反向增强反馈作用，实现效应叠加，这一系统性正反馈机制，使五粮液高效实现了绿色产品全生命周期覆盖，成为白酒行业生态化转型的标杆。

中国白酒产业是传统产业、特色产业、时间产业三位一体的经典产业。在周期切换、产业重构、战略转型的当下，中国白酒要穿越周期，亟待面向未来重构企业增长的底层逻辑。对此，五粮液直面提出“坚持长线思维，践行长期主义”，坚持“做难而正确的事”，试图超越经济周期性波动的视角，从产业纵深发展的维度，构建一个集文化、品质、科技、生态于一体的可持续发展的“和美模式”。从和美持续的角度来看，五粮液所理解的产业不再是静态的，而是动态的，企业和品牌必须不断与消费者、科技、文化、场景展开对话，将“经典产业”的本质——品质优势、品牌积淀、文化价值熔于一炉，让自己的产品成为跨越时间的、超越时间和地域的精神消费品。对此，五粮液面向全行业，面向时代，率先提出以“品质强基、价值重构、客群立新、技术赋能、竞合发展”等2025年新兴发展战略，推动中国白酒产业从“传统优势产业向经典产业跃升”。

置身存量博弈与价值重构的十字路口，五粮液以前所未有的胸怀、气魄、格局，选择走“经典产业”之路，不仅是战略设计，更是一种价值和信仰的自我革新与产业自觉。越是复杂多变的时代，穿越喧嚣的和美之道，正是打破零和博弈，实现基业长青的长期主义。

二、和美跨界，打造美美与共

五粮液产品战略提出了“年轻化、时尚化、国际化”的愿景。随着人口结构的变化，五粮液品牌需要未雨绸缪，打破传统白酒消费场景，激发年轻群体对品牌的兴趣和热爱。施华洛世奇以水晶工艺和时尚设计著称于世，其在传统奢侈品领域和中国市场同样面临年轻化挑战，亟待通过跨界合作突破既有框架。有此基础，双方迅速推出了联名产品“五粮液·缘定晶生”，产品采用“瓶中瓶”设计，瓶身点缀施华洛世奇水晶元素，融合中西美学。“和美醇厚”的激情碰撞，中西互融，为双方品牌注入了全新活力，丰富了彼此的品牌内涵。施华洛世奇也得益于借势进入规模高达千亿元正在高速增长的中国婚宴用品市场，有效覆盖对个性化、轻奢化产品需求旺盛的90后群体。

在中国市场，五粮液与四川中烟携手推出五粮液宽窄系列香烟的合作堪称中国酒企跨界合作的一次惊艳之作。2016年7月27日，四川中烟与五粮液集团正式签订战略合作协议，确定双方围绕产品、渠道、管理和技术等方面开展紧密合作，凝聚企业积淀传承的技术智慧，共同组建技术研发团队，推进四川烟酒行业健康发展，实现双赢。随后，经过双方科研人员的反复试验，找到川烟+川酒的最佳结合方式：创新开盒闻香，打开烟盒即释放五粮浓香气息，增强感官体验；采用爆珠技术，烟支中添加五粮液酒香爆珠，通过“植物超微粒滤嘴”缓释酒香，实现烟香与酒韵的巧妙融合。2016年12月，双方联合发布首款宽窄五粮浓香香烟；随后推出宽窄五粮浓香中支香烟，迅速赢得广大烟酒消费群体的广泛赞誉。其宽窄五粮浓香中支香烟在国家“2018年度卷烟产品质量监督省际抽查”中，荣获同类产品综合质量总分第1名。2018年12月，正值四川中烟百年华诞，宽窄五粮浓香细支香烟面市，把川烟、川酒的跨界融合推上了一个新高度。这场源于跨界的中国烟酒盛事，背后蕴含的却是两种中国传统文化和哲学的交融与协同：烟香酒韵将五粮液“和美”理念演绎得淋漓尽致，也让四川中烟的“宽窄”哲学（“宽”象征正直豁达、开放包容的价值观；“窄”代表智慧，强调精益至微的方法论，二者对立统一形成了“致广大而尽精微”的实践论）再度发扬光大，更为传统产业跨界合作提供了新的范例，推动传统产业从“各自为战”转向资源共享、协同创新。

中国人的日常生活中有句俗话：烟酒茶，不分家。除了烟，五粮液自然也在酒与茶——这一国人最为基本，最为日常的精神文化和物质文化需求中，不断挖掘新的叙事、新的场景、新的需求和价值。早在2018年，五粮液就发起设立乡村振兴基金，设立茶产业专项子基金，支持川红集团、鹿鸣茶业等企业发展，推动茶产业链升级。五粮液集团旗下宜宾五粮液茶产业发展基金前后累计投资川红茶业超2.67亿元成为控股股东。双方在电商平台联合推出“满赠活动”，购川红茶叶满额送五粮液生肖小酒。2019年，川茶集团与五粮液合作，在宜宾高速公路服务区开设中国首家“名茶 + 名酒”专卖店“茶酒汇”，不仅展示“天府龙芽”茶叶与五粮液产品，更以手工制茶、主题茶餐等茶旅融合新形式，升级消费体验，通过“高速经济”辐射全国客流，同步推广川茶、川酒文化，实现渠道资源共享。2022年双方联手拓展高端礼品市场，推出“来自东方的礼物”茶酒礼盒，内含小罐茶狮峰龙井茶、五粮液五粮琼浆酒、景德镇瓷包银杯。该礼盒持续惊艳亮相博鳌亚洲论坛、全球外交官品鉴会等国际交流场合，以“茶酒共融”传递中国人的待客之道。五粮液以资本为纽带，以产品创新与渠道融合为核心，以文化融入国际社交场景，构建“酒茶共生”的产业生态，致力于推动茶酒一体高端化、国际化。酒与茶的共生共荣，也成为五粮液进一步延伸消费场景，探索多元化消费体验的重要路径。

中国人喝酒，从来离不开美食（图13-2）。“五谷为养、五果为助”的饮食结构，更体现出国人对人与自然和谐共处的调和之道。烹饪过程中更有“五味调和百味香”的讲究。时下的中国菜肴，既强调传承经过时间检验的传统烹调技艺，也不断与时俱进，应当下人们的味蕾要求，在保留传统味道的同时加入新元素、新技法的融合菜等创新菜肴层出不穷，新与旧，传统与时尚，和而不同，为人们不断提供味觉、嗅觉、视觉全新体验和感受。无论是延续传统精粹，还是更加大胆前卫的调和，有了五粮液作伴，中国美食的菁华，更在人们推杯换盏间绽放出无与伦比的盛世风采，淋漓尽致地传递出中华饮食文化中“以和为美”的卓越智慧，美酒佳肴，味觉、情感、家常的共鸣，展现出“相辅相成、各美其美”的和谐境界。五粮液的醇厚能中和麻辣川菜火锅的刺激并同时激发食材的鲜香；五粮液独有的花果香韵，可提升清蒸海鲜、蜜汁叉烧等鲜甜菜品鲜味层次，形成“甜润醇厚”的味觉循环；五粮液的陈香，遇到浓油赤酱的菜式，则能化解油腻，凸显浓郁酱味。五粮液不仅是饮品，更是头等的烹饪调味佳品。在传统烹调技法中，五粮液常用于腌制肉类，如醉鸡、糟鸭；调制酱汁，如五粮液红烧肉，又或在起锅前淋少许提香，使菜肴兼具酒香与层次感。五粮酿成五粮液，五谷丰登的文明传承，天然契合国人“五谷为养”的饮食结构，并在食材本源的自然味美上

图13-2 经典五粮液配煎焗挪威银鳕鱼

形成物理与文化的共鸣，即便是一杯五粮液与主食的简单搭配，也赋予了国人日常饮食的仪式感。五粮液的品饮，讲究“三巡五味”，初品其香，再尝其味，三悟其境。这种品酒的节奏感与中式宴席的上菜顺序（冷盘 — 热炒 — 大菜 — 汤羹 — 甜品）自然呼应，以酒引菜，以菜衬酒，在中国人的宴席上，自然酝酿出“天人共饮”的美好氛围和四海宾朋的和谐状态。由此，五粮液跨出酒界与中华美食的融合之举，自然成为普天之下饕餮者的盛事。在巴黎，米其林星级餐厅大厨用五粮液调味制作了“大米沙冰”；在蓉城米其林晚宴上，上海米其林二星餐厅主厨专为五粮液定制太白醉香乳鸽蟹黄冻，“山珍溏心皮蛋”和“陈皮豉蒜菜脯酱蒸东海黄鱼”也都融入了五粮液，世界级的烹调大师与顶级美食，与世界级的甘醇美酒融合共生，让世人为之叹服。五粮液将“中国酒 + 中国菜”逐一载入世界级美食菜单。结合四川非遗开发的五粮液醉虾、五粮液宫保鸡丁等创新菜肴，则将五粮液与名川菜深度绑定。五粮液“太白醉香”系列菜品则演绎出中国美酒与中国传统黄梅盛宴在当下的全新叙事。通过与米其林指南、星级餐厅及文化 IP 合作，五粮液不仅实现了传统名酒与传统名菜的技艺融合，其“和而不同”的理念也随之走上世界级的餐桌。

美美与共，精彩无限。除了不同企业、品类之间的跨界，和美文化的传播，也通过五粮液连续多年赞助央视春晚、中秋晚会，通过不同优势媒体的传播深入人心。2023年五粮液以“和美好礼”互动合作伙伴身份（图13-3）深度参与中秋

图13-3 五粮液以合作伙伴身份深度参与中秋晚会

晚会，通过新媒体平台与全球华人互动；联合四川航空推出中秋主题航班“会飞的酒馆”，提供五粮液品鉴及云端赏月体验；独家冠名《中餐厅8》，打造“中国菜＋中国酒”消费场景，设计奥运主题创意菜品（五粮液火炬蛋糕），传递“拼搏精神”与“和美文化”。与中国当代艺术家王开方合作推出“艺术金系列”，以24K纯金镀造合金瓶身，强化五粮液品牌的艺术与收藏价值……五粮液以“和美文化＋”的跨界模式，成功实现“和”美理念和价值溢出，广泛与美食美酒联动，与艺术时尚、国际赛事、文化IP合作协同，不断增强品牌活力和曝光度，创新和延伸消费场景，助力品牌年轻化、高端化。

除了品牌层面的传播，五粮液还深知，要让“和美”代表的优秀传统文化真正与时代精神相呼应，释放出数千年文明与文化自身的魅力，离不开代表中国传统文化精粹的诗词歌赋。且看五粮液如何以酒为媒，诗传天下，所谓诗酒趁华年。2023年5月，五粮液在湖南全省联动举办70场中华文化经典诵读品鉴会，以杜甫《宴戎州杨使君东楼》、黄庭坚《安乐泉颂》等诗词为载体，通过园林式酒品展示区、走廊诗词打卡及《将进酒》诵读表演，传递“和而不同　美美与共”的文化理念。9月，在海口举办“东坡文化巡礼与五粮液品牌之夜”，通过情景剧《曲水流觞·和美中秋》、东坡开席宴传菜仪式及情景诗颂，演绎苏轼诗词与酒文化的渊源。2024年，五粮液在上海世博展览馆和成都万象城同步推出“蜀韵千年　活窖生香”特展。上海展厅通过LED动态诗词墙展示《安乐泉颂》等经典作品；成都展区以“浓香之旅寻宝记”邀请参与者通过诗词解谜解锁酒文化知识。9月，五粮液携手国家级文化平台，与中国诗歌学会在北京签署协议，共建“中国诗酒文化研究中心”，启动“五粮液杯”中国诗歌大赛。赛事面向全球征集作品，鼓励以诗词诠释“健康、积极向上”的时代精神，并结合杜甫、苏轼等经典意象进行创新表达，以中国诗词为载体，五粮液将“和美”哲学升维为中华文化的国际表达，推动诗酒文化的创造性转化，也自然而然地将品牌价值与中华优秀传统文化深度绑定。这些实践既是对“诗酒精神”的传承，也是以民族品牌之力推动中华文化走向世界的重要探索。

和美之道在五粮液，既是产业价值循环系统的迭代，也是国人基本日常生活美学体验和感受的系统化建构，更是向世界展示中国和美文化价值的全新表达系统。三大层级，多维传递，五粮液打开和美哲学的时代外延和边界，让中华和美的价值在当下实现了无垠无界的外溢。

第三节
和美公益

2025年6月3日，由中国人民大学主办，中国人民大学长江经济带研究院、国家发展与战略研究院承办，五粮液公司协办的长江经济带高质量发展版图报告发布会暨首届市际战略研商会在宜宾举行。会上，《五粮液文脉史脉谱系——自然谱系、传承人谱系研究报告》作为唯一的产业发展案例正式发布，系统诠释了“天人共酿　和美五粮”的“密码”。同日，在第54个世界环境日来临之际，五粮液联合宜宾市生态环境局在长江公园举办了一场以“美丽中国我先行”为主题的六五环境日宣传活动，旨在通过政企联动、寓教于乐的创新形式，将长江生态保护的理念深植人心。

身为中国白酒行业的领军企业，五粮液公益事业内涵也早已超越单一维度，从宏观战略层面出发，以家国和美的高度，助力中国式现代化。

五粮液和美长江行动，持续助力长江经济带发展，回应“酿出美酒的标准，保护好长江水质，造福整个长江流域”的国家号召，全面推进扩绿、节能、减污、降碳，探寻和追求与长江和合共生的和美之道；五粮液和美乡村行动，则专注于助力国家乡村振兴。通过技术创新和科学管理，农旅融合，乡村康养，教育帮扶，实现企业增效，农民增收；五粮液和美丝路行动，助力一带一路，以共建共美推进“五通”，以和美跨越时空、国界，推动不同地域、不同地区、不同国家、不同文化之间的通融互赏，向世界展示中华文明的和美智慧。

五粮液以和为美，以大量实际行动助力“和美哲学”的社会实践，成为传播“和美”文化的重要路径。尤其是“和美公益”的系统化实践和模式创新，将儒家伦理转化为可量化的 ESG 指标，通过聚合社会公益资本积累增进品牌溢价，实现“公益—声誉—收益”的正向闭环价值创造系统，成功实现“和美多维”协同效应，成为中国企业公益未来探索的先行者。

一、观念超群，创新和美公益

长久以来，在企业社会责任层面，公益性活动、公益性捐助等被视为慈善责任范畴，是体现企业社会责任的最高形式和最为重要的社会活动。德国哲学家康德曾强调，公益应成为企业的内在道德律令，而非功利计算的工具。中国儒家哲学则有着“义利之辨”的传统。“取之于社会，用之于社会”已经成为人们普遍的伦理认知，并在现代语境下业已转化为亚洲企业“以义取利”的经营哲学（图13-4）。经营之圣稻盛和夫的“自利即利他”思想，更以企业公益是实现“作为人，何谓正确”的终极价值追求而影响深远。与之同时，人们也认为参与公益事业也会为企业带来声誉、社会地位，从而有效增强企业品牌影响力。*Nature*子刊研究表明，企业参与政府主导的公益事业，可提升声誉，获得更多政策资源，增强投资者信心，从而有效促进企业价值增长。沃顿商学院研究也证实，公益投入每增加1%，企业声誉资产可提升2.3%。哈佛大学教授普特南提出的“社会资本”理论显示，企业公益通过建立信任网络，降低社会交易成本。斯坦福的研究表明，企业参与公益事业，还可激发企业跨界创新能力。一项针对全球500强企业参与公益事业的系统化研究显示，成功的公益事业，往往与企业核心能力结合，并通过透明化、可持续化实践实现“商业向善”。企业参与公益事业也对国家调节居民收入差距、缓解社会矛盾、促进公平正义具有重大意义。在当下，全球领先企业对公益事业的投入和发展已聚焦于团队凝聚、数字化科技、公众信任、量化公益对企业价值的长期贡献等细分领域。企业关注的焦点不在于是否参与和投入公益事业，而是公益投入已经成为商业模式的内生要素，重点是如何通过公益事业更有效地创造价值，并形成以社会创新、ESG 整合为核心的理论体系，

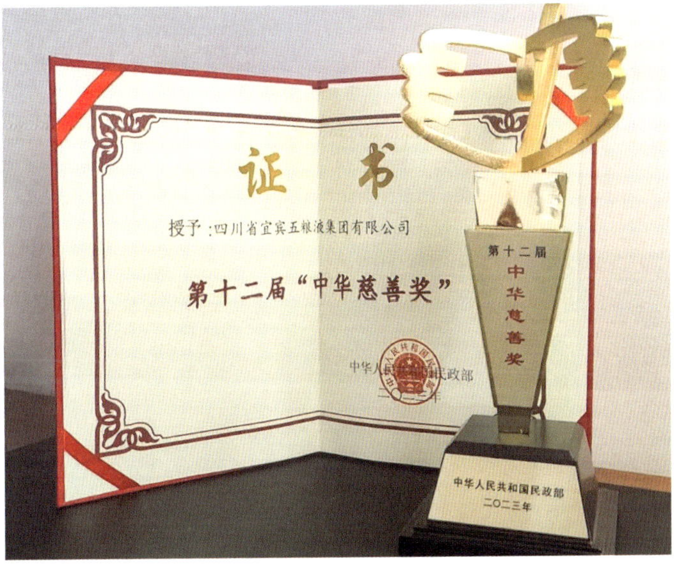

图13-4 五粮液获得第十二届“中华慈善奖”

通过数字化、跨学科的方法，聚焦于数据驱动的精准公益、全球ESG标准统一化，重在推进公益与商业深度协同的系统化模式创新。

五粮液不仅将“和而不同、美美与共”的哲学思想贯穿公益事业始终，更注重其实际与长远成效。2025年向西藏日喀则地震灾区捐赠1000万元，高效连贯的公益行动彰显了企业的社会响应效率。2025年，投入3500万元，助力凉山州越西县、甘孜州理塘县发展特色产业，支持屏山县清平彝族乡建设彝族火把广场，构筑民族文化交流空间，丰富基层群众文化生活。五粮液捐资3亿元，用于“乡村振兴产业路建设”，主要涵盖专用粮、竹产业基地道路，改善农村交通条件；在教育助学方面，五粮液设立“五粮液教育基金”，体现出其五粮液公益实践强调“授人以鱼，不如授之以渔”的远见卓识（图13-5）。

二、和美哲学，引领公益未来

五粮液的公益实践远远超越了传统慈善范畴，对中国企业的公益实践引领作用主要表现在多个方面。一是快速响应灾害，构建灾害应急响应长效机制。2025年筠连山体滑坡、定日地震等重大灾害中，48小时内即完成千万级捐赠决策，

图13-5 五粮液希望小学

通过与部分省市慈善总会、社会组织的沟通与合作，形成“灾害发生-应急响应-专项捐赠-跟踪重建”的闭环反馈机制，为企业应对突发公共事件提供了可复制的响应范式。二是成立专业公益慈善基金会，系统化管理公益项目，构建专业化公益管理体系。2018年，发起成立非公募基金会，建立“项目申报-过程监管-成效评估”的全流程管理系统。通过基金会对捐赠项目实施专业化、系统化、精准化管控，实现项目动态跟踪，结合受赠地区实际需求，不断提升公益资金使用效率，推动企业公益从“输血式捐赠”向“造血式赋能”转型。三是创新教育公益，捐建希望小学，资助贫困学生，同时在屏山等地建立“酿酒专用粮基地+职业技能，坚持扶志与扶智齐抓，注重教育和人才培养，为地方可持续发展提供人才保障。（图13-6）投入100万元实施“五粮液 · 理塘大学生雏鹰计划”，为当地待业大学生搭建就业实践平台；设立“五爱 · 理塘人才发展专项基金”，支持理塘县优秀困难学生圆了大学梦。创新模式，多维引领，使得五粮液成为企业公益实践的“标准制定者”和“价值创造者”，其“战略化布局、专业化运作、生态化协同”的和美公益之道，为新时代企业履行社会责任提供了系统性解决方案。更值得中国酒业借鉴的经验在于，五粮液首先从战略层面布局构建“使命驱动型”责任系统，将公益事业提升至企业使命高度，提出“弘扬历史传承，共酿和美生活”的核心理念，并以生态、品质、文化、数字、阳光“五位一体”具体战略实施，将社会责任高效精准地嵌入企业与政策，企业与产业、企业与品牌、企业与

图13-6 五粮液助力乡村振兴

消费者、企业与社会、企业与文化的全公益价值实践链条，并极富成效地完成整个系统的正向反馈和协同建构。

五粮液的实践表明，企业社会责任的本质是通过资源整合与模式创新，实现社会价值与商业价值的共生共荣，美美与共。其“战略化、专业化、生态化”的和美公益系统，为中国企业尤其是传统产业提供了可复制路径：文化为魂、产业为基、科技为翼，将社会责任转化为企业竞争力，最终建构“责任-声誉-收益”的正向反馈循环机制。与之同时，五粮液对公益事业未来的探索从未止步，基于其现有优势与全球企业公益发展趋势，着力于战略升级、模式创新、技术赋能三个维度规划未来。其具体举措包括：先后投入和整合资金2800万元，打造五粮液果蔬基地，年产值超1000万元，累计带动村集体实现销售收入1500万元，7个村分红300万元，工资收入500万元。加强 ESG[环境（Environment）、社会（Social）、公司治理（Governance）]治理与透明化，加强标准输出，主导制定白酒行业 ESG评价标准，推动产业链企业认证，升级公益慈善基金会数字化管理系统。五粮液以新“双轮驱动”战略加速推进公益升级，成为中国式现代化企业社会责任的标杆样本（图13-7）。

图13-7 2023全国理性饮酒宣传周

参考文献

[1] 曾从钦.携手共进！大国浓香五粮液的“和美力量”[J].中国酒,2023(1):48−49.

[2] 胡宝兰,赵东等.变温生态系统中代谢产物共享促进细菌互利共生[J].浙江大学学报（农业与生命科学版）,2023,49(9):1−10.

[3] 徐岩,赵东等.浓香型白酒酿造系统特征微生物新种研究[J].食品科学,2022,43 (4):1−8.

[4] 五粮液集团.2024年度环境、社会及公司治理（ESG）报告[R].中国重要会议论文全文数据库,2024,编号:C20240426−0001.

[5] 华涛.企业社会责任与和美价值创造[C]// 中国经济论坛论文集.2024:34−38.

[6] 五粮液慈善基金会.五粮液慈善基金会年度报告（2023）[R].中国社会组织数据库,2023, 编号:51150000MJY00000001.

三生万物

五生和美

第十四章 向世界展示五粮和美

研究表明，五粮液的五种谷物分别来自世界四大农业起源中心区，小麦来自西亚，大米和糯米起源于中国，玉米来自南美洲，高粱来自非洲，因此五粮液五种粮食的发源地遍布全球不同地区，本身就体现了世界和美。五粮液以“和美”为桥，在经济维度重构全球烈酒产业链，通过跨区域布局、产业集群升级和生态协同，实现从产品输出到价值链整合的跃迁；在文化维度重塑世界酒文明认知，以非遗技艺传播、文明对话机制和文化IP打造，推动东方酿造智慧融入人类文明价值体系；在产业维度突破西方标准垄断，主导国际技术规范、输出绿色标准、重构产业生态，确立范式，创建中国白酒在全球话语体系中的坐标。

大量研究表明，五粮液的五种谷物的发源地遍及世界不同地区。高粱原产于非洲，大米和糯米起源于中国、印度和东南亚地区，小麦起源于西亚新月沃土地区，玉米原产于南美洲。可见，五粮液集中了全球粮食之精华，本身就是世界和美的象征。

在百年变局加速演进、文明互鉴纵深发展的新时代，中国品牌的全球化已超越单一经济叙事，升维为文明价值重构的历史进程。“和美”根植于中国传统“和合”哲学，既蕴含“五谷调和”的酿造智慧，又彰显“和合共生”的文明胸襟。五粮液以“和美”为“桥”，在经济维度重构全球烈酒产业链，通过跨区域布局、产业集群升级和生态协同，实现从产品输出到价值链整合的跃迁；在文化维度重塑世界酒文明认知，以非遗技艺传播、文明对话机制和文化IP打造，推动东方酿造智慧融入人类共同价值体系；在产业维度突破西方标准垄断，主导国际技术规范、输出绿色标准、重构产业生态，确立中国白酒在全球话语体系中的坐标。

这一实践超越了传统商业逻辑，形成了“经济辐射力—文化渗透力—标准话语权”三位一体的全球化范式。在“一带一路”倡议框架下，五粮液将千年农耕文明的和美智慧转化为可触可感的现代产品，将东方哲学的价值理念升华为全球治理的公共方案，开创了民族品牌“以文载道、以酒为媒”的文明对话新路径。其探索不仅为中国企业全球化提供了方法论启示，更在人类命运共同体构建中刻下鲜明的中国印迹。

第一节
和美国际传播实践行动

自2023年起，五粮液以“和合共生，美美与共”为核心理念，启动“和美全球行”跨国文化交流活动。作为中国白酒龙头的文化输出IP，截至2025年8月，该活动以美酒为媒介，已走过美国、法国、意大利、日本、德国等16个地区和国家，足迹覆盖亚洲、北美洲、南美洲、欧洲、大洋洲、非洲六大洲，累计触达全球六大洲121.08亿人次，成为中国文化“走出去”的亮丽名片。

一、在欧洲深耕

2023年7月，五粮液“和美全球行”从法国巴黎启航（图14-1），正式拉开全球文化交流大幕。此次首站选址颇具深意——为迎接中法建交60周年及中法文化旅游年，五粮液以实际行动祝福中法友谊续写新篇。中法两国向来是不同文明交流互鉴的典范：法国是葡萄酒之乡，中国白酒文化源远流长。作为中国民族品牌代表，五粮液坚守的“美美与共　和合共生”价值主张，与法国开放包容的调性高度契合。活动中，五粮液集团（股份）公司领导以《香遇世界　和美共生》为题致辞时指出，中法均拥有璀璨历史文明与独特现代魅力，艺术文化底蕴厚重，共同书写人类文明华章；两国人民热爱生活、崇尚美与自由，在长期交流中凝聚起超越国界与时空的力量。“美酒之美，源于自然与人类智慧的谐调，是酿酒师对极致感官的追求；艺术之美与美酒之美，本质都是和合之美。”致辞强调，希望以美酒这一世界语言，在不同文明间架起醇香之桥，让全球消费者在酒香中相融相通，共赴“体验和美、创造和美、共享和美”之约。活动现场，著名跨媒体艺术家朱敬一受邀题写“五粮液和美全球行”书法长卷，并现场演绎“和美”主题创作。中国书法以刚柔并济、骨肉相称的“中和”之美为最高理想，这与五粮液“和合共生　美美与共”的价值主张形成完美呼应，为中法文化交流增添了浓墨重彩的一笔。

图14-1　五粮液“和美全球行”从法国巴黎启航

2024年9月，“和美全球行”走进意大利，以米兰为主要舞台，展开与当地文化、艺术、时尚领域顶尖品牌及机构的深度互动，再度开启传统与现代、东方与西方的精彩对话。意大利作为文艺复兴发源地，丰富的艺术遗产与深厚的文化积淀，与五粮液承载的历史底蕴相得益彰。在米兰侨界中秋招待晚宴上，五粮液通过这场特殊的团聚活动，将中国白酒文化与民族情感传递给海外华侨。“和美”是中华民族的文化精髓，也是华人华侨的不懈追求，无论身在何方，和合共生、和谐团圆是中华儿女亘古不变的心愿，此举既是对中国文化的弘扬，更是对全球华人群体情感纽带的连接。活动期间，五粮液与多个意大利文化标志品牌展开深度合作：与百年烈酒品牌金巴利（Campari）联手推动五谷罗尼（Wugroni）鸡尾酒全球上市，成为其突破传统白酒消费圈、融入全球消费场景的创新实践；走访顶尖时尚奢侈品品牌宝格丽，汲取全球顶级品牌经营理念，探索跨行业、跨文化合作潜力；与全球设计创新摇篮欧洲设计学院（IED）开展技术交流与经验分享，在产品设计、酒体创新、工艺传承等方面汲取智慧，为品牌全球化形象注入更多时尚与现代气息。这些合作不仅加深了五粮液与意大利文化界的联结，更展现了“和美全球行”中东西方文化在多层次上的共鸣与和谐，为中国白酒走向世界提供了全新路径（图14-2）。

图14-2　“和美全球行”为中国白酒走向世界提供了全新路径

2025年7月，“和美全球行”来到德国，通过深度参与中国（四川）——巴伐利亚州经贸合作交流会，以文化展示、工艺展示等形式增进欧洲市场对中国白酒的了解。同时，在慕尼黑、法兰克福、杜塞尔多夫等多个城市以密集交流、深化合作、场景创新等举措，强化中德互动。在杜塞尔多夫举办的“丝路浓香 · 和美共鸣”主题推介会上，来自经济、法律、餐饮及国际贸易等领域的国际组织、商会、协会和企业代表齐聚。

“‘和合共生、美美与共’是五粮液秉持的价值追求与发展理念，指引着我们的国际化征程。五粮液是中国最早走出国门的白酒品牌之一，德国是我们国际布局的重要一极，杜塞尔多夫更是面向欧洲市场的重要支点。”选择杜塞尔多夫作为欧洲战略支点，既是对这座城市“多元交融”特质的认同，更是五粮液全球化战略布局的深植与彰显。

此次德国站活动，以独特文化魅力与创新市场策略，再次在国际舞台展现中国白酒的深厚底蕴与创新活力。当“大国浓香”邂逅莱茵河晚风，当传统酒脉碰撞现代潮流，五粮液不仅跨越地理界限，更在不同文明间架起“和美”之桥。对五粮液而言，德国站的意义远超品牌曝光——它验证了一条清晰的国际化路径：以文化为根，通过“文化 + 体验”品鉴会筑牢精英圈层价值认同；以创新为翼，用创意特调鸡尾酒向年轻群体释放潮流信号，形成“高端认知+大众渗透”的立体攻势，为中国白酒国际化进程注入新活力。

二、在北美布局

2024年11月，五粮液“和美全球行”美洲站活动盛大开启，美国首都华盛顿特区的林肯剧院成为文化交流的前沿阵地。逾千名来自外交界、政界、金融界、华人友好团体、文化与学术机构及艺术界的嘉宾齐聚一堂，共同参与“和美乐章——五粮液中外经典名曲室内音乐会”。音乐会现场，来自美国国家交响乐团、美国费城交响乐团、美国巴尔的摩交响乐团的顶尖艺术家，携手特邀男、女高音歌唱家，以室内乐这一优雅且形式丰富的表演形式，将西方古典音乐与中国传统乐曲巧妙融合。不同乐器交织出和谐音符，让东西方音乐跨越文化界限，为来宾们奉献了一场难忘的音乐盛宴。中国著名作曲家张征重新编曲的室内乐版本男高音演唱歌曲《天地新风醉五粮》，生动演绎了五粮液的“和美”文化，让这首企业歌曲在林肯剧院舞台绽放出别样光彩。此次活动，五粮液以音乐为桥梁，让音乐流淌的情感与美酒飘散的芬芳相互交融，打破时间与空间限制，实现文化的深度交流。

五粮液作为2024《财富》论坛首席合作伙伴在纽约亮相见图14-3。

图14-3　五粮液作为2024《财富》论坛首席合作伙伴在纽约亮相

同期，以“追随变革的步伐”为主题的2024《财富》全球论坛在纽约举办，五粮液作为论坛首席合作伙伴惊艳亮相。在活动现场，五粮液全方位展示中国白酒品牌与文化魅力，通过鸡尾酒品鉴等互动环节，让全球嘉宾亲身体验“中西合璧”的文化交流魅力。作为晚宴指定用酒，五粮液助力商界精英在交流中品味“大国浓香”的独特韵味，领悟“和合共生、美美与共”的东方智慧。精心布置的五粮液展区，五粮液·九龙坛、经典五粮液10、熊猫造型五粮液等丰富产品有序陈列，展现品牌满足消费者多元需求的决心；花式调酒区，“中西合璧”的“五谷罗尼”鸡尾酒，用西式审美重新诠释白酒的东方魅力，在觥筹交错间，为全球文化碰撞营造出和谐美好的氛围，助力商界精英洞察商业机遇。

三、在南美拓展

2024年4月，在智利圣地亚哥举行的中国（四川）—智利经贸文化推介交流会上，五粮液作为四川省特色优势产业代表备受瞩目，其深厚的历史文化底蕴与高质量发展成果赢得现场嘉宾一致认可。推介会外场的五粮液互动区域亮点纷呈，经典五粮液、五粮液·缘定晶生、熊猫造型五粮液酒等核心产品整齐陈列，吸引众多目光；五粮液酒及五粮液鸡尾酒品鉴活动同步开展，让与会嘉宾沉浸式感受中西方酒文化交融的独特魅力与创新品饮方式。

“和美”是五粮液的核心价值所在，五粮液愿以美酒为媒介，探索全球历史文化互鉴的创新表达。活动现场，智利著名视觉艺术家玛尔瓦·万徒勒里分享其祖父何塞·万徒勒里与中国跨越时空的文化交往故事，引发强烈共鸣。

活动中，五粮液与玛尔瓦·万徒勒里携手发布“五粮液·中智和美”限定礼盒概念，礼盒以“浩浩长江”为设计灵感，寓意中智友谊如江水般源远流长，为五粮液拓展南美市场筑牢根基。此次活动不仅是品牌展示与文化推广，更是助力经贸往来、促进民心相通的生动实践，五粮液正通过酒文化传承与交流，向世界讲述精彩的“和美”故事。

四、在大洋洲推介

开启文化交流新旅程的2024年4月，“中国（四川）—新西兰经贸文化推介交流会”在新西兰奥克兰市盛大举行，五粮液作为川酒龙头深度参与，通过多元化形式展现中国白酒魅力。活动现场，五粮液精心设置互动游戏与调酒台，经典五粮液的醇厚浓香、“五谷罗尼”鸡尾酒的中西合璧风情，让现场嘉宾深刻领略到五粮液丰富口感背后包容和谐的“和美”哲思。新西兰专业调酒师基于五粮液独特风味，融入当地特色元素，创新研发两款新产品，吸引众多嘉宾驻足品鉴。新西兰雇主及制造商协会首席执行官欧百利对五粮液给予高度评价，表达对五粮液深入了解的期待。此外，五粮液还在奥克兰通过举办文化节、品鉴会等活动，全方位展示中国白酒独特酿造技艺与文化内涵。活动现场，精彩的文艺表演展现出中国传统文化魅力，互动体验区让当地消费者亲身体验白酒品鉴方法，深度了解中国白酒文化，为中新文化交流注入新活力。

五、在非洲探索

2025年7月，五粮液“和美全球行”首次登陆非洲，选择塞舌尔作为切入点，开启了探索非洲市场的新征程。活动现场巧妙融合四川特色文化与塞舌尔热带风情，营造出浓厚的文化交流氛围。中国（四川）与塞舌尔的商会代表、研究机构专家及企业界人士齐聚一堂，共同参观四川省情图片展和非遗文创展，增进对彼此文化的了解。在川酒体验区，五粮液携第八代五粮液、经典五粮液系列、五粮液·紫气东来及五粮液·熊猫纪念酒等产品精彩亮相，与川酒“六朵金花”其他品牌一同展示四川白酒的生态优势、产业基础、历史文化和卓越品质，彰显川酒抱团开拓国际市场的决心。现场嘉宾在品酒过程中，对五粮液等川酒品牌的独特风味赞叹不已，对川酒文化历史与产业发展展现出浓厚兴趣。

“川酒全球行”品鉴交流会上，五粮液的“五谷罗尼”鸡尾酒与经典五粮液10成为焦点。“五谷罗尼”以创新手法融合中西方酒品特色，展现了文化碰撞的魅力；经典五粮液10凭借卓越品质，让嘉宾们领略到中国高端白酒的醇厚韵味。两款产品收获现场一致好评，为五粮液开拓热带地区消费市场积累了宝贵经验。五粮液集团（股份）公司领导在现场推介中指出，美酒是跨越文明的通用语言，是促进交流的重要桥梁。四川孕育了川酒这一杰作，塞舌尔作为多元文化交汇地，其热情奔放和包容特质与五粮液“和合共生、美美与共”的价值理念高度契合。期望以酒为媒介，推动两地在经贸与文化领域的深入合作，让友谊之花绽放。

同期举行的“锦绣天府·安逸四川”中国（四川）—塞舌尔文旅合作交流会上，双方围绕地方交往、经贸投资、人文旅游等领域的合作展开深入探讨，为五粮液等四川企业拓展国际市场创造了更广阔的空间与机遇。此次塞舌尔之行，是五粮液在非洲市场的重要布局，有望为中国白酒开拓非洲市场探索出可行路径。

六、在亚洲密织

2025年4月，五粮液“和美全球行”日本站正式启动，作为“2025年大阪世博会中国馆高级合作伙伴”，五粮液深度参与中国馆展陈活动，并发布大阪世博会中国馆纪念礼盒，吸引众多关注。活动期间，五粮液举办多场文化展演，特别支持“熊猫伙伴全球行暨中国大熊猫金丝猴双宝文化艺术展（东京）”，通过“五粮液、大熊猫、金丝猴”三张中国名片，向世界传递“和合共生　美美与共”的东方智慧，让国际友人深入了解中国文化内涵。

在市场推广方面，五粮液针对日本当地物产店与国内免税市场，开展买500mL第七代五粮液搭赠50mL第七代五粮液的促销活动，有效扩大品牌触达范围；在东京City Club of Tokyo中餐厅、大阪大熊酒家、东京中华料理店盛兴顺铁锅炖等餐饮点位，推出买500mL送50mL、来店客人赠送试饮等政策，不仅促进产品销售，助力日本消费者认识中国白酒，还对餐厅营收产生积极影响。

进入日本市场20余年来，五粮液以经销商模式为主，并自建五粮液东京大酒家平台进行品牌推广与产品销售。其选定的经销商日和商事株式会社，是日本市场最早且经验丰富的中国白酒推广者。经过多年深耕，五粮液产品已覆盖物产店、KA连锁商超、团购渠道、餐厅及电商平台等多种渠道。通过持续开展市场营销活动提升品牌影响力，五粮液在日本市场不断巩固地位，同时也在新形势下对国际化发展进行更深层次战略思考。

在五粮液“和美全球行”日本站系列活动中，通过跨界合作与跨国文化演绎，五粮液所承载的文化符号进一步在全球范围内传播，展现出强大的文化辐射力。

七、深耕文化IP

“和美全球行”的核心价值，在于通过酒文化的深度交融，推动不同文明的互学互鉴。从塞舌尔的热带海岛到日本的传统酒肆，从欧洲的艺术殿堂到南美的经贸会场，五粮液始终以“酒”为载体，将中国白酒的“和谐”工艺与各国文化中的“共美”追求紧密联结。

在与各国酒文化的互动中，尽管风味、饮用习惯存在差异，但对品质的极致追求和“以酒为媒增进情感”的共识贯穿始终。正如五粮液集团（股份）公司领导所言：“酒的魅力，在于它能超越语言与文化的隔阂，让不同文明在‘和而不同’中找到共鸣。”这种以酒为媒的文化对话，不仅让世界更直观地感知中国白酒的工艺之美，更传递了“和美”作为人类共同价值的意义。

从“中国白酒”到“世界名片”，是品牌的跃升。通过持续参与国际高端活动、跨界合作及全球主题营销，“和美全球行”已成为五粮液品牌国际化的核心推手。从巴黎米其林指南发布会到纽约《财富》全球论坛，从“熊猫伙伴全球行暨中国大熊猫金丝猴双宝文化艺术展（东京）到塞舌尔文旅交流会，五粮液以“高端化、国际化、场景化”的姿态，成功塑造了“中国白酒国际代表品牌”的形象。

以“在地化”策略激活全球消费潜力的市场深耕。在市场拓展层面，“和美全球行”始终坚持“因地制宜、精准施策”。无论是非洲塞舌尔“川酒抱团出海”的集中展示，还是日本市场20年深耕形成的“经销商+自建平台+多渠道覆盖”

体系；无论是欧洲“高端品鉴+年轻调饮”的双轨策略，还是南美“文化体验+经贸联动”的创新模式，五粮液始终以“理解当地需求、融入当地场景”为导向，探索适应当地市场的营销与合作模式。

这种“在地化”策略已初见成效。日本市场通过物产店、免税渠道及餐饮场景的多维覆盖，实现品牌动销与营收反哺的良性循环；非洲市场以“文化+经贸”模式为切入点，为热带地区消费市场开拓积累经验；欧洲市场则通过艺术、时尚等高端场景，筑牢精英圈层价值认同。

对中国白酒行业而言，“和美全球行”的实践具有深远启示：国际化绝非简单的“产品出口”，而是用全球通用的“语言”讲好中国故事——可以是东方哲学的“和合”智慧，可以是传统工艺的“匠心”传承，也可以是年轻潮流的创新表达。

未来，五粮液将持续深耕“和美全球行”核心IP，通过创新活动形式、深化文化表达、优化市场策略，推动中国白酒在全球市场的稳健发展，让“和美”文化跨越山海，成为连接世界人民友谊的桥梁。

第二节 和美国际话语体系构建

作为白酒行业龙头企业，五粮液始终积极探索“走出去”的新路径与新形式，以“和美”文化为核心桥梁，通过“文化 + 体验”的创新模式促进中外文明交流融合，引导全球消费者感受东方韵味，持续夯实中国白酒国际化发展根基。近年来，五粮液深度参与共建“一带一路”国家重大公共活动，频繁亮相世博会、亚洲太平洋经济合作组织（APEC）、博鳌亚洲论坛、中国国际进口博览会（进博会）等国际高端平台及盛会，在世界舞台构建国际话语体系，开创一条兼具东方哲学深度与国际表达广度的品牌全球化路径。

一、站位世博会，输出“和美”文化

自1915年巴拿马万国博览会初露锋芒以来，五粮液便与世博会结下不解之缘。此后，从2015年米兰世博会的文化展示，到2020年迪拜世博会的品牌升级，

再到2025年大阪世博会的深度参与，五粮液始终以世博会为重要支点，用世界语言讲述中国品牌故事。

2025年大阪世博会以“构想焕发生机的未来社会”为主题，全球目光聚焦于此。作为中国民族品牌的代表，五粮液以“中国馆高级合作伙伴”身份深度融入这场国际盛会，不仅延续了其与国际顶级平台的长期联动，更以“文化 + 品牌 + 产品”的三位一体表达，开启品牌国际传播的新阶段。

首秀中国馆，以“和美”为媒推进文明对话。2025年4月，大阪世博会中国馆四川活动周开幕，五粮液被正式授予“中国馆高级合作伙伴”称号，成为首个亮相本届世博会中国馆的中国白酒品牌。依托四川省作为首个举办活动周的先发优势，五粮液率先在全球文明对话平台发出中国白酒声音，标志着其全面进入“大阪世博会”高光阶段（图14-4）。

活动周期间，五粮液以四川代表品牌形象深度参与“川品耀世博”展、“中日经贸交流洽谈会”等核心活动，通过产品展示、商务推介等多元形式，向全球嘉宾呈现中国白酒的生态优势、工艺底蕴与国际视野。此次参展不仅是产品的“走出去”，更是四川文化与五粮液品牌的“走出去”，为中日经贸合作与文化交流注入新动能。

图14-4 五粮液以“2025年大阪世博会中国馆高级合作伙伴”身份亮相大阪世博会

作为“和合共生”东方智慧的深度践行者，五粮液以特别支持单位身份参与“熊猫伙伴全球行暨中国大熊猫金丝猴双宝文化艺术展（东京站）”。在双宝展核心展区，五粮液以“和美生态孕育稀缺微生物”为主题，通过熊猫造型酒、五粮液·和美四川定制系列酒及2025年大阪世博会中国馆纪念礼盒等特色展陈，生动诠释品牌在绿色发展与生态酿造领域的实践成果。

展览现场，五粮液以沉浸式体验形式，让日本观众直观感知“天人共酿”的东方智慧——从五谷原料的自然生长，到传统工艺的匠心传承，每一滴五粮液都凝结着生态与人文的和谐共生。这种具象化的国际化叙事，不仅让“和合共生、美美与共”的人类文明价值共识更具象可感，更有效带动了消费热度与品牌认知，为五粮液在海外的渠道建设与市场拓展奠定坚实基础。

五粮液以“和美”文化为纽带，用产品传递品质，用故事传递价值，用合作传递诚意。正如其在世博舞台上的每一次亮相，不仅是品牌的曝光，更是中国白酒文化的深度输出。

二、七度携手APEC，从“参与者”到“共建者”

作为亚太地区最具影响力的工商界盛会，APEC工商领导人峰会始终是全球经济合作的重要平台。自2019年首次参与以来，五粮液已连续七年深度融入APEC框架下的系列活动，以“和美”文化为纽带，用中国白酒的醇香讲述开放合作故事。2025年，五粮液以“铂金级赞助商”身份再启APEC之旅，以更丰富的形式传递中国智慧，为亚太商业繁荣注入新动能。

七载同行，从“参与者”到“深度共建者”。自2019年首次亮相APEC工商领导人峰会以来，五粮液便与这一亚太工商界盛事结下不解之缘。七年来，从文化交流到产业对话，从产品展示到理念共享，五粮液以“中国白酒龙头”的姿态，持续向亚太乃至全球传递“和美”文化内核。2025年6月，五粮液作为2025年APEC工商领导人峰会全球推介会“独家白酒合作伙伴”，与韩国大韩商工会议所（KCCI）、APEC工商咨询理事会（ABAC）等机构签署合作协议，正式升级为峰会“铂金级赞助商”，标志着其与APEC的合作迈向更深层次。

在2025年APEC工商领导人峰会推介会现场（图14-5），五粮液以“同心圆”元素打造的主题展台成为焦点。现场陈列的2022年APEC峰会&五粮液联名款纪念礼盒、中国加入APEC三十周年纪念礼盒、2024年APEC峰会&五粮液联名款纪念礼盒，串联起五粮液深度参与APEC的七年历程；历年峰会影像资

图14-5 2025年APEC工商领导人峰会推介会现场

料的循环播放，更以具象化的故事，展现了中国白酒品牌与亚太工商界共成长的责任担当。

推介会当晚的“亚太同心共谱新篇”主题晚宴上，中国首席白酒品酒大师、五粮液股份公司勾调顾问带领嘉宾深度感受经典五粮液10与元明古窖池群、“1366”匠心工艺共同酝酿的“和美”韵味。

“和美”不仅是五粮液的文化基因，更是中华文明的生命力所在。在APEC这样的国际舞台，五粮液将中国“和美”哲学与亚太多元文化相融合，以白酒为载体，让每一杯佳酿都成为区域交流的独特纽带，让世界看见中国文化的具象表达。

2025年10月，五粮液的“和美”浓香再次飘香韩国庆州。作为2025年APEC工商领导人峰会、亚太可持续工商之夜等重点活动的深度参与者，五粮液将用酒香串联起亚太工商界的合作共识。

七载携手，初心如磐。从产品展示到文化输出，从单向传播到双向共鸣，五粮液以APEC为支点，用开放之姿、文化自信与切实行动，践行着中国品牌推动“美美与共”的时代使命。

三、“品牌+市场”双向赋能博鳌亚洲论坛

2025年3月，以“在世界变局中共创亚洲未来”为主题的博鳌亚洲论坛2025年年会在海南博鳌启幕。作为本届年会“荣誉战略合作伙伴”，五粮液深度参与论坛系列活动，以酒为媒，向世界展现“大国浓香”的和美之味、传统产业的时代魅力与中国品牌的文化自信，用美酒搭建起深化交流、凝聚共识的桥梁。

论坛现场以酒为桥传递“和美”文化。在博鳌亚洲论坛的舞台上（图14-6），五粮液以多元形式演绎“和美”内涵。晚宴上，五粮液特别设置鸡尾酒调酒台，以五粮液为基酒创新调制“五谷罗尼”鸡尾酒，同时推出“唐 · 重碧春酒”“宋 · 姚子雪曲”“元 · 琥珀浓”“明 · 叙州露”等历史经典酒款，以西方熟悉的调饮形式讲述中式审美，让中外嘉宾在品味中感受五粮液千年酿造技艺与多元包容的文化活力。

论坛期间，五粮液精心打造“以和美　敬世界”主题展厅，以现代设计语言融合品牌特色，集中展陈核心产品与历年参与论坛的珍贵影像，直观呈现其国际视野与论坛理念的深度共鸣。

营销创新“品牌+市场”双向赋能激活消费活力。借势论坛热度，五粮液同步启动“五粮液 · 博鳌月”主题活动，联动海南营销大区的酒家、文化体验馆、

图14-6　2025年博鳌亚洲论坛现场

专卖店及和美万家集合店，推出“三店一家”线下动销赠礼、线上互动积赞等玩法；同时携手海南省内6家重点免税终端打造“品牌体验专区”，通过“买赠 + 互动”组合拳提升渠道转化率，并结合“到店打卡 + 社交分享”双线互动，强化消费者参与感。据海南经销商反馈，活动有效拉动销量增长，实现品牌声量与消费场景的双向覆盖。

此次“博鳌月”营销活动，既是五粮液“营销执行年”战略的落地实践，更是一次“品牌 + 市场”双向赋能的创新探索：通过沉浸式文化体验向政商领袖传递“和合共生”理念，以创新互动激发消费活力，以终端动销强化市场渗透，为行业提供了传统品牌向高端化、国际化转型的参考样本。

七度携手，从“参与者”到“共建者”的进阶之路。自2018年作为“主要合作伙伴”支持博鳌亚洲论坛首尔会议以来，五粮液与论坛已七度携手。这七年间，论坛聚焦亚洲合作、推动开放包容；五粮液则借势这一国际高端平台，持续展示中国白酒的文化魅力与民族品牌的时代面貌——从产品展示到文化输出，从单向传播到深度共建，五粮液与论坛的合作不断深化，书写了传统企业与国际平台共融发展的生动篇章。

在中国白酒行业深度调整的背景下，国际化已成为行业必然趋势。五粮液与博鳌亚洲论坛的持续合作，正是其加速“出海”战略的重要一极。通过论坛这一窗口，五粮液不仅向世界传递了“大国浓香”的品质自信与文化自信，更以全球视野推动跨行业、跨区域的共融发展，为构建开放型世界经济注入“和美力量”。

四、携手IFF，以“和美”共促全球合作

2023年10月，国际金融论坛（IFF）20周年全球年会在广州南沙举行。本届年会以“新资本、新价值、新世界：全球经济碎片化下的重振与合作”为主题，聚焦新经济发展、可持续发展、人工智能等关键议题。作为由中国会同G20成员及相关国际机构发起成立的独立性国际组织，IFF是全球金融领域高级别常设对话机制和多边合作机构，被誉为全球金融领域的“F20”。

20年来，IFF立足中国、面向世界，致力于促进国际金融战略对话、交流合作与学术研究，已成为世界一流的国际公共外交平台和战略智库，凝聚着团结合作、包容务实的精神。作为最早走出国门的民族品牌之一，五粮液始终秉持“和美”理念积极参与全球经贸活动，持续助力经济文化交流互鉴，在开放包容、务实合作、友好往来等方面成效显著，与IFF宗旨高度契合。此次五粮液以顶级战

略合作伙伴、全球年会指定用酒身份亮相，再度彰显“大国浓香、和美五粮”的品牌魅力。

五粮液集团（股份）公司领导在论坛活动中表示：“五粮液传承优势不可复制，产区生态不可或缺，酿造技艺不可替代，深受中外消费者认同和喜爱，将持续传递代表中华优秀传统的白酒价值表达，做好中外交往中的桥梁纽带。”年会上，五粮液深挖品牌文化价值，打造极具中国韵味与时尚风潮的主题展厅，携文创系列产品集体亮相，生动展示品牌的历史沿革、匠心坚守、对外交流、国际殊荣及奋斗目标，不仅向与会嘉宾呈现“大国浓香”的极致品质，更传递出中国“和美”文化的独特魅力，凭借深厚底蕴、醇美口感与卓越品质获各方赞誉。

同期召开的以“‘一带一路’倡议——经验、挑战与机遇”为主题的丝路国际联盟大会上，五粮液作为“一带一路”倡议的参与者与受益者，明确在高质量共建“一带一路”的新阶段，将借助其坚实基础完善海外渠道，借助沟通机制推动标准对接，融入人文交流促进文明互鉴，不断提升中国白酒国际化水平，引领行业加快构建新发展格局。深度参与国际金融论坛，是五粮液站位国际高端平台、传递“和美”价值主张、强化品牌建设的又一创新实践。

五、七度亮相进博会，展现“大国浓香”风采

2024年11月5日，以“新时代，共享未来”为主题的第七届中国国际进口博览会（以下简称“进博会”）在国家会展中心（上海）开幕。来自152个国家、地区和国际组织的近3500家参展企业，与数十万名专业观众面对面交流，共谋开放合作，共享繁荣未来。五粮液作为进博会“核心支持企业”及虹桥国际经济论坛“钻石会员”，连续第七年亮相这一盛会，通过产品展示、品牌推介、互动体验、文创联名、议题交流等丰富形式，向中外来宾展现千年古酝魅力，绽放“大国浓香”的和美风采。

五粮液文化体验中心以“五粮液与进博会合作之缘”为设计理念，多维度呈现双方的和美佳话，生动诠释巴蜀文化底蕴、匠心品质传承与丰富产品体系，吸引中外来宾驻足。展厅外围艺术橱窗将五粮液醇厚文化底蕴与上海地标现代风姿交相辉映；展厅内“缘聚进博”“五粮传奇”“五粮佳酿”“醇香世界”“酒韵绵延”“逸酒天地”六大板块娓娓道来五粮液的“和美”故事。

由经典五粮液10、20、30、50组成的系列产品展示橱窗，以五粮元素为设计灵感，将五粮精髓融入现代展示艺术。值得一提的是，五粮液与进博会携手焕

新升级的联名文创“五福进宝”精彩亮相，吸引众多消费者拍照留念。该文创以进博会吉祥物“进宝”为原型，融入五粮液品牌文化与特色，串联唐、宋、元、明、清五个文化璀璨的朝代，展现五粮液始于唐、兴于宋、精于元、成于明、得名于清的千年传承底蕴，以及中华优秀传统文化的博大精深。同时，“五福”代表酿造五粮液的五种粮食——高粱、大米、糯米、小麦、玉米，分别寄托“福星高照”“福如米甜”“福糯永兴”“福麦绵长”“福玉寿齐”的美好祝福，五粮液希望通过进博会平台，将融合谐调的祝福传递给全世界。

展会现场，五粮液创新打造和美特调和茶香韵咖两大主题展车，丰富逛展体验。和美特调主题展车参考中国传统酒肆风格，推出唐、宋、元、明和美特调和“五谷罗尼”鸡尾酒，让参观者感受东西方酒文化碰撞融合的魅力；茶香韵咖主题展车凸显旧上海滩色彩与上海地标文化元素，提供酒咖、茗茶等特色饮品，既满足不同消费群体需求，也象征五粮液与海派文化开放融合、包容并蓄的高度契合。此外，联名盲盒、精美礼品等，为四海来宾提供丰富的文化体验、美食享受与互动活动。

从世博会的历史传承到APEC的深度共建，从博鳌的文化互动到进博会的创新营销，五粮液始终以“和美”为翼，在国际高端平台上持续深化合作。通过文化输出、品牌升级与市场赋能，五粮液不仅向世界传递了“大国浓香”的品质自信，更以全球视野推动跨行业、跨区域的共融发展，为构建开放型世界经济注入“和美力量”。

第三节 和美国际表达创新路径

在经济全球化向“全球化4.0”阶段演进的背景下，中国品牌出海已从单纯贸易输出转向价值生态构建。作为中国白酒文化的代表品牌，五粮液以“和美”理念为价值内核，以东方美学为表达载体，在全球化进程中探索出一条融合文化自信与商业智慧的创新路径。五粮液以多元创新策略加速国际化进程，通过“中国酒 + 中国菜”“展示 + 品鉴”“产品+文化”三大场景化路径，构建起覆盖文化感知、价值共鸣与消费体验的全球传播网络。

一、“白酒＋体育”助力中国白酒国际化

2025年8月，第12届世界运动会在四川成都开幕，全球目光聚焦于此。作为全球规模最大的综合性非奥赛事之一，本届世运会不仅是运动员的竞技舞台，更成为文化交流与国际品牌展示的重要窗口。其中，中国白酒龙头企业五粮液以“2025年第12届世界运动会官方供应商”身份深度参与，通过“白酒+体育”的跨界融合，向世界传递中国白酒的文化魅力与品牌价值，为中国白酒国际化探索新路径。

体育营销是品牌国际化的“通用语言”。体育赛事因其全球性、大众性与健康向上的精神内核，是全球品牌实现跨文化传播的重要载体。对于中国白酒而言，传统消费场景多集中于商务宴请、家庭聚会等场景，年轻群体与国际市场的认知度仍有待提升。“体育＋消费品”的跨界模式，恰好能以体育的激情、活力与健康属性，打破白酒的文化壁垒，重塑其在年轻消费群体与国际市场的形象。

作为中国白酒领军企业，五粮液此次携手世运会，正是其国际化战略前瞻性的体现（图14-7）。本届世运会共吸引来自100多个国家和地区的近4000名运动员参与34个大项角逐，全球观众的关注度与参与度空前。五粮液通过赛事赞助、产品展示与文化互动，不仅提升了品牌国际影响力，更借助体育赛事的“通用语言”，将中国白酒的文化符号深度融入国际交流场景。

图14-7　五粮液作为本届世运会官方供应商及“和美双宝展”冠名单位精彩亮相

“川酒＋世运会”是地域文化的双向赋能。本届世运会的举办地四川，既是中国白酒的重要产区，也是五粮液的发源地。作为四川省龙头企业与川酒代表，五粮液与世运会的携手，不仅是品牌与赛事的双向选择，更是地域文化与国际舞台的同频共振。通过赛事平台，五粮液不仅展示了第一代至第八代经典五粮液、五粮液·紫气东来等核心产品，更推出五粮液·五福熊猫、五粮液·和美四川等文创酒系列，以“酒”为媒传递四川的地域文化特色；同时，现场特调的五粮液鸡尾酒（以第八代五粮液、低度五粮液为基酒）以创新口感与潮流造型，吸引国际友人体验中国白酒的多元魅力。

2025年8月28日，国际足联2026世界杯大中华区授权合作发布会在上海举行。其间，五粮液正式宣布成为2026 FIFA世界杯官方联名产品（图14-8），携手这一顶级赛事深耕全球体育营销，共同打造“美酒＋体育”跨界融合的新发展范式。

作为全球最具影响力的体育盛事之一，2026年世界杯将由加拿大、美国、墨西哥联合主办，参赛队伍扩至48支，不仅呈现规模空前的体育盛会，更将成为一场汇聚多元文化的全球庆典。以此为契机，五粮液将围绕赛事全面展开品牌行动：深耕圈层服务，打破传统边界，推出世界杯主题限量产品；创新开展线下体验活动，联动全球销售网络，持续丰富消费场景，使品牌深度融入赛事预热的悬念、竞技角逐的热血、庆功时刻的激情等每一处精彩瞬间。通过更丰富、更走心、更有趣的产品与体验，五粮液致力于成为广大球迷情感表达和赛事参与的重

图14-8 五粮液集团（股份）公司与国际足联全球授权业务代表Alessandro签署合作协议

要载体。

此次合作标志着五粮液“美酒+体育”跨界叙事开启新篇章，不仅是品牌深耕体育营销的标志性事件，更将推动“五粮液+”品牌跨界模式向纵深拓展。体育与美酒都是人类共通的情感语言，五粮液所倡导的“和美”文化，与世界杯追求的“顽强拼搏、团队协作、超越自我”精神内核高度契合。

事实上，五粮液与体育的跨界合作并非首次。从2023年成都大运会期间创意打造的国风快闪酒吧、三大国风主题日，到连续赞助中国网球公开赛、联合宾利打造高尔夫巡回赛、成立五粮液网球精英俱乐部及文化体育中心，五粮液已构建起“体育＋白酒”的多元场景矩阵。这些实践不仅推动了白酒与体育精神的深度融合，更通过“中国酒+西方咖啡/调酒”等创新联动，促进多元文化交流碰撞。

体育与白酒，均是跨越国界的“通用语言”。五粮液以持续的体育投入，实现了品牌价值与体育精神的深度共振——从大运会的青春活力到大运会的拼搏精神，从网球的高雅竞技到高尔夫的优雅社交，五粮液通过不同体育场景的覆盖，不断拓宽“和美”文化与世界对话的边界，推动品牌内涵与厚度的持续提升。

当前，中国白酒国际化进程加速，但受限于文化差异与饮用习惯，海外市场渗透率仍有较大提升空间。在此背景下，五粮液通过体育赛事的全球影响力远超一场品牌营销活动：它以“白酒＋体育”的跨界模式，为中国白酒提供了“文化输出＋场景创新＋品牌升级”的系统化出海方案。

二、“中国酒＋中国菜”携手米其林指南

2025年，中国白酒龙头企业五粮液与全球餐饮权威米其林指南的合作再取得阶段性成果。自2024年9月签署全球战略合作协议以来，双方已在十余个国家和地区落地“美食＋美酒”融合项目，通过米其林指南发布庆典、高端品鉴活动等多元形式，构建起覆盖全球的高端消费场景，为中国白酒出海写下创新注脚。

这是从文化基因到价值契合，百年品牌的“和美”共鸣。米其林指南的全球影响力始于100余年前，其国际总监格温达·普勒内克曾强调：“高质量美食指南的诞生，需要对当地文化的深度调研与评审团队的长期筹备。”这份对品质的坚守与五粮液的“匠心基因”不谋而合——作为拥有百年历史的白酒龙头，五粮液始终以“用心不计代价、用工不计成本、用时不计岁月”的工匠精神打磨产品，其“各味谐调、恰到好处”恰是“和美”文化的味觉表达。

基于对“极致品质”“文化传承”“味蕾体验”的共同追求，双方合作从签约

伊始便被定义为“百年传奇的双向奔赴”。2024年9月巴黎签约仪式上，五粮液正式成为2025—2026米其林指南全球唯一白酒合作伙伴，标志着中国白酒首次以“顶级酒”身份深度嵌入全球顶级餐饮评价体系。

这是从“舌尖盛宴”到“文化对话”，全球场景下的融合实践。2025年2月，英国&爱尔兰米其林指南发布庆典在格拉斯哥举行，五粮液与米其林的联袂登场拉开了全球“和美之旅”序幕。这场跨越地理界限的“美食 + 美酒”文化交流，随后延伸至韩国、日本、法国、美国等市场，通过“顶级酒 + 顶级餐”的强强联合，将中国白酒文化深度植入国际餐饮体系。

2025年4月，合作迎来关键落地——日本东京“飘香”（Piao Xiang）餐厅正式成为五粮液首家海外授权体验餐厅（图14-9）。这家以川意融合料理闻名的东京米其林餐厅，此前因主厨井桁良樹对中国白酒的深度研究而与中国结缘。据了解，井桁良樹曾多次赴中国研习，发现五粮液的粮香、窖香与陈香，能与川菜的辛香、脂香形成奇妙碰撞：用五粮液腌制的“醉虾”酒香透骨，蜂斗菜花茎配花螺的清苦与五粮液的果香对冲出层次，牛舌料理借酒的醇厚来平衡油腻……这些灵感最终助力“飘香”餐厅开业一年即入选米其林指南。

授牌仪式上，中日各界嘉宾共同见证五粮液集团领导向井桁良樹授予海外授

图14-9 日本东京“飘香”（Piao Xiang）餐厅正式成为五粮液首家海外授权体验餐厅

权体验餐厅牌匾。双方宣布将以“中国白酒文化与世界美食跨界融合”为主题，推出定制融合菜单、定制鸡尾酒及联合定制品鉴活动。如今，走进“飘香”餐厅，顾客在品尝琵琶牡丹虾、蝾螺酥等创意菜品时，还能通过五粮液×飘香定制菜单，直观感受中国顶级美酒与世界美食的“和美”对话。

这是从单点突破到生态培育的长期主义布局。首家海外授权体验餐厅的落地，仅是五粮液国际化战略的缩影。截至目前，双方已携手开展9场米其林相关活动，覆盖全球多个国家。五粮液将以“飘香”为样板，通过米其林指南发布庆典收集全球餐厅合作信息，拓展更多体验餐厅；深度参与多国米其林榜单发布庆典，打造差异化消费场景；通过私享晚宴呈现五粮液与全球美食的创新融合……一系列举措旨在构建“味觉体验—文化传播—消费认同”的完整链路，培育海外高端客群对中国白酒的认知与喜爱。

五粮液与米其林的合作超越了简单的品牌联名，而是通过对味蕾、品质、品牌与文化的深度融合，完成了一次“主动的文化表达”。通过融入本地美食、打造极致消费场景、构建文化传播路径，五粮液正稳步走进海外市场，为中国白酒的国际化发展注入新的活力。

三、“展示＋品鉴”精准化文化触点布局

“中国签证＋白酒文化”联动模式，是五粮液“出海”的第一窗口占领战略。2025年7月，五粮液集团与中国签证申请服务中心在法兰克福举行合作启动仪式，宣布在全球50家签证中心同步构建五粮液品牌文化体验空间。这一举措的核心逻辑，是将签证中心这一“感知中国的第一窗口”转化为传播中国酒文化、提升品牌价值的“文化接触点”。

作为全球每年超千万海外人士办理签证的必经之地，签证中心兼具“精准触达”与“高流量”的双重优势。五粮液通过在体验空间中融入品牌文化展示、产品品鉴等互动环节，让海外申请人在办理签证的间隙，直观感受中国白酒的酿造工艺、文化底蕴与品牌魅力。

“我们期待与签证中心携手，以酒为媒，展示中国开放博纳的合作机遇，为新时代中国特色大国外交注入‘和美’动能。”五粮液集团（股份）公司领导在致辞中强调。这一合作不仅是五粮液深化品牌国际化的有力抓手，更通过“签证场景＋文化传播”的创新融合，为白酒行业探索出一条“场景化、精准化、常态化”的跨境文化营销新范式。

使馆级文化推介，传递“和合共生　美美与共”价值理念。2025年7月6日，以“丝路浓香 · 和美共鸣”为主题的五粮液推介会在德国杜塞尔多夫圆满举办。作为五粮液面向欧洲市场的重要支点城市，杜塞尔多夫既是历史悠久的欧洲文化名城，也是五粮液国际布局的关键枢纽。此次推介会上，五粮液集团（股份）公司领导亲自主讲酿造哲学，面向外交使节、文化名流等核心客群展开深度推介。

“宜宾与杜塞尔多夫虽相隔万里，却因文脉相通而情感共鸣——从宜宾走出的阳翰笙，到杜塞尔多夫的海涅，两位文学巨匠的精神传承，正是两地文化交流的生动写照。”致辞中，五粮液以“文脉共鸣”为纽带，将品牌历史与城市底蕴深度融合，传递出“和合共生　美美与共”的价值理念。

值得关注的是，德国是五粮液国际布局的重要一极，双方已在文化交流、科研创新等领域展开深度合作并取得丰硕成果。此次推介会不仅强化了五粮液在德国市场的品牌认知，更通过“文化 + 品牌”的双轮驱动，为白酒在海外高端市场的渗透提供了“情感认同 + 价值共鸣”的双重支撑。

从签证中心的“首接触场景”（图14-10）到使馆推介会的“深度文化对话”，五粮液以“展示 + 品鉴”的精准化文化触点布局，成功将品牌文化嵌入海外人群的生活场景与社交网络。这一创新实践不仅提升了海外消费者对中国白酒的文化认同，为行业探索出“以文化为核、以场景为翼”的国际化新路径——让世界在“感知中国”中“读懂白酒”，让白酒在“传播文化”中走向全球。

图14-10　五粮液与中国签证申请服务中心的合作启动仪式

四、“产品+文化”在地化场景破壁

2025年7月5日，中国白酒龙头五粮液在德国法兰克福知名酒吧“K4”以一场别开生面的限时快闪活动，为当地消费者带来了一场“白酒+调饮”的创新体验。这场以“潮流基酒”为核心、以“本地化口味”为抓手的市场实践，不仅打破了白酒在非华人市场的“高烈度、传统化”刻板印象，更通过“产品+文化”的场景创新，为品牌国际化探索出一条“可感知、易接受”的新路径。

针对欧洲消费者偏好的低度化、果味调和饮酒习惯，五粮液此次快闪活动特别推出“五谷罗尼”“年丰五谷”“轻红擘荔枝”三款定制鸡尾酒。三款产品均以五粮液特制40度白酒基酒“五谷颂”为基底，通过融入水果、香料等元素调和风味——既保留了白酒的醇厚底蕴，又精准适配了欧洲市场的口感需求。活动现场以“限时免费品鉴”为核心，结合社交媒体预热引流，精准触达当地年轻客群——这一群体既是国际调饮市场的主力消费者，也是品牌年轻化转型的关键受众。

活动现场，国际友人在品尝“五谷罗尼”的清爽、“年丰五谷”的甜润与“轻红擘荔枝”的果香后，纷纷对五粮液基酒的适配性与风味层次给予肯定。一位参与品鉴的德国年轻人表示：“过去提到中国白酒，很多人会联想到‘高酒精度’‘传统宴饮’，但今天这款以五粮液基酒调制的鸡尾酒，让我们看到了白酒的另一种可能——它可以是轻松的、时尚的，甚至适配我们的日常社交场景。”

“五谷颂”定义“国际调饮新选择”，通过“调饮+场景”的组合，将白酒从“传统饮品”转化为“社交媒介”，推动国际消费者对白酒的认知从“高烈度、传统化”向“可调和、易饮用”转变。活动后，“五谷颂”的品牌标签被重新定义为“国际调饮新选择”——其适配性强、风味稳定的特性，不仅降低了白酒参与国际调饮的门槛，更通过“可品尝、易接受”的调饮产品，让海外消费者直观感知中国白酒的工艺魅力与文化底蕴。

事实上，“五谷颂”的定位并非偶然。作为五粮液专为调酒场景研发的产品，其核心使命是“新渠道消费者培育”与“国际品牌知名度提升”。在消费场景端，“五谷颂”瞄准酒吧等年轻群体聚集的新兴消费场景，通过为调酒师提供适配性强的基酒，推动白酒消费从“家庭/商务宴请”向“社交娱乐”场景延伸；在国际传播端，它以“中国白酒基酒”的身份切入国际调饮市场，借助鸡尾酒这一全球通用的“美酒语言”，让海外消费者通过“喝得到、喝得惯”的调饮产品，理解中国白酒的文化内涵。

从全球酒吧到国际峰会，“五谷罗尼”印证国际化路径有效性。“五谷颂”的市场价值，在其核心产品“五谷罗尼”的国际表现中得到进一步验证。作为以“五谷颂”替代传统金酒的经典鸡尾酒变体，“五谷罗尼”自诞生以来便以“东方风味+国际经典”的融合特质，成为中国白酒年轻化、国际化转型的标志性案例。

早在2024年，五粮液便与烈酒巨头金巴利携手共创“五谷罗尼”，将其融入全球经典百年配方；同年内格罗尼周期间，这款创新鸡尾酒上新全球700余家主流酒吧，迅速收获调饮爱好者与行业关注；2024年APEC亚太可持续工商之夜上，“五谷罗尼”更进一步被列入官方酒单，成为与会嘉宾品鉴的“中国味道”，其国际认可度再获权威验证。

从国际体育赛事到米其林指南的“美食＋美酒”融合，从签证中心的“首接触场景”布局，再到快闪活动的“调饮＋文化”破壁，五粮液以多元创新策略构建起覆盖文化感知、价值共鸣与消费体验的全球传播网络。这些实践以“主动的文化表达”向世界证明：中国白酒不仅是传统饮品，更是承载文化、连接世界的“通用语言”。

参考文献

[1] 张伟伦.以“和美”对话世界,且看中国白酒的世博叙事[N].中国贸易报,2025-06-26(8).

[2] 奕鸣.五粮液博鳌传递大国浓香“和美主张”[J].中国酒,2022(4):6-7.

[3] 伍悦.“香”遇世界！五粮液“和美全球行”法国启动[J].中国酒,2023,(7):84.

[4] 伍萱.香飘法国!五粮液“和美全球行”活动首站启幕[J].廉政瞭望,2023(13):86-87+2.

[5] 曾从钦.五粮液“和美全球行”智利站启幕,曾从钦称持续推动不同文明交流融合[EB/OL].(2024-04-11)[2025-08-22].https://baijiahao.baidu.com/s?id=1796905282889578235&wfr=spider&for=pc.

[6] 泗伍.“和美全球行”邂逅“天涯之国”五粮液以中国智慧筑世界和美2025-07-11

[7] 千里智库.五粮液“和美全球行”,从华人圈到世界圈[EB/OL].(2025-07-11)[2025-08-22].https://zhuanlan.zhihu.com/p/1926934585536644895.

[8] 杨波,侯云春.曾从钦：五粮液进军世界500强 引领打造世界级优质白酒产业集群[EB/OL].(2023-06-12)[2025-09-10]https://www.clii.com.cn/ppsj/202306/t20230612_3957257.html

后记

老子“三生万物”的生成论，与五粮共生的实践论形成了跨越两千年的对话。五种粮食的协同，正是从“三生万物”到“五生和美”的演化典范——三是万物演化之序，五是和美生成之律。

这部书的诞生，源于一场跨越数年的学术探索，更是无数次思想碰撞的结晶。追溯其源，对“和美”的系统思考，始于学界与企业对中华优秀传统文化的共同守望。2019年5月12日，四川省社会科学院与五粮液集团有限公司联合举办的“中国五行哲学与和而不同”研讨会发布了《大力发展“和美文化”的五粮液倡议》。“产品和美、人生和美、社会和美、生态和美、文明和美”的主张，如同一颗种子，在后续的研究中逐渐生根发芽，成为“和美”的思想根基。

“和美”二字，看似朴素，实则蕴含着深邃的哲学与实践智慧。在研究中我们始终追问：五粮液的“和美”究竟源于何处？从“五粮”的物质属性来看，糯米、稻米、玉米、小麦、高粱五种粮食的协同配比、发酵、蒸馏、勾调，恰是“五体之间”的最佳答案——单粮不成曲，独味难成韵，唯有耦合互联、和而不同，才能生发出层次丰富的风味与养生效能。

“五粮液”是复杂系统，其中的化学成分特别是那些至关重要的关键元素及其相互作用，至今仍然没有彻底了解，表现出比“三体世界”更为复杂的特征。物理的“三体”是无解的世界级难题，只能做近似处理或者走向混沌。“五粮”系统就更麻烦了，比“三体”多出了“两体”，成为“五体世界”。

据估计，我们对五粮液的认识不到50%。这是“多粮酒”的特点，比单粮酒更复杂。因此，需要建立“五粮和美论”来揭示未解之谜，并回答系列现实问题。作为一门独立学科，“五粮和美论”内涵极为深刻，外延极其丰富。大体可以说：

和美在多元——没有多元就没有“和”，也没有“美”。多元是世界的本质特征，非线性是复杂性、多样性根源，没有多样性就没有和美性。

和美在基因——遗传基因DNA是五碳环，由五碳环演化出遗传与变异、多样性与本征性，并决定人类既要生存又要发展的特征。

和美在演化——人体有五官、五指、五肢、五脏等，是自然界长期演化的结果，满足黄金分割率为0.618，是最优、最美、最简状态，耗能最低。

和美在协同——多种元素之间有耦合、共振、互补等作用。和美就是协同态、共振态、量子态，在协同中产生新质、新能、新物，让世界充满生机与活力。

和美在格局——五粮液是中国的五粮液，也是世界的五粮液。和美是有胸怀、有境界、有气度，体现高维度、高层次、不内卷、不撤台，海纳百川有容乃大。天下白酒一家人，一花独放不是春、百花齐放春满园。

和美在文化——中国以和美为民族灵魂。和为贵，和气生财。“五字”文化属于五粮液文化甚至五粮液文明，包容并举，美美与共、各美其美，大家好、中国好、世界好、人类好。

和美在传承——白酒作为中华民族的瑰宝，承载着五千多年的酒文化。要继承发展优秀传统文化、白酒文化、老窖池、老地洞、独特技艺、工匠精神等物质文化和非物质文化遗产。

和美在创新——白酒既要传承优良属性，也要与时俱进，守正创新。五粮液在酿造过程中产生新质生产力，形成新技术、新产业、新业态、新模式。

和美在五粮——五是中间数，五粮液是五体问题。五粮养生，五线成谱，五音成曲，多一个少一个都不行。五粮及其内部的耦合作用就是“五粮密码”，至今没有解开，这是白酒界的“哥德巴赫猜想”甚至“黎曼大猜想”。五粮之间的协同属于帕累托最优分布。

和美在世界——通过“一带一路”建设、四川向西向南开放、西部大开发形成新格局、成渝地区双城经济圈建设走深走实、长江经济带和国家战略腹地建设深入推进，让中国“五粮和美”理念走向世界、传播全球。

可以说，“五粮和美论”就是系统美学，就是自然辩证学。“五粮和美论”的构建，更让我们跳出单一产业视角，看到“五”这个数字背后的文化基因——它是五行相生的宇宙观，是五味调和的生活美学，更是“三生万物，五生和美”的生命哲学。

这部书的完成，是无数思想者共同发酵的成果，是无数次座谈会上，来自理学、哲学、美学、经济学、社会学等领域的思想火花碰撞，让“和美”的内涵不断丰富。更感谢五粮液集团的实践探索——从“和美全球行”的文化传播，到步步高五步品酒法的营销创新，再到对“品质至上、工匠精神”的坚守，正是这些鲜活的实践，让“和美”有了暖度。曾从钦董事长作为项目的核心发起人和文化实践者，对著作的顶层设计、战略方向及全书统筹给予了决定性支持。我负责全书提纲架构的设计、核心学术观点的提炼、写作团队的协调组织以及全书图文内容的最终审定工作。华涛、肖浩、陈丽、韩毅等各位同仁，承担了大量具体策划、联络组织、资料统筹工作。许正宏教授、张文学教授等诸位专家学者，以严谨的治学态度对书稿进行了专题审阅，提供了高屋建瓴、鞭辟入里的修改意见，令本书增色甚多。项目的落地协助工作，得到了王理、李海龙、赵坤利、沈映辉、和映龙、王小晖、张崇红等同事的具体参与和鼎力支持，在此一并深致谢忱！

长江是世界第一美酒河。宜宾是长江第一城，五粮液应是长江第一酒。“和美”犹如长江之波，不是静态的凝聚，而是动态的追求。它是五种粮食在窖池中的共生，是传统工艺与现代科技的对话，是中国白酒与世界文明的化合。我们希望这部《五粮和美论》能成为一扇窗：让更多人透过五粮液的“和美”，读懂中国文化“和而不同、美美与共”的智慧，也让这源于五粮的“和美”理念，成为推动产业高质量发展、促进文明交流互鉴的重要力量。

中共四川省委四川省人民政府决策咨询委员会副主任
成都市社会科学界联合会主席、二级教授、博士生导师

2025年8月于成都